· 高职高专土建类专业系列规划教材 ·

黄文明　张国富　主　编

吴春光　姚胜利　张齐欣　副主编

建筑施工组织

合肥工业大学出版社

责任编辑 陈淮民

特约编辑 周 晨

封面设计 玉 立

图书在版编目(CIP)数据

建筑施工组织/黄文明主编.—合肥:合肥工业大学出版社,2010.2(2014.3重印)

(高职高专土建类专业系列规划教材)

ISBN 978-7-5650-0155-0

Ⅰ.建… Ⅱ.黄… Ⅲ.建筑工程—施工组织—高等学校:技术学校—教材 Ⅳ.TU721

中国版本图书馆 CIP 数据核字(2010)第 004725 号

建 筑 施 工 组 织

主 编 黄文明 张国富	副主编 吴春光 姚胜利 张齐欣

出 版	合肥工业大学出版社	版 次	2010 年 2 月第 1 版
地 址	合肥市屯溪路 193 号	印 次	2014 年 3 月第 4 次印刷
邮 编	230009	开 本	787 毫米×1092 毫米 1/16
电 话	总 编 室:0551-62903038	印 张	18.75
	市场营销部:0551-62903198	字 数	386 千字
网 址	www.hfutpress.com.cn	印 刷	合肥现代印务有限公司
E-mail	hfutpress@163.com	发 行	全国新华书店

主编信箱 hbhuangwenming@126.com	责编信箱/热线 Chenhm30@163.com 13905512551

ISBN 978-7-5650-0155-0   定价:32.80 元

如果有影响阅读的印装质量问题,请与出版社市场营销部联系调换

高职高专土建类专业系列规划教材
编 委 会

参编学校名单（以汉语拼音为序）

安 徽

安徽电大城市建设学院
安徽建工技师学院
安徽交通职业技术学院
安徽涉外经济职业学院
安徽水利水电职业技术学院
安徽万博科技职业学院
安徽新华学院
安徽职业技术学院
安庆职业技术学院
亳州职业技术学院
巢湖职业技术学院
滁州职业技术学院
阜阳职业技术学院
合肥滨湖职业技术学院
合肥共达职业技术学院
合肥经济技术职业学院
淮北职业技术学院
淮南职业技术学院
六安职业技术学院
宿州职业技术学院
铜陵职业技术学院
芜湖职业技术学院
宣城职业技术学院

江 西

江西工程职业学院
江西建设职业技术学院
江西蓝天职业技术学院
江西理工大学南昌校区
江西现代职业技术学院
九江职业技术学院
南昌理工学院

总　序

　　高等职业教育是我国高等教育的重要组成部分。作为大众化高等教育的一种重要类型，高职教育应注重工程能力培养，加强实践技能训练，提高学生工程意识，培养为地方经济服务的生产、建设、管理、服务一线的应用型技术人才。随着我国国民经济的持续发展和科学技术的不断进步，国家把发展和改革职业教育作为建设面向 21 世纪教育和培训体系的重要组成部分，高等职业教育的地位和作用日益被人们所认识和重视。

　　建筑业是我国国民经济五大物质生产行业之一，正在逐步成为带动整个经济增长和结构升级的支柱产业。我国国民经济建设已进入健康、高速的发展时期，今后一个时期土木工程设施建设仍是国家投资的主要方向，房屋建筑、道路桥梁、市政工程等土木工程设施正在以前所未有的速度建设。因而，国家对建筑业人才的需求亦是与日俱增。建筑业人才的需求可分为三个层次：第一层次是高级研究人才；第二层次是高级设计、施工管理人才；第三层次是生产一线应用型技术人才。土建类高职教育的根本任务是培养应用型技术人才，满足土木工程职业岗位的需求。

　　但是，由于土建类高职教育培养目标的特殊性，目前国内适合于土建类高等职业技术教育的教材较为缺乏，大部分高职院校教学所用教材多为直接使用本、专科的同类教材，内容缺乏针对性，无法适应高职教育的需要。教材是体现教学内容的知识载体，是实现教学目标的基本工具，也是深化教学改革、提高教学质量的重要保证。从高等职业技术教育的培养目标和教学需求来看，土建类高职教材建设已是摆在我们面前的一项刻不容缓的任务。

　　为适应高等职业教育不断发展的需要，推动我省高职高专土建类专业教学改革和持续发展，合肥工业大学出版社在充分调研的基础上，联合安徽省 18 多所和江西省 6 所高职高专及本科院校，共同编写出版一套"高职高专土建类专业系列规划教材"，并努力在课程体系、教材内容、编写结构等方面将这套教材打造成具有高职特色的系列教材。

　　本套系列教材的编写体现以学生为本，紧密结合高职教育的规律和特点，涵盖建筑工程技术、建筑工程管理、工程造价、工程监理、建筑装饰技术等土建类常见的

专业,并突出以下特色:

1. 根据土木工程专业职业岗位群的要求,确定了土建类应用型人才所需共性知识、专业技能和职业能力。教材内容安排坚持"理论知识够用为度、专业技能实用为本、实践训练应用为主"的原则,不强调理论的系统性与科学性,而注重面向土建行业基层、贴近地方经济建设、适应市场发展需求;在理论知识与实践内容的选取上,实践训练与案例分析的设计上,以及编排方式和书籍结构的形式上,教材都尽力去体现职教教材强化技能培训、满足职业岗位需要的特点。

2. 为了让学生更好地掌握书中知识要点,每章开端都有一个"导学",分成"内容要点"和"知识链接"两部分。"内容要点"是将本章的主要内容以及知识要点逐条列举出来,让学生搞得清楚、弄得明白,更好地把握知识重点。"知识链接"以大土木专业视野,交代各专业方向课程内容之间的横向联系程度,厘清每门课程的选修课与后续课内容之间的纵向衔接关系。

3. 为了注重理论知识的实际应用,提高学生的职业技能和动手本领,使理论基础与实践技能有机地结合起来,每本教材各章节都分成"理论知识"和"实践训练"两大部分。"理论知识"部分列有"想一想、问一问、算一算"内容,帮助学生掌握本专业领域内必需的基础理论;"实践训练"部分列有"试一试、做一做、练一练"内容,着力培养学生的实践能力和分析处理问题的能力,体现土木工程专业高职教育特点,培养具有必需的理论知识和较强的实践能力的应用型人才。

4. 教材编写注意将学历教育规定的基础理论、专业知识与职业岗位群对应的国家职业标准中的职业道德、基础知识和工作技能融为一体,将职业资格标准融入课程教学之中。为了方便学生应对在校时和毕业后的各种职业技能资质考试与考核,获取技术等级证书或职业资格证书,教材编写注重加强试题、考题的实战练习,把考题融入教材中、试题跟着正文走,着力引导学生能够带着问题学,便于学生日后从容应对各类职业技能资质考试,为实现职业技能培训与教学过程相融通、职业技能鉴定与课程考核相融通、职业资格证书与学历证书相融通的"双证融通"职业教育模式奠定基础。

我希望这套系列教材的出版,能对土建类高职高专教育的发展和教学质量的提高及人才的培养产生积极作用,为我国经济建设和社会发展作出应有的贡献。

柳炳康

2009 年 1 月

前　言

"建筑施工组织"是高等职业教育土建类专业的一门必修课程,也是一门重要的专业课。它主要研究建筑工程施工组织的基本理论、基本方法以及建筑施工组织的现行行业规范和标准。它是《建筑施工技术》的后续课程,学生在学习和掌握建筑施工技术中各主要工种工程施工技术的基础上,怎样合理地组织施工呢? 怎样应用施工组织的基础理论知识解决工程中常见的施工组织问题呢? 本书就流水施工原理、网络计划技术、单位工程施工组织设计、施工组织总设计等方面,进行了系统而又全面的介绍。本书附录有流水施工实例,通过这方面的学习可使学生具有编写单位工程施工组织设计的能力。

本书的特色是:细——详细阐述了建筑施工组织常用的基本概念、基本原理、方法、步骤,在文字上力求做到深入浅出、通俗易懂,便于学生自学;新——本书在编写过程中采用了最新的规范、规程、标准具有实用性和超前性;实用——每章节均有实训例题,可帮助学生理解基本概念、基本原理,培养学生分析问题和解决问题的能力;同时每章还附有思考题和实训题供学生练习。

全书共分六章,主要包括:建筑施工组织概论、流水施工原理、网络计划技术、施工组织总设计、单位工程施工组织设计。因篇幅所限,单位工程施工组织设计实例存放在出版社的网站上(www.hfutpress.com.cn)供师生下载,以便学生在校实习以及走向工作岗位后进行参考。

本书在第 2 次印刷前对照《建筑施工组织设计规范》GB/T 50502—2009,对部分内容进行了修订。第五章、第六章调整的内容较多,更有实用性。

本教材可供高职高专建筑工程技术、建筑工程监理、建筑经济管理、土木工程等专业使用,也可作为中等职业教育建筑类相关专业教材或供有关工程技术人员参考。

本书由黄文明、张国富担任主编。参编人员有黄文明、张国富、吴春光、姚胜利、张齐欣、凤伟东、李红、左斌峰、廖凯、崔安坤等老师。参编学院包括淮北职业技术学院、滁州职业技术学院、安徽建工技师学院、六安职业技术学院、淮南职业技术学院、铜陵职业技术学院、江西建设职业技术学院等院校。

本教材在编写中引用了大量的规范、专业文献和资料,恕未在书中一一注明。在此,对有关作者表示诚挚的谢意。由于编者的水平有限,书中难免有不少缺点、错误和不足之处,在此真诚地希望广大读者提出宝贵意见(主编信箱:hbhuangwenming@126.com)。

编　者

2011 年 1 月

目　　录

建筑施工组织

绪　论

一、建筑施工组织的研究对象

随着社会的进步与发展，必然使基本建设项目的规模与投资日益扩大，其中各种类型的建筑物和构筑物是基本建设的投资主体，它体现了一个国家和社会的经济发展水平，是国家综合实力的代表。基本建设项目的实施包括计划、规划、设计及施工等多个环节，而建设项目的建筑施工过程是建设项目能否达到预期目标的关键所在。建筑施工过程是一项多部门、多专业、多工种相互配合，历时较长的复杂的系统工程，为保证建筑施工过程能够按计划目标顺利实施，必须进行科学的施工管理。施工组织是施工管理的重要组成部分，它对统筹协调建筑施工整个过程、推动施工技术的改革和发展、优化建筑施工企业管理等起到不可替代的核心作用。

对于一个建设项目（如一幢建筑物或一个建筑群）的施工，可以采取不同的施工顺序和施工流向；每个施工过程可以采用不同的施工方法；众多施工人员由不同的专业工种组成；大量的各种类型的建筑机械、施工机具投入使用；许多不同种类的建筑材料、建筑制品和构配件被应用和消耗；为保障施工的顺利进行要设置临时供水、供电、供热，以及设置安排生产和生活所需的各种临时设施等。以上这些施工因素不论在技术方面或施工组织方面，通常都有许多可行的方案供施工组织人员选择（土方开挖是人工挖土，还是机械挖土；基坑降水是集水坑降水法，还是井点降水法）。但是不同的方案，其经济效果是不同的。怎样结合建设项目的性质、规模和工期，施工人员的数量和素质，机械装备程度，材料供应情况，构配件生产方式，运输条件等各种技术经济条件，从经济和技术统一的全局出发，从许多可能的方案中选择最合理的施工方案，这是施工管理人员在开始施工之前必须解决的问题。

建筑施工组织就是针对工程施工的复杂性和多样性，对施工中遇到的各项问题进行统筹安排与系统管理，对施工过程中的各项活动进行全面的部署，编制出具有规划和指导施工作用的技术经济文件，即施工组织设计。具体地说，施工组织的任务是根据建筑产品生产的技术经济特点，以及国家基本建设方针和各项具体的技术政策，从施工的全局出发，根据各种具体条件，拟定施工方案，安排施工进度，进行现场布置；把设计和施工，技术和经济，施工企业的全局活动和施工项目的具体安排，以及与项目施工相关的各单位、各部门、各阶段和各项目之间的关系更好地协调起来。使建筑施工建立在科学合理的基础上，从而做到高速度、高质量、高效益地完成项目建设的施工任务，尽快地发挥建设项目的投资效益。

综上所述,建筑施工组织的研究对象是建筑安装工程科学的组织方法。

二、建筑施工组织的任务

建筑施工组织的任务是编制一个建筑物或一个建筑群的施工组织设计。

三、建筑施工组织与其他课程的联系

本课程是土木工程类专业的专业技术课,学习本课程必须具备相关的专业基础,如,建筑施工技术、建筑工程预算、建筑工程管理等专业知识。作为建筑施工管理人员,要组织好一项工程的施工,必须掌握和了解各种建筑材料、施工机械与设备的特性,懂得建筑物和构筑物的受力特点及建筑结构和构造的做法,并掌握各种施工方法,否则就无法进行科学的施工管理,也不可能选择出最有效、最经济的施工组织方案来组织施工。为此,施工管理人员还应熟练掌握工程制图、建筑工程测量、建筑材料、建筑力学、建筑结构、房屋建筑学、建筑机械等专业知识。

四、建筑施工组织的学习方法

通过本课程的学习,要求学生了解建筑施工组织的基本知识和一般规律,掌握建筑工程流水施工和网络计划的基本方法,具有编制单位工程施工组织设计的能力,为以后从事建筑工程施工工作打下基础。

本课程内容广泛,实践性强,因此,在学习中应注重理论联系实际,在掌握专业理论的基础上,必须进行实际经验的积累,利用已成熟的工程实际经验为基础,编制出更加接近实际工程施工要求,既能保证工程质量和工期要求,又能降低施工费用的施工组织计划,为施工企业创造更大的经济效益。

第一章 建筑施工组织概论

【内容要点】

1. 建设项目的概念；
2. 基本建设程序；
3. 施工项目管理内容与程序；
4. 建筑产品的特点及建筑施工的特点；
5. 施工组织设计分类与内容。

【知识链接】

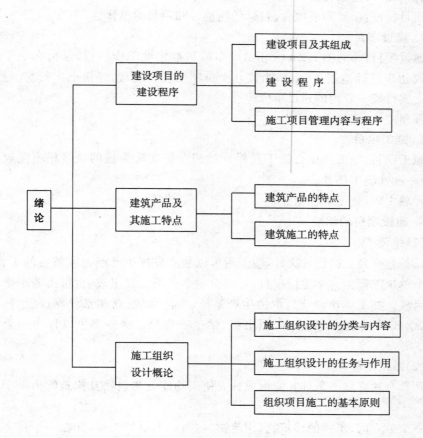

第一节　建设项目的建设程序

一、建设项目及其组成

1. 项目

什么是项目？许多管理专家和标准化组织都企图用简单通俗的语言对项目进行抽象性概括和描述。但迄今为止在国际上还未形成一个统一、权威的定义。尽管许多管理专家曾经从不同的角度描述了项目的概念和特征，但他们所描述的核心内容可以概括为：项目是指在一定的约束条件下（主要是限定时间、限定资源），具有特定的明确目标和完整的组织结构的一次性任务或管理对象。

国际标准《质量管理——项目管理质量指南（ISO10006）》定义项目为："由一组有起止时间的、相互协调的受控活动所组成的特定过程，该过程要达到符合规定要求的目标，包括时间、成本和资源的约束条件。"这一概念强调了项目由活动组成、活动及其过程受控。

项目特征：项目的一次性、目标的明确性和项目的整体性。

2. 建设项目

建设项目（construction project），亦称基本建设工程项目，是指在一个总体设计或初步设计范围内，由一个或几个单项工程所组成，经济上实行统一核算，行政上实行统一管理的建设单位。

管理主体：建设单位。

3. 施工项目

施工项目：施工企业自施工投标开始到保修期满为止的全过程中完成的项目，是一次性施工任务。

管理主体：施工承包企业。

4. 建设项目的组成

(1)单项工程

凡是具有独立的设计文件，竣工后可以独立发挥生产能力或效益的工程，称为一个单项工程。一个建设项目，可以由一个单项工程组成，也可由若干个单项工程组成。如工业建设项目中的生产系统、生活系统、仓储系统等；民用建设项目中，学校的教学楼，实验室、图书馆、学生宿舍等。这些都可以称为一个单项工程。

(2)单位工程

凡具有独立施工条件并能形成独立使用功能的建筑物及构筑物为一个单位工程。

一个独立的、单一的建筑物（构筑物）均为一个单位工程，如在一个住宅小区建筑群中，每一个独立的建筑物（构筑物），即一栋住宅楼，一个商店、锅炉房、变电站，一所学校的一个教学楼，一个办公楼、传达室等均各为一个单位工程。

对建筑规模较大的单位工程,可将其能形成独立使用功能的部分划分为若干个子单位工程。如房屋建筑(构筑)物的单位工程是由建筑与结构及建筑设备安装工程共同组成。室外建筑环境单位工程又分成附属建筑、室外环境两个子单位工程。室外安装单位工程又分成给排水与采暖和电气两个子单位工程。

(3)分部工程

它是单位工程的组成部分,分部工程一般按专业性质、建筑部位确定。一个单位工程有的是由地基与基础、主体结构、屋面、装饰装修四个建筑与结构分部工程和建筑设备安装工程的建筑给水排水及采暖、建筑电气、通风与空调、电梯、智能建筑和燃气工程等六个分部工程,共 10 分部工程组成。

当分部工程较大或较复杂时,为了方便验收和分清质量责任,可按材料种类、施工特点、施工程序、专业系统及类别等划分成为若干个子分部工程。如地基与基础分部工程又划分为无支护土方、有支护土方、地基处理、桩基、地下防水、混凝土基础、砌体基础、劲钢(管)混凝土、钢结构等子分部工程。

(4)分项工程

[练一练]

举例说明什么是单项工程、单位工程、分部工程、分项工程?

一个房屋建筑(构筑)物的建成,由施工准备工作开始到竣工交付使用,要经过若干工序、若干工种的配合施工。所以,一个工程质量的优劣,取决于各个施工工序和各工种的操作质量。因此,为了便于控制、检查和验收每个施工工序和工种的质量,就把这些施工工序叫做分项工程。

建筑与结构工程分项工程的划分应按主要工种工程划分,但也可按施工程序的先后和使用材料的不同划分,如瓦工的砌砖工程,钢筋工的钢筋绑扎工程,木工的木门窗安装工程,油漆工的混色油漆工程等。也有一些分项工程并不限于一个工种,由几个工种配合施工的,如装饰工程的护栏和扶手制作与安装,由于其材料可以是金属的、木质的,不一定由一个工种来完成。

建筑设备安装工程的分项工程一般应按工种种类及设备组别等划分,同时也可按系统、区段来划分。

(5)检验批

按现行《建筑工程施工质量验收统一标准》(GB 50300—2001)规定,建筑工程质量验收时,可将分项工程进一步划分为检验批。检验批是指按同一的生产条件或按规定的方式汇总起来供检验用的,由一定数量样本组成的检验体。一个分项工程可由一个或若干个检验批组成,检验批可根据施工及质量控制和专业验收需要按楼层、施工段、变形缝等进行划分。

按现行《建筑工程施工质量验收统一标准》(GB 50300—2001)规定,建筑工程分部(子分部)及分项工程划分与代号索引见附表 1-1,室外单位(子单位)工程和分部工程划分见附表 1-2。

二、建设程序

基本建设程序是建设项目从设想、选择、评估、决策、设计、施工到竣工验收、投入使用整个建设过程中,各项工作必须遵守的先后次序的法则。一般划分为决策、建设准备、工程实施三大阶段。

基本建设程序就是建设项目在整个建设过程中各项工作必须遵循的先后顺序,是拟建建设项目在整个建设过程中必须遵循的客观规律。

1978 年由国家计委、国家建委、财政部联合颁发了《关于基本建设程序的若干规定》,规定中述及一个项目从计划建设到建成投产,一般要经过下述几个阶段:根据发展国民经济长远规划和布局的要求,编制计划任务书,选定建设地点;经批准后,进行勘察设计;初步设计经过批准,列入国家年度计划后,组织施工;工程按照设计内容建成,进行验收,交付生产使用。

全部过程包括以下阶段内容:

(1)计划任务书;

(2)建设地点的选择;

(3)设计文件;

(4)建设准备;

(5)计划安排;

(6)施工;

(7)生产准备;

(8)竣工验收、交付生产。

1991 年 12 月国家计委下发文件明确规定,将现行国内投资项目的设计任务书和利用外资项目的可行性研究报告统一称为可行性研究报告,取消设计任务书的名称。文件还规定今后所有国内投资项目和利用外资的建设项目,在批准项目建议书以后,并在进行可行性研究的基础上,一律编制可行性研究报告,其内容及深度要求与以前的设计任务书相同,经批准的可行性研究报告是确定建设项目、编制设计文件的依据。

根据国民经济发展长远规划,经过初步调查研究,由项目的主办单位编制项目建议书,按照投资管理权限向所属的投资管理部门推荐拟建项目,经批准后列入建设前期工作计划。投资主管部门对所推荐的拟建项目进行综合平衡,在条件成熟时选择一批需要而又有前途的建设项目交与项目的主办单位委托设计或工程咨询单位进行可行性研究。对于可行的项目,在经过预审、修改、复审和评估后,提出可行性研究报告,上报投资主管部门批准后,此项目即算成立,可安排年度建设计划,进行工程设计和建设前期的准备工作。项目的主办单位,应组建或指定建设主管单位,对外进行各类协议和合同的谈判、预约或签订,进行勘察设计,厂址选择,土地征用,资金筹集等一系列准备。

根据批准的设计文件(初步设计、技术设计,施工详图设计),组织招标投标,签订工程承包合同,组织设备材料的订货、供应、运输、开展施工,同时进行生产准备工作,于工程结尾时,组织调整试车,办理交工和竣工验收,使建设项目按预定目标进入生产时期。

(一)项目建议书

项目建议书是项目法人提出的,要求建设某一工程项目的建议性文件,是对拟建设项目的轮廓设想,主要是从建设的必要性来衡量,初步分析和说明建设的可能性。凡列入长期计划或建设前期工作计划的项目,都应该编制项目建议书。

项目建议书一般由项目的主管单位根据国民经济发展长远规划、地区规划、行业规划,结合资源情况、建设布局,在调查研究、收集资源、勘探建设地点、初步分析投资效果的基础上提出。跨地区、跨行业的建设项目以及对国计民生有重大影响的重大项目,由有关部门和地区联合提出项目建议书。

项目建议书应包括以下主要内容:

(1)建设项目提出的必要性和依据。引进技术和进口设备的,还要说明国内外技术差距和概况以及进口的理由。

(2)产品方案,拟建规模和建设地点的初步设想。

[问一问]
项目建议书一般应包括哪些主要内容?

(3)资源情况、建设条件、协作关系和引进国别、厂商的初步分析。

(4)投资估算和资金筹措设想。利用外资项目要说明利用外资的可能性,以及偿还贷款能力的大体测算。

(5)项目的进度安排。

(6)经济效益和社会效益的初步估计。

(7)环境影响的初步评价。

项目建议书的审批:

根据《国务院关于投资体制改革的决定》(国发[2004]号)文件,对于企业不使用政府资金投资建设的项目,政府不再进行决策性质的审批,项目实行核准制或登记备案制,企业不需要编制项目建议书而可直接编制项目可行性研究报告。对于使用政府投资的项目,各省、市都根据《国务院关于投资体制改革的决定》(国发[2004]号)文件精神及各自具体条件制定了相应的审批程序。

(二)可行性研究

项目建议书批准后,即可进行可行性研究。

可行性研究是在建设项目投资决策前对有关建设方案、技术方案和生产经营方案进行的技术经济论证。可行性研究必须从系统总体出发,对技术、经济、财务、商业以至环境保护、法律等多个方面进行分析和论证,以确定建设项目是否可行,为正确进行投资决策提供科学依据。项目的可行性研究是对多因素、多目标系统进行的不断地分析研究、评价和决策的过程。它需要有各方面知识的专业人才通力合作才能完成。可行性研究不仅应用于建设项目,还可应用于科学技术和工业发展的各个阶段和各个方面。我国从1982年开始,已将可行性研究列为基本建设中的一项重要程序。

可行性研究的任务是对拟建项目从技术、经济和外部协作条件等所有方面,是否合理和可行,进行全面的分析论证,做多方案的比较和评价,推荐最佳方案,为投资的决策提供科学的、可靠的、准确的依据。

可行性研究一般要回答下列问题:(1)拟议中的项目在技术上是否可行;(2)经济上效益是否显著;(3)财务上是否有利;(4)需要多少人力、物力资源;(5)需要多长时间建成;(6)需要多少投资,能否筹集和如何筹集到这些资金。上述问题概

[想一想]
可行性研究的目的是什么?

括起来有三个方面,即工艺技术、市场需求和财务经济。三者的关系:市场是前提,技术是手段,核心是财务经济,即投资效益。归根结底就是能否赚到钱,可行性研究的全部工作都是围绕这个核心问题而进行的。

大部分可行性研究所包括的范围都相同或类似,但由于项目的特点、性质、规模和复杂程度,以及所需投资费用和其他费用等因素,研究的侧重点或要求的细节会有很大的不同。

大型新建项目的可行性研究应包括下列各方面:

(1)建设的目的和依据

主要说明为什么要兴建该项工程,兴建的必要性;该项工程在地区、部门以及国民经济全局中的地位和作用;提出兴建该项工程的主要依据文件。如国民经济长远规划,生产力配置规划、区域规划、城市规划的要求,以及国家有关文件的规定等。矿区、林区、水利项目的建设依据,还应注明自然资源的开采、开发条件等自然经济状况。

(2)建设规模、产品方案

建设规模是指建设项目的全部生产能力或使用效益,如工业项目中的主要产品品种、规格、产量;交通运输项目中的铁路、公路、管线的总长度;非工业项目中的建筑面积、医院床位数、冷库储藏量、水库容积等。

产品方案主要说明产品结构,中间产品衔接和工艺路线。例如,钢铁联合企业应说明铁矿石开采、筛选、烧结系统、焦化系统、炼铁、炼钢系统,钢材初轧、精轧等产品结构、衔接和配套安排。以石油为原料的石油化工联合企业,应说明原料的加工路线,中间产品品种的衔接平衡,最终产品的结构等等,改扩建项目应包括原有固定资产的利用程度和现有生产能力的发挥情况。

(3)生产方法或工艺原则

一般工业项目应说明产品的加工制作工艺方式和要求达到的技术水平,采用重大新技术、新工艺、新设备,要有有关部门审查、鉴定的意见。

(4)自然资源、水文地质和工程地质条件

自然资源主要指矿藏开发、石油天然气开发、林区开发、水利水电开发项目范围内已经探明的有用资源的储量、质量,储存情况以及开采条件。

水文地质条件,应说明拟建工程范围内地下水的形成和分布情况,包括地下水的数量、质量、产状、补给、运动和排泄等条件。

工程地质条件,应说明拟建工程区域的地质状况,包括地层、岩性、地质构造、地貌特征、物理地质作用和地震烈度级别等。

(5)主要协作条件

说明拟建工程建成投产后所需原料、燃料、动力、供水、供热、交通运输、协作产品、配套件等外部条件的要求和同步建设工程的安排意见。上报的可行性研究应附有与有关部门、单位达成的协作条件、协议文件或有关方面的签署意见。

(6)资源综合利用,环境保护、"三废"治理的要求

资源综合利用应说明资源利用的深度和合理利用程度。例如,矿山工程项

目应说明多金属共生物的采、选、冶综合利用情况以及尾矿中矿物的回收利用情况；水利项目应说明发电、灌溉、防洪、运输等综合效益发挥程序；化工项目应说明原料一次加工、二次加工的深度等等。

新建工业项目，应对环境影响做出评价。凡可能产生污染、影响环境、破坏生态平衡的，必须提出治理"三废"、控制污染、保护环境的措施，以便做到"三废"治理工程能与主体工程同步建成。

(7)建设地区或地点、占地估算

所有新建工业项目，在上报可行性研究报告时，都应当完成规划性选点工作，并附有有关部门或地区对拟建厂址的倾向性意见；铁路、公路、管线工程、输变电工程，应说明线路(线网)的经由和走向；某些有特殊要求的项目，如水利水电工程、桥梁、应完成工程的选址，确定具体的坝址或桥位；一般民用建筑工程的大体方位，在工程选址阶段，允许在可行性研究报告确定的范围内变动。

所有新建、扩建(厂外扩展)项目，在确定地点时，应说明所在地区的地震基本烈度以及建筑防震要求。对建设占土地的数量和质量(耕地、山地、荒地)应加以估算，并附有项目所在地区征地管理部门的原则性意见。

(8)建设工期

说明从工程正式破土动工到全部建成投产所需的天数，以及对工程建设的起止年限的建议。

(9)总投资估算

说明按照投资估算指标估算的建设项目本身所需的全部投资费用，作为编制工程设计概算的控制数，还应说明直接为项目进行配套的相关外部工程所需的投资。

说明建设资金的来源或筹集方式，例如国家预算投资、地方预算统筹投资、自筹投资、银行贷款、利用外资、合资经营等。属于银行贷款项目，应附有贷款银行的签署意见。

自筹大中型项目应说明建设资金的来源，还应说明材料、设备的来源，并附有同级财政、物资部门的签署意见。

(10)劳动定员控制

说明项目正式投产后所需的劳动定员，包括生产技术和经营管理人员和生产操作工人的定员。

(11)要求达到的经济效益

一般工业生产项目，从财务评价角度(包括静态评价和动态评价)提出销售收入、产品成本、利润、投资利润率、贷款偿还期、投资回收期以及达到设计能力的年限和工程服务年限等经济效益发挥程度的要求。

在可行性研究的基础上，编制可行性研究报告。

可行性研究报告的审批是国家计委或地方计委根据行业归口主管部门和国家专业投资公司的意见以及工程咨询公司的评估意见进行的。其审批权限为：投资在2亿元以上的项目，由国家计委审查后报国务院审批；中央各部门所属小型和限额以下项目由各部门审批；

地方投资在 2 亿元以下的项目，由地方计委审批。

可行性研究报告经批准后，不得随意修改和变更，若有变动或突破投资控制数，应经原批准机关同意，经过批准的可行性研究报告是初步设计的依据。

根据《国务院关于投资体制改革的决定》（国发［2004］20 号）文件，对于企业不使用政府资金投资建设的项目，政府不再进行决策性质的审批，项目实行核准制或登记备案制。对于使用政府投资的项目，各省、市都根据《国务院关于投资体制改革的决定》（国发［2004］20 号）文件精神及各自具体条件制订了相应的审批程序。

国外的可行性研究，依研究的任务和深度通常分为三个阶段。机会研究、可行性初步研究、可行性研究。

[想一想]

可行性研究如何审批？

1. 机会研究

机会研究的任务是鉴别投资机会，即寻求作为投资主要对象的优先发展的部门，并形成项目设想。为此，机会研究应分析下列问题：

（1）在加工或制造方面有潜力的自然资源情况；

（2）由于人口增长或购买力增长而对某些消费品需求的潜力；

（3）在资源和经济背景方面具有同等水平的其他国家获得成功的同类产业部门；

（4）与本国或国际的其他产业部门之间可能的相互联系；

（5）现有生产范围通过向前或向后延伸可能达到的扩展程度（例如炼油厂延伸到石油化工，轧钢厂延伸到炼钢）；

（6）多种经营的可能性；

（7）现有生产能力的扩大及可能实现的经济性；

（8）一般投资趋向；

（9）产业政策；

（10）生产要素的成本和可获得性；

（11）进口及可取代进口商品的情况；

（12）出口的可能性。

机会研究又可分为一般机会研究与具体项目机会研究。

一般机会研究包括地区研究、部门研究和以资源为基础的研究。其目的是鉴别在某一地区、某一产业部门或利用某种资源的投资机会，为形成投资项目的设想提供依据。

具体项目机会研究的任务是，将在一般机会研究基础上形成的项目设想发展成为概略的投资建议，以引起投资者的兴趣和积极响应。为此，必须对鉴别的产品有所选择，并收集与这些产品有关的基本数据，以及有关这些产品的基本政策和法规的资料，以便投资者考虑。

机会研究要求时间短，费用不多，其内容比较粗略，主要是借助于类似项目的有关资料进行估价，一般不须进行详尽的计算分析。

2. 可行性初步研究

可行性初步研究的任务是对具体项目机会研究所形成的投资建议进行鉴别,即对下列问题作出判断:

(1)投资机会是否有前途,可否在可行性初步研究阶段详细阐明的资料基础上作出投资决策;

(2)项目概念是否正确,有无必要进行详细的可行性研究;

(3)有哪些关键性问题,是否需要通过市场调查、实验室试验、实验工厂试验等辅助研究进行更深入的调查;

(4)项目设想是否有生命力,投资建议是否可行。

3. 可行性研究

可行性研究的任务是对可行性初步研究肯定的建设项目进行全面而深入的技术经济论证,为投资决策提供重要依据,为此,必须深入研究有关市场、生产纲领、厂址、工艺技术、设备造型、土建工程以及经营管理机构等各种可能的选择方案,在分析比较的基础上选优,以便确定最佳的投资规模和投资时期以及应采取的具体措施。在整个研究过程中,始终要把最有效地利用资源取得最佳经济效益放在中心位置,并得出客观的(不能有任何先入为主的成分)结论。

4. 辅助研究

[问一问]
国外的可行性研究一般包括哪几个阶段?

辅助研究或称功能研究,不是可行性研究的一个独立阶段,而是可行性初步研究或可行性研究的前提或辅助工作,主要是在需要大规模投资的项目中进行。辅助研究不涉及项目的所有方面,而只涉及某一个或某几个方面,主要有:

(1)市场研究,包括市场需求预测及预期的市场渗透情况;

(2)原材料和燃料的研究,包括可获得性和价格预测;

(3)为确定某种原料的适用性而进行的实验室和实验工厂的试验;

(4)厂址选择的调查研究;

(5)适合于不同技术方案的规模经济分析;

(6)设备选择的调查研究。

(三)厂址选择

厂址选择的任务是在拟建设的地区、地点范围内,具体确定建设项目场地的坐落位置和东、西、南、北四面。就一个工厂单体来看,就是厂址选择,而对联合工业区的群体来看,就是厂址布局。

我国的工业发展规划是由国家各级计划部门拟订的,在规划中已经根据各地区的经济地理条件,现有的工业分布状况,以及今后工业发展的前景,对拟建项目指定出一个范围,厂址选择是指在这个范围内所进行的厂址方案的调查、比较、选择和最终确定。

新建工业项目的厂址选择包含选点和选址两个内容。选点是按照建厂要求条件在较大范围内进行选择,例如国家计划在某省(或某行政区)内建设一个项目,省或行政区的计划主管部门则根据建厂条件,提供几个地点选择,每个地点又有几个可供选择的厂址。所谓选点,就是根据地形、地貌、运输、水、电、汽来源以及原料供应、外部协作、周围环境等状况，从其中选出一个较适合的地点。所谓选址，就是从该合适的地点内可供选择的几个厂址，通过详细的勘察、比较，具体确定工厂的所在地址。

厂址选择最根本的要求有两点：一是从保证拟建工厂直接的经济效益出发，要满足工厂的经济生命力和职工生活的要求；二是从保证间接的、社会的效益出发，要求厂址的布局能促进城镇或区域的经济文化发展，而不造成对四邻和所在城镇、区域的景观与环境生态平衡的破坏。

1. 选择厂址的基本要求

（1）土地面积与外形，能满足根据生产工艺流程特点合理布置建筑物、构筑物的需要，即厂区总图的要求。

（2）地形应力求平坦而略有坡度（一般以不超过千分之五至十为宜），以减少土地平整的土方工程量，有利于厂区排水和运输。

[想一想]
厂址选择最根本的两个要求是什么？

（3）有良好的工程地质条件，厂址不应设在有滑坡、断层、泥石流、岩溶、地下水位过高，有强烈地震以及地基土承载力低于 0.1MPa 的地区。

（4）应尽可能接近水源地，并便于污水的排放和处理。

（5）应靠近主要原料燃料的供应源，靠近动力供应中心，并有利于和有关联企业的协作。

（6）应注意与附近交通的联系，尽量接近铁路、水路、公路，以缩短货运距离。

（7）对排放有毒废水、废气、废渣和噪声严重的工厂，不要设在城镇居民区的上风向、水源上游和人口密集之处。

（8）重要项目应远离机场，避开国际航线，且不宜选在水库、水力枢纽、大桥、大工厂等明显目标附近。

（9）厂区和居住区应保持一定的间隔距离，设置必要的卫生防护地带。

2. 对于有易燃、易爆、有毒特性的化工工业厂址的选择

（1）厂址应尽可能离开城镇人口密集区；

（2）在沿河、海岸布置时，应位于江河、城镇和重要桥梁、港区、船厂、水源地等重要建筑物的下游；

（3）避开爆破危险区、采矿崩落区及有洪水威胁的地域；在位于坝址下游方向时，不应设在当水坝发生意外事故时，有受水冲毁危险的地段；

（4）有良好的气象卫生条件，避开窝风、积雪的地段及饮用水源区，并考虑季节风、台风强度、雷击及地震的影响和危害；

（5）厂址布置应在有毒物质及可燃物质的上风侧。为保证安全生产，各主要的装置区应与罐区、仓库，保持适当的防护距离，不能过于集中。

厂址选择在可行性研究和决策阶段是一项中心问题，必须尊重科学，尊重客观，保持慎重态度，绝不能以某个领导部门的行政指示为据。否则，如因厂址选择不当，将会成为工厂投产后的种种困难，甚至留下无穷的后患。

3. 厂址选择的一般步骤

（1）根据拟建工厂的产品品种和生产规模拟定建厂条件指标，籍以查明所提

供的厂址是否符合建厂要求,建厂条件指标大致有:

① 占地面积。包括生产装置界区、公用工程、附属工程、仓库罐区用地、厂区道路、铁路专用线等所需占地的面积;同时还应考虑施工临时用地和打算将来扩充的预留地以及在生产过程中有废渣排出的废渣堆放场地。

② 全厂原料和燃料的种类和年消耗数量,主要产品和中间产品的品种和年消耗量。

③ 运输吞吐量(运进和运出),货物运输和储存的特殊要求。

④ 用水量及对水质的要求,用电量及其最高负荷量和负荷等级,需要外供的高压蒸汽或低压蒸汽的用量。

⑤ 污水的排出量及其性质,废气的排出量及其有害成分,废渣的排出量及其性质。以上对环境保护的影响范围及处理方案。

⑥ 全厂定员及生活区占地面积的估算。

⑦ 某些特殊条件,如易燃、易爆、有毒、粉尘、防腐、噪音等。

⑧ 对其他工厂要求的协作条件。

除此以外,应尽可能收集有关厂址的地形图,地质资料以及规划资料。

(2)进行现场踏勘,对厂址所在处进行深入地了解。根据工厂规模、特性、事先制定厂址基础资料提纲,以供实际选址时的参考,提纲的内容,根据具体情况,可有所增加或减少。

(3)方案比较和分析论证

根据现场踏勘结果,对所收集到的资料加以鉴定,进行厂址方案比较和分析论证,提出推荐方案。要说明推荐的理由,并绘出厂址规划示意图(标明厂区位置、备用地、生活区位置、水源地和污水排出口位置、厂外交通运输线路和输电线路位置、原料气输送线路等)和工厂总平面位置示意图。

(4)提出选址报告

选址报告是厂址选择工作得出的结论性意见,最终定址的根据,其内容有:

① 选址的依据、所采用的工艺技术路线、建厂条件指标以及选址的重要经过。

② 建设地区的概况(包括自然地理、经济、社会概况)。

③ 厂址建设条件的概述(包括原料燃料来源、供排水条件、供电条件、运输条件、工程地质、水文地质、施工条件等)。

④ 厂址方案比较,包括厂址技术条件上的比较和厂址建设投资及生产经营费用上的比较。

⑤ 各厂址方案的综合分析论证,推荐方案及推荐理由。

⑥ 当地有关主管部门对厂址的意见。

⑦ 存在问题及解决办法。

⑧ 附件,如有关协议文件或附件、厂址规划示意图、工厂总平面布置示意图。

(四)勘察工作

勘察是指包括工程测量、水文地质勘察和工程地质勘察等内容的工程勘察,是为查明工程项目建设地点的地形地貌、地层土壤、岩性、地质构造、水文条件和各种自然地质现象等而进行的测量、测绘、测试、观察、地质调查、勘探、试验、鉴定、研究和综合评价工作。勘察工作为建设项目厂址的选择，工程的设计和施工提供科学可靠的根据。勘察工作的内容有三个：

1. 工程测量

包括平面控制测量、高程控制测量、地形测量、摄影测量、线路测量及其图纸的绘制复制，技术报告的编写和设置测量标志。根据建设项目的需要所选择的测量工作内容、测绘成果和成图的精度，都应充分满足各个设计阶段的设计要求和施工的一般要求。

2. 水文地质勘察

包括水文地质测绘、地球物理勘探、钻探、抽水试验、地下水动态观察、水文地质参数计算、地下水资源评价和地下水资源保护等方面。水文地质勘察工作的深度和成果，应能满足各个设计阶段的设计要求。

3. 工程地质勘察

根据设计各个阶段要求分三个阶段。

（1）选择厂址勘察

是对拟选厂址的稳定性和适宜性，做出工程地质评价，以符合确定厂址方案的要求。

（2）初步勘察阶段

是对厂内建筑地段的稳定性做出评价，并为确定建筑总平面布置、各主要建筑物地基基础工程方案及对不良地质现象的防治工程方案，提供地质资料，满足初步设计的要求。

（3）详细勘察阶段

是对建筑地基做出工程地质评价，并为地基基础设计、地基处理与加固、不良地质现象的防治工程，提供工程地质资料，以符合施工图设计的要求。

此外，对工程地质条件复杂或有特殊要求的重大建筑地基，应根据不同的施工方法，进行施工勘察。

对面积不大且工程地质条件简单的建筑场地，或有建筑经验的地区，可适当简化勘察阶段。

勘察工作一般由设计部门提出要求，委托勘察单位进行，按签订的合同支付勘察费用，取得勘察成果，通常将勘察设计作为一个阶段安排。

（五）设计

设计是建设项目实施过程中的直接依据。一个建设项目的最终成果，表现在资源上利用是否合理，设备选型是否得当，生产流程是否先进，厂区布置是否紧凑，生产组织是否科学，综合经济效果是否理想，工程设计的质量起决定性的作用。

可行性研究报告和选点报告经批准后，项目的主管部门应通过招投标、指定和委托设计单位，按照可行性研究报告规定的内容，编制设计文件。

[想一想]
施工现场自然地面以下的土质及地下水位，通过什么资料了解？

一个建设项目可以由一个设计单位来承担设计,也可以由两个以上的设计单位来承担,但必须指定其中的一个设计单位做总体设计单位,负责组织设计的协调、汇总,使项目的设计文件保持其完整性。

1. 设计阶段

一般建设项目按两个阶段进行设计,即初步设计和施工图设计。

对于技术上复杂而又缺乏设计经验的项目,可按三个阶段进行设计,即在初步设计和施工图设计之间增加技术设计阶段。

对一些大型联合企业,为解决总体部署和开发问题,还需进行总体设计。总体设计的主要任务是对一个大型联合企业或一个开发区内应包含的各个单元(装置)、单项工程根据生产流程上的内在联系,在相互配合、衔接等方面做出统一的部署和规划,使整个工程区域在布置上紧凑,流程上顺畅,技术上可靠,生产上方便,经济上合理。

总体设计的深度,应满足以下三方面的要求:(1)初步设计的开展;(2)主要大型设备的预安排;(3)土地征用谈判。

2. 初步设计的内容和深度

凡需进行总体设计的工程,初步设计应在总体设计的指导和要求下进行。

初步设计的内容应包括以下文字说明和图纸:

(1)设计依据;(2)设计指导思想;(3)建设规模;(4)产品方案;(5)原料、燃料、动力的用量和来源;(6)工艺流程;(7)设备选型及配置;(8)总图运输;(9)主要建筑物、构筑物;(10)公用、辅助设施;(11)新技术采用情况;(12)主要材料用量;(13)外部协作条件;(14)占地面积和土地利用情况;(15)综合利用和环境保护措施;(16)生活区建设;(17)抗震和人防措施;(18)生产组织和劳动定员;(19)各项技术经济指标;(20)建设顺序和期限;(21)设计总概算书。

[想一想]
为什么施工图纸称为蓝图?

初步设计的深度应满足以下要求:(1)设计方案的比选和确定;(2)主要设备和材料的订货;(3)土地征用;(4)基建投资的控制;(5)施工图设计的绘制;(6)施工组织设计的编制;(7)施工准备和生产准备。

3. 技术设计的内容和深度

技术设计是为某些有特殊要求的项目进一步解决具体技术问题而进行的设计。它是在初步设计阶段中无法解决而又需要进一步研究才能解决所进行的一个设计阶段,也可以说是初步设计的一个辅助设计。

它的主要任务是解决类似以下的问题:(1)特殊工艺流程的试验、研究和确定;(2)新型设备的试验、制造和确定;(3)大型、特殊建筑物中某些关键部位的试验、研究和确定;(4)某些技术复杂、需慎重对待的问题的研究和确定。

技术设计的具体内容,需视工程项目的特点和具体需要情况而定,但其深度应满足下一步施工图设计的要求。

4. 施工图设计的内容和深度

施工图设计的内容主要是根据批准的初步设计,对建设项目各类专业工程的各个部分绘制正确、完整和详尽的建筑和安装工程施工图纸,包括非标准设备、各种零部件的加工制造图纸和有关施工技术要求的说明;对某些工程还需要进行模型设计。

施工图设计的深度应满足以下要求:(1)设备、材料的安排;(2)非标准设备的制造;(3)土建和安装工程的施工。

5. 标准设计

标准设计是工程建设标准化的一个组成部分,一般是经过反复实践、多次修改,最后经过鉴定并正式批准颁发的设计。

标准设计的种类很多,有一个装置的标准设计,有公用辅助工程的标准设计,有某些构筑物的标准设计,这些标准设计称为装置复用设计。多数的是属于工程某些部位的构件或零部件的标准设计,如土建工程中的梁、柱、板等。

标准设计主要分为三大类:

(1)国家标准设计

是指那些不分行业,不分地区,可在全国范围内统一通用的设计。

(2)部颁标准设计

是指那些可在全国有关专业范围内统一通用的设计。

(3)省、市、自治区标准设计

是指那些在本省、市、自治区内统一通用的设计。

在工程建设中,应结合具体情况,因地制宜,选用标准设计,但绝不能生搬硬套;有些是设计院或工厂自定的标准设计,只能在很小范围内采用,习惯称为院标或厂标。

采用标准设计有利于减少设计人员的重复劳动,缩短设计工作周期,提高设计质量;有利于施工单位的机械化和工厂化施工,缩短建设工期,保证工程质量;有利于推广新技术、新成果、节约工程材料,降低工程造价。因此,凡已有标准设计可被选用时,应尽可能采用标准设计。

[练一练]
搜集了解标准设计资料。

6. 设计文件的审批

根据 2004 年 8 月 23 日建设部发布的 124 号令《房屋建筑和市政基础设施工程施工图设计文件审查管理办法》,国家实施施工图设计文件(含勘察文件,以下简称施工图)审查制度。施工图未经审查合格的,不得使用。审查机构按承接业务范围分两类,一类机构承接房屋建筑、市政基础设施工程施工图审查业务范围不受限制;二类机构可以承接二级及以下房屋建筑、市政基础设施工程的施工图审查。

审查机构应当对施工图审查下列内容:

(1)是否符合工程建设强制性标准;

(2)地基基础和主体结构的安全性;

(3)勘察设计企业和注册执业人员以及相关人员是否按规定在施工图上加盖相应的图章和签字;

(4)其他法律、法规、规章规定必须审查的内容。

审查机构对施工图进行审查后,应当根据下列情况分别作出处理:

（1）审查合格的,审查机构应当向建设单位出具审查合格书,并将经审查机构盖章的全套施工图交还建设单位。审查合格书应当有各专业的审查人员签字,经法定代表人签发,并加盖审查机构公章。审查机构应当在 5 个工作日内将审查情况报工程所在地县级以上地方人民政府建设主管部门备案。

（2）审查不合格的,审查机构应当将施工图退建设单位并书面说明不合格原因。同时,应当将审查中发现的建设单位、勘察设计企业和注册执业人员违反法律、法规和工程建设强制性标准的问题,报工程所在地县级以上地方人民政府建设主管部门。

施工图退建设单位后,建设单位应当要求原勘察设计企业进行修改,并将修改后的施工图报原审查机构审查。

任何单位或者个人不得擅自修改审查合格的施工图。

审查机构对施工图审查工作负责,承担审查责任。

审查机构出具虚假审查合格书的,县级以上地方人民政府建设主管部门处 3 万元罚款,省、自治区、直辖市人民政府建设主管部门撤销对审查机构的认定;有违法所得的,予以没收。给予审查机构罚款处罚的,对机构的法定代表人和其他直接责任人员处机构罚款数额 5% 以上 10% 以下的罚款。

国家机关工作人员在施工图审查监督管理工作中玩忽职守、滥用职权、徇私舞弊,构成犯罪的,依法追究刑事责任;尚不构成犯罪的,依法给予行政处分。

7. 设计改革

为了适应当前工业现代化的发展以及基本建设体制改革,在设计工作领域内也进行了以下相应的改革。

（1）设计单位实行企业化

从 1983 年起,各部门、各地区所属的设计单位经过试点至今,已基本上实现了企业化。暂不实行企业化的单位,可实行事业单位企业经营的办法。这两种单位都要加强经济核算,对外承担任务要签订合同,按规定标准收取设计费。

[想一想]
选择设计单位必须要通过招标吗?

实行企业化或实行企业经营的设计单位都要把国家计划内的设计任务放在首位,在完成国家计划任务的前提下,承担外单位的设计委托,担任各种工程技术咨询、技术服务等。实践证明,设计单位实行企业化后,增加了单位的活动能力,激发了设计人员的积极性和创造性,提高了设计工作质量。

（2）设计的专业化和社会化

设计的专业化和社会化是发展方向,其运作体制促进着设计行业的发展。

（3）推行设计招标承包制

2003 年 8 月 1 日起施行的《工程建设项目勘察设计招标投标办法》中规定,按照国家规定需要政府审批的项目,符合以下情形之一,经批准,项目的勘察设计可以不进行招标,①涉及国家安全、国家秘密的;②抢险救灾的;③主要工艺、技术采用特定专利或者专有技术的;④技术复杂或专业性强,能够满足条件的勘察设计单位少于 3 家,不能形成有效竞争的;⑤已建成项目需要改、扩建或者技术改造,由其他单位进行设计影响项目功能配套性的。其他工程建设项目凡符合《工程建设项目招标范围和规模标准规定》(国家计委令第 3 号)规定的范围和标准的,必须依据《工程建设项目勘察设计招标投标办法》进行招标。

(六)建设准备

当建设项目可行性研究报告经有关部门批准之后,应即进行建设的一切准备工作,为拟建项目向实施阶段过渡提供各种必要的条件。

新建的大中型工程项目,建设周期比较长,经主管部门批准,需要组成新的单独机构来进行筹建工作,即建设单位。建设单位代表投资主管部门,对整个建厂时期起到工程建设的组织、协调和监督作用。参加筹建工作的人员必须在专业知识上和数量上满足工程要求,应吸收一部分曾参加该项目可行性研究报告编制的主要工程技术人员参加,或从同类型的老厂抽调一些对工程技术和经济管理有经验的人员作为建设期间的骨干力量。

改、扩建工程,更新改造工程,一般不另设新机构,可由原企业基建部门或指定一部分专职人员组成一个职能机构,来负责筹建工作。

建设单位为建厂准备应做的工作有:

1. 建设场地准备

(1)申请选址

在可行性研究或设计任务书中对厂址一般只是规划性的选择,一般没有达到确切的界址。建设单位应持设计任务书或有关证明文件,向拟征所在地的县、市土地管理机关申请同意选址。在城市规划区范围的选址,应取得城市规划管理部门同意。

(2)协商征地数量和补偿、安置方案

建设地址选定后,由所在地县、市土地管理机关组织用地单位、被征地单位及有关单位,商定预计征用的土地面积和补偿、安置方案,签订初步协议。

(3)核定用地面积

在初步设计批准后,建设单位持有关批准文件和总平面布置图或建设用地图,向所在地的县、市土地管理机关正式申报建设用地面积,按条例规定的权限经县、市以上人民政府审批核定后,在土地管理机关主持下,由用地单位与被征地单位签订协议。

(4)划拨土地、确定界址

在以上手续通过后,由所在地的县、市人民政府发给土地使用证书和四面界址图,用地单位即可树立永久性标志,或者建造围墙,准备施工。

2. 物资准备

这里主要是指由建设单位负责提供的设备和材料的准备工作。建设项目需要的设备,包括大型专用设备、一般通用设备和非标准设备,根据初步设计提出的设备清单,可以采取委托承包、按设备费包干或招标投标不同方式委托设备成套公司承包供应。对制造周期长的大型、专用关键设备,应根据可行性研究报告中已确定的设备项目提前进行预安排,待设计文件批准后签订正式承包供应合同。某些在现场制造更为有利的非标准设备（可以节省长途运输费用）尽量委托有制造能力的施工企业在现场或其附近的机械制造厂制造。

国外引进项目的成套设备和材料，按与外商签订的合同，一般是从海运运抵我国港口。由港口码头至施工现场（包括铁路和公路运输），属于国内段的设备材料运输，可以分别不同情况委托施工单位承担。近来在大型引进项目中也采取设备、材料的接运、保管、检验由施工单位总揽到底的办法，实践证明这种办法能减少中间交接手续，减少建设单位风险，在检验过程中发现的设备材料缺陷能及时向外商索赔。

3. 施工前准备

（1）现场障碍物如原有房屋、构筑物及其基础的拆除，不再使用的上、下水管道、高压线路的拆除或迁移，施工场地的平整等。

（2）为建设单位自身需要修建的行政办公生活用房，设备、材料仓库或堆置场，汽车库，医疗卫生、保卫、消防等用房和设施等。

（3）为施工单位提供水、电源，敷设供水干线，修建变电和配电所及设备安装，通讯线路和设备安装，厂区内通行主干道和铁路专用线的修建，防洪沟、截流沟的修建工程等。

4. 确定工程承包单位

项目一般通过招标方式选择承包单位。

建设部[1997]第 1466 文件，国家计委关于印发《国家基本建设大中型项目实行招标投标的暂行规定》的通知中规定，建设项目主体工程的设计、建筑安装、监理和主要设备、材料供应、工程总承包单位以及招标代理机构，除保密上有特殊要求或国务院另有规定外，必须通过招标确定。其中设计招标可按行业的特点和专业性质，采取不同阶段的招标。

建设部 2001 年发布第 89 号令《房屋建筑工程和市政基础设施工程施工招标投标管理办法》规定，房屋建筑工程和市政基础设施工程的施工单项合同估算价在 200 万元人民币以上，材料采购合同价在 100 万元以上，设计、监理合同额在 50 万元以上，或者虽未超过单项合同额，但项目总投资在 3000 万元人民币以上的，必须进行招标。

［想一想］
建设实施阶段的五落实指什么？

（七）建设实施阶段

建设项目经批准新开工建设，项目便进入了建设实施阶段。这是项目决策的实施、建成投产发挥效益的关键环节。要做到计划、设计、施工三个环节相互衔接，投资、工程内容、施工图纸、设备材料、施工力量等五个方面的落实，以保证建设计划的全面完成。施工前要认真做好图纸会审工作，编制施工图预算和施工组织设计，明确投资、进度、质量的控制要求。施工中要严格按照施工图施工，如需要变动应取得设计单位同意，要坚持合理的施工程序和顺序，要严格执行施工验收规范，按照质量检验评定标准进行工程质量验收，确保工程质量。对质量不合格的工程要及时采取措施，不留隐患，不合格的工程不得交工。施工单位必须按合同规定的内容全面完成施工任务。

（八）竣工验收交付使用阶段

工程竣工交付验收之前，施工单位应根据施工技术验收规范逐项进行预验，竣工工程点交验收是基本建设程序规定的法定手续，通过验收，如工程达到合同要求，办理工程交接和工程结算之后，除规定保修内容外，双方对合同义务就此解除。

建设项目的竣工验收是建设全过程的最后一个阶段，是全面考核基本建设工作，检查是否合乎设计要求和工程质量，将投资成果转交给生产或使用单位的过程。

任何建设工程，凡是已按照设计文件内容建成，工业项目经投料试车合格，形成生产能力，并能生产合格产品；非工业项目符合设计要求，能够正常使用，都要及时组织验收，同时办理固定资产交接手续。对国外进口成套化工项目，为了考核设计能力，可安排不超过三个月的试生产期，考核合格后立即办理竣工验收，移交固定资产。大型联合企业分期建设、分期受益的项目，只要具备生产合格产品的条件，应分期分批验收交付生产。

竣工验收的依据是：经批准的可行性研究、初步设计或扩大初步设计，施工图纸，设备技术说明书，施工过程中的工程变更通知，现行施工技术验收规范以及有关主管部门的审批、修改、调整等文件。从国外引进新技术或进口成套设备的项目，还应按照签订的合同和国外提供的设计文件等资料进行验收。

建设项目竣工验收应达到下列标准：

（1）生产性工程和辅助公用设施，已按设计要求建完，能满足生产要求。

（2）主要工艺设备安装配套，经联动负荷试车合格，构成生产线，形成生产能力，能够生产出设计文件中所规定的产品。

（3）职工宿舍和其他必要的生活福利设施，能适应投产初期的需要。

（4）生产准备工作能适应投产初期的需要。

（5）凡对环境有污染的建设项目和单项工程，要符合国家有关部门关于治理三废措施与主体工程同时设计、同时施工、同时投产的规定。

（6）技术文件、档案、资料齐全完整。

某些具体项目由于客观原因，因少数设备或特殊材料在施工中未能解决，不能按设计文件内容全部建成，但对生产近期影响不大的，也可以组织竣工验收办理固定资产移交，但决不能搞"简易投产"，对遗留的问题由主管部门确定处理办法，限期解决。

竣工验收一般分两个阶段进行。

单项工程验收，是指根据建厂总规划或生产使用部门的要求，在总体设计中，某一单项工程（一个车间、一个装置）已按设计要求建成，能满足生产或具备使用条件，可以办理正式验收，移交给生产或使用部门。如供电、供水系统工程。

全部验收，是指整个建设项目已按设计要求全部建成，符合竣工验收标准的，由主办验收单位（建设单位或生产单位）组织设计单位、施工单位、环境保护和其他有关部门先进行初验，提出竣工验收报告，报请有关主管部门组织的总验收。在全部验收时,对已验收过的单项工程,不再办理验收手续。

根据建设项目的重要性、规模大小和隶属关系,凡大中型项目,国务院各部委直属的,由主管部门会同所在省、市、自治区组织验收;各省、市、自治区所属的由所在省、市、自治区组织验收;特别重要的项目由国家计委报国务院批准组成验收委员会验收。一些小型项目由建设单位报上级主管部门组织验收。

建设项目在全部竣工办理验收的同时,建设单位对于结余的资金和物资,必须清理上交,并编制竣工决算,分析概(预)算的执行情况,考核投资效果,报上级部门审查,迅速办理固定资产交接手续。

1. 验收的种类

(1)检验批质量的验收

检验批合格质量应符合下列规定:

①主控项目和一般项目的质量经抽样检验合格;②具有完整的施工操作依据、质量检查记录。

(2)分项工程质量的验收

分项工程质量验收合格应符合下列规定:

①分项工程所含的检验批均应符合合格质量的规定;②分项工程所含的检验批的质量验收记录应完整。

(3)分部(子分部)工程质量的验收

分部(子分部)工程质量验收合格应符合下列规定:

①分部(子分部)工程所含分项工程的质量均应验收合格;②质量控制资料应完整。地基与基础、主体结构和设备安装等分部工程有关安全及功能的检验和抽样检测结果应符合有关规定;③观感质量验收应符合要求。

(4)单位(子单位)工程质量竣工验收

单位(子单位)工程质量验收合格应符合下列规定:

①单位(子单位)工程所含分部(子分部)工程的质量均应验收合格;②质量控制资料应完整;③单位(子单位)工程所含分部工程有关安全和功能的检测资料应完整;④主要功能项目的抽查结果应符合相关专业质量验收规范的规定;⑤观感质量验收应符合要求。

(5)隐蔽工程验收

是在施工过程中,对隐蔽前的分部分项工程完工后的即时验收;

(6)竣工验收

是承包单位完成工程全部内容和建设单位之间办理的验收。

2. 验收资料

建筑工程验收资料是建筑施工中的一项重要组成部分,是工程建设及竣工验收的必备条件,也是对工程进行检查、维护、管理、使用、改建和扩建的原始依据。

《中华人民共和国建筑法》、《建设工程质量管理条例》、《工程建设标准强制性条文》、《建设工程监理规范》(GB 50319—2000)、《建筑工程施工质量验收统一

[练一练]
举例说明隐蔽工程验收?

标准》(GB 50300—2001)、《建设工程文件归档整理规范》(GB/T 50328—2001)等有关法律、法规、规范和技术标准,均对建筑工程验收资料提出了明确的要求。

工程验收资料包括四方面内容:基建文件、监理资料、施工资料和竣工图。

基建文件由建设单位负责形成。基建文件的内容有决策立项文件;建设用地、征地与拆迁文件;勘察、测绘与设计文件;工程招投标与承包合同文件;工程开工文件;商务经济类文件;工程竣工验收及备案文件;其他文件。

监理资料由监理单位负责形成。监理资料的内容有监理管理资料;监理工作记录;竣工验收资料;其他资料。

施工资料内容与种类繁多,应由施工单位负责形成。施工资料的内容有:①单位工程整体管理与验收资料;②施工管理资料;③施工技术资料;④施工测量记录;⑤施工物资资料;⑥施工记录;⑦施工试验记录;⑧施工质量验收记录。

工程竣工后,施工单位应按规定将施工资料移交给建设单位。

竣工图是建设过程的真实记录,也是工程竣工验收的必备条件。建筑工程竣工后的维修、管理、改建、扩建,都需要竣工图。因此所有新建、改建、扩建的工程项目在竣工时必须绘制竣工图。

3. 交工检验

建设单位收到承包单位提交的交工资料后,应约定指派人会同对交工工程进行审验检查。根据施工图纸、《施工质量验收规范》、《工程质量评定标准》等有关规范、标准,双方对工程进行全面检查,经确认合格后,双方签定交接验收证书,办理工程交接。

4. 工程保修

建设部 2000 第 80 号令《房屋建筑工程质量保修办法》规定,在正常使用下,房屋建筑工程的最低保修期限为:

(1)地基基础和主体结构工程,为设计文件规定的该工程的合理使用年限;

(2)屋面防水工程、有防水要求的卫生间、房间和外墙面的防渗漏为 5 年;

(3)供热与供冷系统,为 2 个采暖期、供冷期;

(4)电气系统、给排水管道、设备安装为 2 年;

(5)装修工程为 2 年。

其他项目的保修期限由建设单位和施工单位约定。

房屋建筑工程保修期从工程竣工验收合格之日起计算。

房屋建筑工程在保修期限内出现质量缺陷,建设单位或者房屋建筑所有人应当向施工单位发出保修通知。

施工单位接到保修通知后,应当到现场核查情况,在保修书约定的时间内予以保修。发生涉及结构安全或者严重影响使用功能的紧急抢修事故,施工单位接到保修通知后,应当立即到达现场抢修。

发生涉及结构安全的质量缺陷,建设单位或者房屋建筑所有人应当立即向当地建设行政主管部门报告,采取安全防范措施;由原设计单位或者具有相应资质等级的设计单位提出保修方案,施工单位实施保修,原工程质量监督机构负责监督。

保修完成后,由建设单位或者房屋建筑所有人组织验收。涉及结构安全的,应当报当地建设行政主管部门备案。

施工单位不按工程质量保修书约定保修的,建设单位可以另行委托其他单位保修,由原施工单位承担相应责任。保修费用由质量缺陷的责任方承担。在保修期内,因房屋建筑工程质量缺陷造成房屋所有人、使用人或者第三方人身、财产损害的,房屋所有人、使用人或者第三方可以向建设单位提出赔偿要求。建设单位向造成房屋建筑工程质量缺陷的责任方追偿。

[练一练]
某办公楼未经验收,业主就开始使用,使用半年后厕所地面漏水,属哪个单位维修?

因保修不及时造成新的人身、财产损害,由造成拖延的责任方承担赔偿责任。

房地产开发企业售出的商品房保修,还应当执行《城市房地产开发经营管理条例》和其他有关规定。

下列情况不属于本办法规定的保修范围:

(1)因使用不当或者第三方造成的质量缺陷;

(2)不可抗力造成的质量缺陷。

施工单位有下列行为之一的,由建设行政主管部门责令改正,并处1万元以上3万元以下的罚款。

(1)工程竣工验收后,不向建设单位出具质量保修书的;

(2)质量保修的内容、期限违反《房屋建筑工程质量保修办法》规定的。

施工单位不履行保修义务或者拖延履行保修义务的,由建设行政主管部门责令改正,处10万元以上20万元以下的罚款。

工程未经验收交接,若建设单位提前使用,发现质量问题,由建设单位自己承担责任。

5. 试车

大型化工装置的试车,一般分为两个阶段:第一阶段为单体试车、联动试车,应由施工安装单位负责,生产单位配合参加;第二阶段为化工试车,应由生产单位负责,设计、施工单位配合参加,施工单位负责保镖,生产人员进行操作。引进装置的试车应在卖方技术人员的指导下进行。

单体试车是指按规程分别对机器和设备进行单体试运转。联动试车也称无负荷联动试车,是指单台设备或若干台设备为解决试车介质,考验安装质量而进行的局部联动试车,通过联动试车检查设备、仪表以及各通路,如油路、水路、汽路、电路等是否畅通,在规定时限内试运转无问题即视为合格。化工试车也称有负荷联动试车、投料试车,化工试车必须达到投料运转正常,生产出合格产品,参数符合规定的要求,才为试车合格。

试车是一个短暂的但技术上很关键的时期,必须坚持高标准、严要求。化工试车要做到从生产原料投入装置到出合格的最终产品,试车过程不中断,不发生重大事故,实现一次投料成功,尽快地形成生产能力,发挥投资效果。

各阶段试车要有统一的领导,试车前组成试车联合小组,编好试车方案。单机和联动试车方案,由施工单位编制;吹扫、化学清洗、触媒装填等方案,由生产单位编制。化工试车方案由生产单位编制。

(九)后评估阶段

后评估阶段是在项目运行一定时期后,对已实施的项目进行全面综合评价,分析项目实施的实际经济效果和影响力,并论证最初决策的合理性和项目的持续能力,为以后的决策提供经验和教训。

三、施工项目管理内容与程序

施工项目管理的内容与程序要体现企业管理层和项目管理层参与的项目管理活动。项目管理的每一过程,都应体现计划、实施、检查、处理的持续改进过程。

企业法定代表人向项目经理下达"项目管理目标责任书"确定项目经理部的管理内容,由项目经理负责组织实施。项目管理应体现管理的规律,企业利用制度保证项目管理按规定程序运行。

项目管理的内容主要包括:编制"项目管理规划大纲"和"项目管理实施规划",项目进度控制,项目质量控制,项目安全控制,项目成本控制,项目人力资源管理,项目材料管理,项目机械设备管理,项目技术管理,项目资金管理,项目合同管理,项目信息管理,项目现场管理,项目组织协调,项目竣工验收,项目考核评价和项目回访保修。

施工项目管理的程序主要有:编制项目管理规划大纲,编制投标书并进行投标,签订施工合同,选定项目经理,项目经理接受企业法定代表人的委托组建项目经理部,企业法定代表人与项目经理签订"项目管理目标责任书",项目经理部编制"项目管理实施规划",进行项目开工前的准备,施工期间按"项目管理实施规划"进行管理,在项目竣工验收阶段进行竣工结算、清理各种债权债务、移交资料和工程,进行经济分析,做出项目管理总结报告并送企业管理层有关职能部门,企业管理层组织考核委员会对项目管理工作进行考核评价并兑现"项目管理目标责任书"中的奖惩承诺,项目经理部解体,在保修期满前企业管理层根据"工程质量保修书"的约定进行项目回访保修。

(一)项目管理规划

项目管理规划分为项目管理规划大纲和项目管理实施规划。

(1)项目管理规划大纲

项目管理规划大纲是项目管理工作中具有战略性、全局性和宏观性的指导文件。根据我国《建设工程项目管理规范》GB/T50326—2006的规定,项目管理规划大纲可包括下列内容:①项目概况;②项目范围管理规划;③项目管理目标规划;④项目管理组织规划;⑤项目成本管理规划;⑥项目进度管理规划;⑦项目质量管理规划;⑧项目职业健康安全与环境管理规划;⑨项目采购与资源管理规划;⑩项目沟通管理规划;⑪项目信息管理规划;⑫项目风险管理规划;⑬项目收尾管理规划。项目管理规划大纲应由组织的管理层或组织委托的项目管理单位编制。

(2)项目管理实施规划

该规划是在开工之前由项目经理主持编制的,旨在指导施工项目实施阶段管理的文件。项目管理实施规划应对项目管理规划大纲进行细化,使其具有可操作性。根据我国《建设工程项目管理规范》GB/T50326—2006 的规定,项目管理实施规划应包括下列内容:①工程概况;②总体工作计划;③组织方案;④技术方案;⑤进度计划;⑥质量计划;⑦职业健康安全与环境管理计划;⑧成本计划;⑨资源需求计划;⑩风险管理计划;⑪信息管理计划;⑫项目沟通管理计划;⑬项目收尾管理计划;⑭项目现场平面布置图;⑮项目目标控制措施;⑯技术经济指标。

[想一想]
施工项目管理实施规划与施工组织设计有何区别和联系?

(二)项目经理责任制

企业在进行施工项目管理时,要处理好企业管理层、项目管理层与劳务作业层的关系,实行项目经理责任制,在"项目管理目标责任书"中明确项目经理的责任、权限和利益。企业管理层还应制定和健全施工项目管理制度,规范项目管理,加强计划管理,保持资源的合理分布和有序流动,并为项目生产要素的优化配置和动态管理服务,对项目管理层的工作进行全过程指导、监督和检查。

项目管理层要做好资源的优化配置和动态管理,执行和服从企业管理层对项目管理工作的监督检查和宏观调控。参考选择并使用具有相应资质的分包人。

根据企业法定代表人授权的范围、时间和内容,项目经理对开工项目自开工准备至竣工验收,实施全过程、全面管理。项目经理代表企业实施施工项目管理。贯彻执行国家法律、法规、方针、政策和强制性标准,执行企业的管理制度,维护企业的合法权益,履行"项目管理目标责任书"规定的各项任务。

(三)施工项目目标控制

1. 进度控制

项目进度控制以实现施工合同约定的竣工日期为最终目标,建立以项目经理为责任主体,由子项目负责人、计划人员、调度人员、作业队长及班组长参加的项目进度控制体系。可按单位工程分解为交工分目标,可按承包的专业或施工阶段分解为完工分目标,亦可按年、季、月计划期分解为时间目标。

项目经理部进行项目进度控制的程序如下:

(1)根据施工合同确定的开工日期、总工期和竣工日期确定施工进度目标,明确计划开工日期、计划总工期和计划竣工日期,并确定项目分期分批的开工、竣工日期。

(2)编制施工进度计划。施工进度计划根据工艺关系、组织关系、搭接关系、起止时间、劳动力计划、材料计划、机械计划及其他保证性计划等因素综合确定。

(3)向监理工程师提出开工申请报告,并按监理工程师下达的开工令指定的日期开工。

（4）实施施工进度计划，应及时进行调整出现的进度偏差，并不断预测未来进度状况。

（5）全部任务完成后进行进度控制总结并编写进度控制报告。

2. 质量控制

项目质量控制坚持"质量第一，预防为主"的方针和"计划、执行、检查、处理"循环工作方法，坚持做到施工中的"四有"、"五化"，即：有方案、有标准、有制度、有目标；施工规范化、操作规程化、技术标准化、管理制度化、数据科学化。不断改进过程控制，满足工程施工技术标准和发包人的要求。

项目质量控制因素包括人、材料、机械、方法、环境。质量控制按下列程序实施：

（1）确定项目质量目标；

（2）编制项目质量计划；

（3）实施项目质量计划，包括施工准备阶段质量控制，施工阶段质量控制和竣工验收阶段质量控制。

3. 安全控制

项目安全控制必须坚持"安全第一、预防为主"的方针。项目经理部应建立安全管理体系和安全生产责任制。安全员持证上岗，保证项目安全目标的实现，项目经理是项目安全生产的总负责人。项目经理部根据项目特点，制定安全施工组织设计或安全技术措施，根据施工中人的不安全行为，物的不安全状态，作业环境的不安全因素和管理缺陷进行相应的安全控制。

[问一问]
施工项目目标控制包括哪几个方面？

项目安全控制遵循下列程序：

（1）确定施工安全目标；

（2）编制项目安全保证计划；

（3）项目安全计划实施；

（4）项目安全保证计划验证；

（5）持续改进；

（6）兑现合同承诺。

4. 成本控制

工程成本是工程价值的一部分。建筑安装工程的价值是由已消耗生产资料的价值（原材料费、燃料费、动力费、设备折旧费等）、劳动者必要劳动所创造的价值（工资等）和劳动者剩余劳动所创造的价值（税收、利润等）3部分组成。其中前两部分构成建筑安装工程的成本。

项目成本控制包括成本预测、计划、实施、核算、分析、考核、整理成本资料与编制成本报告。项目经理部对施工过程发生的、在项目经理部管理职责权限内能控制的各种消耗和费用进行成本控制，项目经理部承担的成本责任与风险在"项目管理目标责任书"中明确。企业建立和完善项目管理层作为成本控制中心的功能和机制，并为项目成本控制创造优化配置生产要素，实施动态管理的环境和条件。

建立以项目经理为中心的成本控制体系,按内部各岗位和作业层进行成本目标分解,明确各管理人员和作业层的成本责任、权限及相互关系。

成本控制应按下列程序进行:①企业进行项目成本预测;②项目经理部编制成本计划;③项目经理部实施成本计划;④项目经理部进行成本核算;⑤项目经理部进行成本分析并编制月度及项目的成本报表,按规定存档。

(1)成本计划

编制成本计划是进行成本控制的前提,没有成本计划,就不可能有效地控制成本,也无法进行成本分析工作。

要编好成本计划,首先应以先进合理的技术经济定额为基础,以施工进度计划、材料供应计划、劳动工资计划和技术组织措施计划等为依据,使成本计划达到先进合理,并能综合反映上述计划预期的经济效果。编制成本计划,还要从降低工程成本的角度,对各方面提出增产节约的要求。同时要严格遵守成本开支范围,注意成本计划与成本核算的一致性,从而正确考核和分析成本计划的完成情况。

(2)成本计划实施控制

工程成本控制,是在施工过程中按照一定的控制标准,对实际成本支出进行管理和监督,并及时采取有效措施消除不正常消耗,纠正脱离标准的偏差,使各种费用的实际支出控制在预定的标准范围之内,从而保证成本计划的完成和目标成本的实现。

成本控制按工程成本发生的时间顺序,可划分为事前控制、过程控制和事后控制三个阶段。

成本的事前控制是指在施工前对影响成本的有关因素进行事前的规划,是成本形成前的成本控制。

成本的过程控制是指在施工过程中,对成本的形成和偏离成本目标的差异进行日常控制。

成本的事后控制是成本形成后的控制,是指在施工全部或部分结束后,对成本计划的执行情况加以总结,对成本控制情况进行综合分析和考核,以便采取措施改进成本控制工作。

(3)成本分析

成本分析的基本任务是通过成本核算、报表及其他有关资料,全面了解和掌握成本的变动情况及其变化规律,系统研究影响成本升降的各种因素及其形成的原因,借以揭示经营中的主要矛盾,挖掘和动员企业的潜力,并提出降低成本的具体措施。

(四)施工现场管理

应认真搞好施工现场管理,做到文明施工、安全有序、整洁卫生、不扰民、不损害公众利益。承包人项目经理部负责施工现场场容文明形象管理的总体策划和部署;各分包人在承包人项目经理部的指导和协调下,按照分区划块原则,搞好分包人施工用地区域的场容文明形象管理规划,严格执行,并纳入承包人的现场管理范畴,接受监督、管理与协调。施工现场场容规范化建立在施工平面图设计的科学合理化和物料器具定位管理标准化的基础上。根据承包人企业的管理水平,建立和健全施工平面图管理和现场物料器具管理标准,为项目经理部提供场容管理策划的依据。由项目经理部结合施工条件,按照施工方案和施工进度计划的要求,认真进行施工平面图的规划、设计、布置、使用和管理。

[试一试]

查看《环境管理系列标准》(GB/T24000−ISO14000)。

项目经理部应根据《环境管理系列标准》(GB/T24000−ISO14000)建立项目环境监控体系,不断反馈监控信息,采取整改措施。

(五)施工项目合同管理与信息管理

1. 合同管理

施工项目的合同管理包括施工合同的订立、实施、控制和综合评价等工作。

发包人和承包人是施工合同的主体,其法律行为应由法定代表人行使。项目经理按照承包人订立的施工合同认真履行所承接的任务,依照施工合同的约定,行使权利,履行义务。项目合同管理包括相关的分包合同、买卖合同、租赁合同、借款合同等的管理。施工合同和分包合同必须以书面形式订立。施工过程中的各种原因造成的洽商变更内容,以书面形式签认,并作为合同的组成部分。订立施工合同的谈判,应根据招标文件的要求,结合合同实施中可能发生的各种情况进行周密、充分的准备,按照缔约过失责任原则,保护企业的合法权益。

订立施工合同应符合下列程序:

(1)接受中标通知函;(2)组成包括项目经理的谈判小组;(3)草拟合同专用条件;(4)谈判;(5)参照发包人拟定的合同条件或施工合同示范文本与发包人订立施工合同;(6)合同双方在合同管理部门备案并缴纳印花税。

2. 信息管理

项目信息管理旨在适应项目管理的需要,为预测未来和正确决策提供依据,提高管理水平。项目经理部应建立项目信息管理系统,优化信息结构,实现项目管理信息化。项目信息包括项目经理部在项目管理过程中形成的各种数据、表格、图纸、文字、音像资料等。项目经理部应负责收集、整理、管理本项目范围内的信息。项目信息收集应随工程的进展进行,保证真实、准确。

项目经理部应收集并整理下列信息:

(1)法律、法规与部门规章信息、市场信息、自然条件信息;

(2)工程概况信息,包括工程实体概况、场地与环境概况、参与建设的各单位概况、施工合同、工程造价计算书;

(3)施工信息,包括施工记录信息、施工技术资料信息;

(4)项目管理信息。

项目信息管理系统应方便项目信息输入、整理与存储;有利于用户提取信息;能及时调整数据、表格与文档;能灵活补充、修改与删除数据。

(六)施工项目组织协调

组织协调旨在排除障碍、解决矛盾、保证项目目标的顺利实现。分内部关系的协调、近外层关系的协调和远外层关系的协调。

组织协调包括：人际关系，组织机构关系，供求关系，协作配合关系。根据在施工项目运行的不同阶段中出现的主要矛盾对组织协调的内容做动态调整。

第二节　建筑产品及其施工特点

建筑产品是指通过建筑安装等生产活动所完成的符合设计要求和质量标准，能够独立发挥使用价值的各种建筑物或构筑物，它与一般工业产品相比较，不但是产品本身，而且在生产过程中都有其特点。

一、建筑产品的特点

1. 建筑产品的固定性

一般建筑产品都是在选定的地点上建造，在建造过程中直接与地基基础连接，因此，只能在建造地点固定地使用，而无法转移。这是一经建造就在空间的属性，叫做建筑产品的固定性。固定性是建筑产品与一般工业产品最大的区别。

2. 建筑产品的多样性

建筑产品不能像一般工业产品那样批量生产，因此建筑产品不仅需要满足使用功能的要求，还具有艺术价值以及体现地方或民族风格。同时，也受到建设地点的自然条件诸因素的影响，而使建筑产品在建筑形式、构造结构、装饰等方面具有千变万化的差异。

3. 建筑产品的体形庞大性

建筑产品与一般工业产品相比，其体形远比工业产品庞大，自重也大。因为无论是复杂还是简单的建筑产品，均是为构成人们生活和生产活动空间或满足某种使用功能而建造的，所以，建筑产品要占用大片的土地和大量的空间。

[练一练]
列举生活中例子，说明建筑产品的特点。

4. 建筑产品的综合性

建筑产品是一个完整的固定资产实物体系，不仅土建工程的艺术风格、建筑功能、结构构造、装饰做法等方面堪称是一种复杂的产品，而且工艺设备、采暖通风、供水供电、卫生设备、办公自动化系统、通讯自动化系统等各类设施错综复杂。

二、建筑施工的特点

1. 建筑产品生产的流动性

建筑产品的固定性决定了建筑施工的流动性。一般工业产品，生产者和生产设备是固定的，产品在生产线上流动，而建筑产品则相反，产品是固定的，生产者和生产设备不仅要随着建筑物地点的变更而流动，而且还要随着建筑物施工部位的改变而在不同的空间流动。这就要求事先有一个周密的施工组织设计，使流动的人、机、物等互相协调配合，做到连续、均衡施工。

2. 建筑产品生产的单件性

建筑产品的多样性决定了建筑施工的单件性。不同的甚至相同的建筑物，在不同的地区、季节及现场条件下,施工准备工作、施工工艺和施工方法等也不尽相同,因此,建筑产品的生产基本上是单个"订做",这就要求施工组织设计根据每个工程特点、条件等因素制定出可行的施工方案。

3. 建筑产品生产周期长

建筑产品的庞大性决定了建筑施工的工期长。建筑产品在建造过程中要投入大量的劳动力、材料、机械等,因而与一般工业产品相比,其生产周期较长,少则几个月,多则几年。这就要求事先有一个合理的施工组织设计,尽可能缩短工期。

4. 建筑产品施工的复杂性

建筑产品的综合性决定了建筑施工的复杂性。建筑产品是露天、高空作业,甚至有的是地下作业,加上施工是流动性和个别性,必然造成施工的复杂性,这就要求施工组织设计不仅从质量、技术组织方面考虑措施,还要从安全、环保等方面综合考虑施工方案,使建筑工程顺利的进行施工。

[练一练]

到施工生产一线,了解施工生产的特点。

5. 建筑施工协作单位多

建筑产品施工涉及面广。在建筑企业内部,要组织多专业、多工种的综合作业;在建筑企业外部,需要不同种类的专业施工企业以及城市规划、土地征用、勘察设计、公安消防、环保、质量监督、科研试验、交通运输、银行业务、物资供应等单位和主管部门协作配合。

6. 建筑产品生产的高空作业多

7. 建筑产品生产手工作业多、工人劳动强度大

8. 建筑产品生产组织协作的综合复杂性

第三节 施工组织设计概论

一、施工组织的设计分类与内容

1. 按设计阶段的不同分类

(1)按两阶段设计进行时:施工组织总设计、单位工程施工组织设计。

(2)按三阶段设计进行时:施工组织设计大纲、施工组织总设计、单位工程施工组织设计。

2. 按中标前后分类

施工组织设计按中标前后的时间不同可分为投标前施工组织设计和中标后施工组织设计两种。

3. 按编制对象范围的不同分类

根据《建筑施工组织设计规范》GB/T 50502—2009,施工组织设计按编制对象,可分为施工组织总设计、单位工程施工组织设计和施工方案。

4. 编制施工组织设计必须的原则:

施工组织设计的编制必须遵循工程建设程序,并应符合下列原则:

建筑施工组织

（1）符合施工合同或招标文件中有关工程进度、质量、安全、环境保护、造价等方面的要求；（2）积极开发、使用新技术和新工艺，推广应用新材料和新设备；（3）坚持科学的施工程序和合理的施工顺序，采用流水施工和网络计划等方法，科学配置资源，合理布置现场，采取季节性施工措施，实现均衡施工，达到合理的经济技术指标；（4）采取技术和管理措施，推广建筑节能和绿色施工；（5）与质量、环境和职业健康安全三个管理体系有效结合。

5. 施工组织设计的编制依据

施工组织设计应以下列内容作为编制依据：

（1）与工程建设有关的法律、法规和文件；（2）国家现行有关标准和技术经济指标；（3）工程所在地区行政主管部门的批准文件，建设单位对施工的要求；（4）工程施工合同或招标投标文件；（5）工程设计文件；（6）工程施工范围内的现场条件，工程地质及水文地质、气象等自然条件；（7）与工程有关的资源供应情况；（8）施工企业的生产能力、机具设备状况、技术水平等。

6. 施工组织设计的基本内容

施工组织设计应包括编制依据、工程概况、施工部署、施工进度计划、施工准备与资源配置计划、主要施工方法、施工现场平面布置及主要施工管理计划等基本内容。

7. 施工组织设计的编制和审批应符合下列规定

（1）施工组织设计应由项目负责人主持编制，可根据需要分阶段编制和审批；（2）施工组织总设计应由总承包单位技术负责人审批；单位工程施工组织设计应由施工单位技术负责人或技术负责人授权的技术人员审批；施工方案应由项目技术负责人审批；重点、难点分部（分项）工程和专项工程施工方案应由施工单位技术部门组织相关专家评审，施工单位技术负责人批准；（3）由专业承包单位施工的分部（分项）工程或专项工程的施工方案，应由专业承包单位技术负责人或技术负责人授权的技术人员审批；有总承包单位时，应由总承包单位项目技术负责人核准备案；（4）规模较大的分部（分项）工程和专项工程的施工方案应按单位工程施工组织设计进行编制和审批。

8. 施工组织设计应实行动态管理，并符合下列规定

（1）项目施工过程中，发生以下情况之一时，施工组织设计应及时进行修改或补充：1）工程设计有重大修改；2）有关法律、法规、规范和标准实施、修订和废止；3）主要施工方法有重大调整；4）主要施工资源配置有重大调整；5）施工环境有重大改变。（2）经修改或补充的施工组织设计应重新审批后实施；（3）项目施工前，应进行施工组织设计逐级交底；项目施工过程中，应对施工组织设计的执行情况进行检查、分析并适时调整。

9. 施工组织设计应在工程竣工验收后归档

二、施工组织设计的任务与作用

1. 任务

指导拟建工程施工全过程中各项活动的技术、经济和组织。

2. 作用

是施工准备工作的重要组成部分,又是做好施工准备工作的主要依据和保证;是对拟建工程施工全过程实行科学管理的重要手段,是编写预算和施工计划的主要依据,建筑企业合理组织施工和加强项目管理的重要措施;是检查施工目标的依据,是建设单位和施工单位履行合同、处理关系的主要依据。

三、组织项目施工的基本原则

1. 认真贯彻国家的方针政策,严格执行建设程序。

2. 遵循建筑施工工艺及其技术规律,坚持合理的施工程序和施工顺序,在保证质量的前提下,加快速度,缩短工期。

3. 采用流水施工方法和网络计划等先进技术,组织有节奏、连续和均衡的施工,是科学地安排施工进度计划,保证人力、物力充分发挥作用。

4. 统筹安排,保证重点,合理地安排冬季、雨季施工项目。

5. 认真贯彻建筑工业化方针,提高施工机械化水平,扩大预制范围,提高预制装配程度;改善劳动条件,减轻劳动强度,提高劳动效率。

6. 采用国内外先进施工技术,科学地确定施工方案,贯彻执行施工技术规范、操作规程,提高工程质量,确保安全施工,缩短工期、降低成本。

7. 精心规划施工平面图,节约土地;尽量减少临时设施,合理存储物资,充分利用当地资源,减少物资运输量。

8. 做好现场文明施工和环境保护工作。

本章思考与实训

一、思考题

1. 什么叫可行性研究?

2. 建筑产品有何特点?

3. 建筑施工的特点是什么?

4. 施工组织设计按编制对象范围不同分哪几类?

二、实训题

1. 简述编制施工组织总设计的原则。

2. 叙述建设程序。

3. 简答建筑施工的特点。

4. 简述施工组织设计的任务与作用。

第二章　施工准备工作

【内容要点】

1. 施工准备工作的分类；
2. 调查研究与收集资料；
3. 施工准备工作内容；
4. 开工条件与开工报告。

【知识链接】

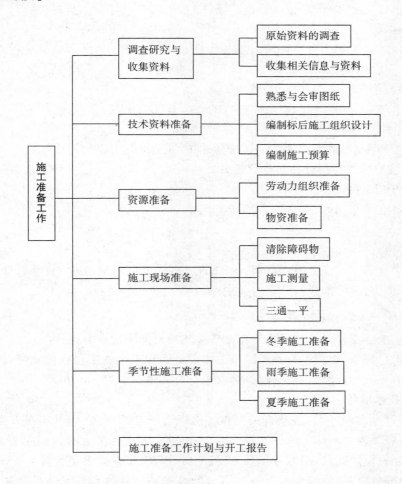

第一节　概　述

一、施工准备工作的重要性

施工准备工作是施工企业生产经营管理的重要组成部分,是建筑施工程序的重要阶段;做好施工准备工作,可降低施工风险,也能提高企业综合经济效益。

二、施工准备工作的分类与内容

(一)施工准备工作的分类

1. 按施工准备工作的对象分类

(1)施工总准备

以整个建设项目为对象而进行的需要统一部署的各项准备。为全场性的施工做好准备,也兼顾了单位工程施工条件。

(2)单位工程施工准备

指以单位工程为对象而进行的施工条件准备工作,它是为单位工程在开工前做的一切准备。

(3)分部分项工程准备

以某分部分项工程为对象而进行的作业条件的准备。

(4)季节性施工准备

是指为冬季、雨季、夏季施工创造条件的施工准备工作。

2. 按拟建工程所处施工阶段性分类

(1)开工前施工准备

其特点是全局性、总体性。

(2)工程作业条件的施工准备

其特点是局部性、经常性。

施工准备工作既要有整体性与阶段性统一,又要有连续性,必须有计划、有步骤、分期、分阶段地进行施工准备工作。

(二)施工准备工作的内容

施工准备工作的内容根据施工准备工作的对象不同而不同。

施工总准备、单位工程施工准备工作要贯穿在整个施工过程的始终,根据施工顺序的先后,有计划、有步骤、分阶段进行。大致归纳为五个方面:

1. 技术准备

(1)审查设计图纸,熟悉有关资料。检查图纸是否齐全,图纸本身有无错误和矛盾,设计内容与施工条件能否一致,各工种之间搭接配合有否问题等。同时应熟悉有关设计数据,结构特点及土层、地质、水文、工期要求等资料。

(2)搜集资料,摸清情况。搜集当地的自然条件资料和技术条件资料;深入实地摸清施工现场情况。

（3）编制施工组织设计和施工图预算。

2. 施工现场准备

（1）建立测量控制网点。按照总平面图要求布置测量点，设置永久性的经纬坐标桩及水平桩，组成测量控制网。

（2）搞好"三通一平"（路通、电通、水通、平整场地）。修通场区主要运输干道，接通工地用电线路，布置生产生活供水管网和现场排水系统。按总平面确定的标高组织土方工程的挖填、找平工作等，但有的单位要求"七通一平"。

（3）修建大型临时设施，包括各种附属加工场、仓库、食堂、宿舍、厕所、办公室以及公用设施等。

3. 物资准备

（1）做好建筑材料需要量计划和货源安排。对地方材料要落实货源办理订购手续。对特殊材料要组织人员提早采购。

（2）对钢筋混凝土预制构件、钢构件、铁件、门窗等做好加工委托或生产安排。

（3）做好施工机械和机具的准备，对已有的机械机具做好维修试车工作；对尚缺的机械机具要立即订购、租赁或制作。

［想一想］

什么叫三通一平？三通一平工作应该由哪个单位实施？

4. 施工队伍准备

（1）健全、充实、调整施工组织机构。

（2）调配、安排劳动班子组合。

（3）对职工进行计划、技术、安全交底。

5. 下达作业计划或施工任务书

（1）明确工程项目、工程数量、劳动定额、计划工日数、开工和完工日期，质量和安全要求。

（2）印发小组记工单、班组考勤表。

（3）分配限额领料卡。

以上准备工作就绪后，填写开工申请报告，经有关部门批准后即可开工。

分部分项工程准备工作的内容包括四个方面：技术准备、材料准备、施工机具、作业条件。

三、施工准备工作的要求

1. 施工准备工作应有组织、有计划、分阶段、有步骤地进行。

施工准备工作不仅要在开工前进行，而且在开工后也要进行。随着工程的不断深入，在每个施工阶段开始前，都要不间断的做好施工准备工作，为顺利进行各个阶段的施工创造条件。

2. 建立严格的施工准备工作责任制和相应的检查制度。

按施工准备工作计划将责任落实到有关部门和人，同时明确各级技术负责人在施工准备工作中应负的责任。施工准备不仅有计划和分工，而且要有布置和检查，这样有利于发现问题及时解决。

3. 坚持按基本建设程序办事，严格执行开工报告制度。

4. 施工准备工作必须贯穿施工全过程。

5. 施工准备工作要取得各协作相关单位的友好支持与配合。

第二节　调查研究与收集资料

一项工程所涉及的自然条件和技术经济条件的资料，统称为原始资料，对这些资料的分析叫作原始资料的调查分析。调查研究、收集有关施工资料，是施工准备工作的重要内容之一，尤其是当施工单位进入一个新的城市或地区，对建设地区的技术经济条件、场地特征和社会情况等往往不太熟悉，此项工作显得更加重要。要编制出完整、周密的施工组织设计，在收集原始资料时更需注意广泛和全面，并将调查收集到的资料整理、归纳后进行分析研究，对其中特别重要的资料，必须复查其数据的真实性和可靠性，以保证原始资料的正确性。

一、原始资料的调查

原始资料的调查主要是对工程条件、工程环境特点和施工条件等施工技术与组织的基础资料进行调查，以获取有关的数据资料，这对于拟定一个先进合理、切合实际的施工组织设计是非常必要的。因此，应该做好以下几个方面的调查分析。

1. 对建设单位与设计单位的调查

在调查工作开始之前，应拟定详细的调查提纲，以便调查研究工作有目的、有计划地进行。

调查时，首先向建设单位、勘察设计单位收集有关计划书、工程地址选择报告、初步设计、施工图以及工程概预算等资料；向当地有关部门收集现行的有关规定、该工程的有关文件、协议和类似工程的实践经验资料等；了解各种材料、构件、制品的加工能力和供应情况；能源、交通运输和生活状况；参加施工单位的施工能力和管理状况等。对于缺少的资料应予以补充，对有疑点的资料不仅要进行核实，还要到施工现场进行实地勘测调查。

2. 自然条件调查分析

主要内容包括：建设地点的气象、地形、地貌、工程地质、水文地质、场地周围环境、地上障碍物和地下隐蔽物等。

二、收集相关信息与资料

1. 技术经济条件的调查分析

给水、供电等能源资料可向当地城建、电力、电讯和建设单位等进行调查，主要用作选择施工临时供水、供电、供气的方式，提供经济分析比较依据。

2. 其他相关信息与资料的收集

交通运输资料的调查主要用作组织施工运输业务，选择运输方式的依据。机械设备与建筑材料的调查主要用作确定材料和设备采购供应计划、加工方式、储存和堆放场地以及建造临时设施的依据。

[问一问]

　气象资料调查包括哪些内容？

第三节　技术资料准备

技术资料准备即通常所说的"内业"工作,它是施工准备的核心,指导着现场施工准备工作,对于保证建筑产品质量,实现安全生产,加快工程进度,提高工程经济效益都具有十分重要的意义。任何技术差错和隐患都可能引起人身安全和质量事故,造成生命财产和经济的巨大损失,因此,必须重视做好技术资料准备。其主要内容包括:熟悉和会审图纸,编制中标后施工组织设计,编制施工预算等。

一、熟悉与会审图纸

施工图全部(或分阶段)出图以后,施工单位应依据建设单位和设计单位提供的初步设计或扩大初步设计(技术设计)、施工图设计、建筑总平面图、土方竖向设计和城市规划等资料文件,调查、收集的原始资料和其他相关信息与资料。组织有关人员对设计图纸进行学习和会审工作,使参与施工的人员掌握施工图的内容、要求和特点,同时发现施工图中的问题,以便在图纸会审时统一提出,解决施工图中存在的问题,确保工程施工顺利进行。

施工人员阅读施工图纸决不能只是"大致"了解,而应对施工图中每一个细节彻底了解设计意图,否则必然导致施工失误。通过对设计图纸的学习和会审工作,使参与施工的人员掌握施工图的内容、要求和特点,同时审查和发现施工图中的问题,本着对工程负责的态度予以指出,并提出修改意见供设计人员参考,以便能正确无误地施工。

审查图纸的程序通常分为:自审阶段、会审阶段、现场签证三个阶段。

(一)熟悉图纸阶段

1. 熟悉图纸工作的组织

由施工该工程的项目经理部组织有关工程技术人员认真熟悉图纸,了解设计总图与建设单位要求以及施工应达到的技术标准,明确工程流程。

2. 熟悉图纸的要求

(1)先精后细

就是先看平面图、立面图、剖面图,对整个工程的概貌有一个了解,对总的长、宽尺寸,轴线尺寸、标高、层高、总高有一个大体的印象。然后再看细部做法,核对总尺寸与细部尺寸、位置、标高是否相符,门窗表中的门窗型号、规格、形状、数量是否与结构相符等。

(2)先小后大

就是先看小样图,后看大样图。核对在平面图、立面图、剖面图中标注的细部做法,与大样图的做法是否相符;所采用的标准构件图集编号、类型、型号,与设计图纸有无矛盾,索引符号有无漏标之处,大样图是否齐全等。

(3)先建筑后结构

就是先看建筑图,后看结构图,把建筑图与结构图互相对照,核对其轴线尺寸、标高是否相符,有无矛盾,查对有无遗漏尺寸,有无结构不合理之处。

(4)先一般后特殊

就是先一般的部位和要求,后看特殊的部位和要求。特殊部位一般包括地基处理方法、变形缝的设置、防水处理要求和抗震、防火、保温、隔热、防尘、特殊装修等技术要求。

(5)图纸与说明结合

就是在看图时要对照设计总说明和图中的细部说明,核对图纸和说明有无矛盾,规定是否明确,要求是否可行,做法是否合理等。

(6)土建与安装结合

就是看土建图时,有针对性地看一些安装图,核对与土建有关的安装图有无矛盾,预埋件、预留洞、槽的位置、尺寸是否一致,了解安装对土建的要求,以便考虑在施工中的协作配合。

(7)图纸要求与实际情况结合

就是核对图纸有无不符合施工实际之处,如建筑物相对位置、场地标高、地质情况等是否与设计图纸相符;对一些特殊的施工工艺,施工单位能否做到等。

(二)自审图纸阶段

1. 自审图纸的组织

施工单位领取图纸后,应由项目技术负责人组织技术、生产、预算、测量、翻样及分包方等有关部门和人员对图纸进行审查。

2. 自审图纸的要求

(1)图纸自审时,应重点审查施工图的有效性、对施工条件的适应性、各专业之间和全图与详图之间的协调一致性等。

(2)建筑、结构、设备安装等设计图纸是否齐全,手续是否完备;设计是否符合国家有关的经济和技术政策、规范规定,图纸总的做法说明(包括分项工程做法说明)是否齐全、清楚、明确,与建筑、结构、安装图、装饰和节点大样图之间有无矛盾;设计图纸(平、立、剖、构件布置,节点大样)之间相互配合的尺寸是否相符,分尺寸与总尺寸、大、小样图、建筑图与结构图、土建图与水电安装图之间互相配合的尺寸是否一致,有无错误和遗漏;设计图纸本身、建筑构造与结构构造、结构各构件之间,在立体空间上有无矛盾,预留孔洞、预埋件、大样图或采用标准构配件图的型号、尺寸有无错误与矛盾。

(3)总图的建筑物坐标位置与单位工程建筑平面图是否一致;建筑物的设计标高是否可行;地基与基础的设计与实际情况是否相符,结构性能如何;建筑物与地下构筑物及管线之间有无矛盾。

(4)主要结构的设计在强度、刚度、稳定性等方面有无问题,主要部位的建筑构造是否合理,设计能否保证工程质量和安全施工。

(5)设计图纸的结构方案、建筑装饰,与施工单位的施工能力、技术水平、技术装备有无矛盾;采用新技术、新工艺,施工单位有无困难;所需特殊建筑材料的品种、规格、数量能否解决,专用机械设备能否保证。

[问一问]

施工图纸会审会议由哪个单位召集,由哪几个单位参加,共同对施工图纸进行会审?

（6）安装专业的设备、管架、钢结构立柱、金属结构平台、电缆、电线支架以及设备基础是否与工艺图、电气图、设备安装图和到货的设备相一致；传动设备、随机到货图纸和出厂资料是否齐全，技术要求是否合理，是否与设计图纸及设计技术文件相一致，底座同土建基础是否一致；管口相对位置、接管规格、材质、坐标、标高是否与设计图纸一致；管道、设备及管件需防腐衬里、脱脂及特殊清洗时，设计结构是否合理，技术要求是否切实可行。

（三）图纸会审阶段

1. 图纸会审的组织

一般工程由建设单位组织并主持会议，设计单位、监理单位和施工单位技术负责人及有关人员参加。重点工程或规模较大及结构、装修较复杂的工程，如有必要可邀请各主管部门、消防、防疫与协作单位参加，会审的程序是：

设计单位做设计交底，施工单位对图纸提出问题，有关单位发表意见，与会者讨论、研究、协商，逐条解决问题达成共识，组织会审的单位汇总成文，各单位会签，形成图纸会审记录（见表 2-1）。会审记录作为与施工图纸具有同等法律效力的技术文件使用。

表 2-1　图纸会审记录

图纸会审记录		编号	
工程名称		日期	
地点		专业名称	
序号	图号	图纸问题	图纸问题交底
签字栏	建设单位	监理单位	设计单位	施工单位

[注]（1）由施工单位整理、汇总，建设单位、监理单位、施工单位、城建档案馆各保存一份。（2）图纸会审记录应根据专业（建筑、结构、给排水及采暖、电气、通风空调、智能系统等）汇总、整理。（3）设计单位应由专业设计负责人签字，其他相关单位应由项目技术负责人或相关专业负责人签认。

2. 图纸会审的要求

监理、施工单位应将各自提出的图纸问题及意见,按专业整理、汇总后报建设单位,由建设单位提交设计单位做交底准备。

图纸会审记录应由建设、设计、监理和施工单位的项目相关负责人签认,形成正式图纸会审记录。不得擅自在会审记录上涂改或变更其内容。

由于设计图纸本身差错,设计图纸与实际情况不符,施工条件变化,原材料的规格、品种、质量不符合设计要求及提出合理化建议等原因,要及时办理设计变更文件。设计变更是施工图的补充和修改的记载,应及时办理,内容详实,必要时应附图,并逐条注明应修改图纸的图号。

设计变更通知单(见表2-2)应由设计专业负责人以及建设单位、监理单位和施工单位的相关负责人签认。

表2-2　设计变更通知单

设计变更通知单		编号	
工程名称		专业名称	
提出单位名称		日期	
序号	图号	变更内容	图纸问题交底
签字栏	建设单位	监理单位	设计单位	施工单位

[注](1)本表由建设单位、监理单位、施工单位、城建档案馆各保存一份。(2)涉及图纸修改的,必须注明应修改图纸大图号。(3)不可将不同专业的设计变更办理在同一份变更上。(4)"专业名称"栏应按专业填写,如建筑、结构、给排水、电气、通风空调等。

二、编制标后施工组织设计

标后施工组织设计是指在工程项目招标完成后,由施工单位编制的用以指导施工现场全部生产活动的技术经济文件,它与标前施工组织设计有区别:

1. 编制目的不同

标前与标后编制的施工组织设计其针对性是有明显区别的。标前施工组织设计,编制的目的就是为了投标,主要是追求中标和达到签订承包合同的目的;标后施工组织设计,编制的目的就是为了在工期、进度、资金、安全、现场管理等诸要素中,追求施工效率和经济效益。因此,根据这些特点,编写施工组织设计时在框架结构、题材选择、文字叙述等都应该有各自的特色和不同的侧重点,使之达到编制者的目的。

2. 编制时间不同

标前施工组织设计,在投标书编制前着手编写,由于受报送投标书的时间限制,编制标前施工组织设计的时间很短。而中标后的施工组织设计,在签约后开工前着手编写,编制时间相对较长。因而,针对这种特点,平时要注重两类施工组织设计的相同素材的搜集与积累。例如:主要项目的施工方法;施工企业质量管理体系;防止质量通病的技术措施;工程质量检测的设备;国家或建设行政主管部门推广的新工艺、新结构、新技术、新材料;文明施工现场措施;施工安全的技术措施及保证体系等。以上素材平时都可以提前编写出来,分别建立小标题,利用计算机贮存,使用时可随时调出,结合具体情况略微修改后就可利用了。

3. 服务范围不同

标前编制的施工组织设计,其服务的范围主要是标书评委会的评标人。标后编制的施工组织设计,其服务的范围就是做施工准备直至工程竣工验收。因此针对这种特点,要恰如其分地把握施工组织设计编写的不同点。要想在评标中得高分,标前施工组织设计就得严格按招标文件和评标办法的格式要求,依次对应条款按序编写。在写作手法上要条理清晰,陈述详略得当。例如:"四新"技术的应用可详述,而常规作法可简明扼要点到为止,使评委感到投标人确属行家里手,蕴藏着深厚的企业文化功底。这样便于评委在打分时,能对照招标文件要求对号入座,评出高分避免丢项错判。而中标后的施工组织设计,在编写上要注重施工程序与工艺流程,要结合施工现场操作工人和项目部管理的水平,无论是"四新"技术的应用,还是常规施工方法,均要编写出程序性和操作方法,便于指导施工和业主及监理工程师的现场监督、检查和工程结算。

[想一想]
　标前施工组织设计与标后施工组织设计分别由哪些单位编写?

4. 编制者不同

标前施工组织设计,一般主要由企业经营部门的管理人员编写,文字叙述上规范性、客观性强。标后施工组织设计,一般主要由工程项目部的技术管理人员编写,文字叙述上具体直观、作业性强。因此针对这种特点,要注重两类施工组织设计内容侧重点的叙述技巧。例如:标前施工组织设计对本工程拟采用的新工艺、新结构、新技术、新材料的应用,在文字叙述中既要有符合国家和建设行政主管部门推广"四新"技术的方针、政策的论述,还要有保证工程质量或节约工程投资的对比计算方案,更要有施工工序和施工方法的详述。这样不仅文章生动活泼,而且有力有理。而对有些常规施工工序和施工方法,简明扼要,无须大篇幅渲染,切忌面面俱到。而标后的施工组织设计,对"四新"技术的应用,侧重点在施工工序和施工方法上的详述,对主要工序和施工方法即使属于常规操作规程,也要具体陈述步骤,便于指导生产。对工程项目部而言,标后的施工组织设计,就是要在科学合理地组织各种施工生产要素上下功夫,从而保证施工活动有秩序、高效率、科学合理地实施。

总之,弄清两类施工组织设计的特点,就是不要盲目地把标前施工组织设计当作标后施工组织设计使用;就是要力争解决普遍存在的标后施工组织设计针对性差、可操作性不强、指导施工生产少的弊病。使施工组织设计真正成为指导施工生产的纲领性文件。

施工单位编写的施工组织设计,经施工单位技术部门审查通过,并填写《工程技术文件报审表》报项目监理部(见表2-3)。工程项目开工前,总监理工程师组织专业工程监理工程师审核,填写审核意见,由总监理工程师签署审定结论。

表2-3 施工组织设计(方案)报审表

工程名称:		编号:	
致:＿＿＿＿＿＿＿＿＿＿＿(监理单位) 　　我方已根据施工合同的有关规定完成了工程施工组织设计(方案)的编制,并经我单位上级技术负责人审查批准,请予以审查。 　　附:施工组织设计(方案) 承包单位(章)＿＿＿＿＿＿ 项目经理＿＿＿＿＿＿ 日期＿＿＿＿＿＿			
专业监理工程师审查意见: 专业监理工程师＿＿＿＿＿＿ 日期＿＿＿＿＿＿			
总监理工程师审核意见: 项目监理机构＿＿＿＿＿＿ 总监理工程师＿＿＿＿＿＿ 日期＿＿＿＿＿＿			

主要审查以下内容:

(1)施工总平面布置是否合理。

(2)施工布置是否合理,施工方法是否可行,质量保证措施是否可靠并具有针对性。

(3)工期安排是否满足建设工程施工合同要求。

[问一问]
施工组织设计已通过监理单位审批,是否要征得建设单位同意?

（4）进度计划是否保证施工的连续性和均衡性，所需人力、材料、设备的配置与进度计划是否协调。

（5）承包单位的质量管理体系是否健全。

（6）安全、环保、消防和文明施工措施是否符合有关规定。

（7）季节性施工方案和专项施工方案的可行性、合理性和先进性。

三、编制施工预算

建筑工程预算是反映工程经济效果的经济文件。按照不同的编制阶段和不同作用可分为：施工图预算和施工预算。

施工图预算的主要作用是确定建筑工程造价。

施工预算是施工单位根据施工合同价款、施工图纸、施工组织设计或施工方案、施工定额等文件进行编制的企业内部经济文件，它直接受施工合同中合同价款的控制，是施工前的一项重要准备工作。它是施工企业内部控制各项成本支出、考核用工、签发施工任务书、限额领料，基层进行经济核算、进行经济活动分析的依据。在施工过程中，要按施工预算严格控制各项指标，以促进降低工程成本和提高施工管理水平。

施工图预算的编制依据是预算定额，预算定额的水平是平均水平。

施工预算的编制依据是施工定额，施工定额的水平是平均先进水平。

第四节　资源准备

一、劳动力组织准备

1. 项目组织机构建设

（1）项目组织机构的设置应遵循以下原则：①用户满意原则；②全能配套原则；③ 精干高效原则；④管理跨度原则；⑤系统化管理原则。

（2）项目经理部的设立步骤：

定管理任务和组织形式；定管理层次，设职能部门和工作岗位；定人员、职责、权限；目标分解；制定规章制度和目标责任考核、奖罚制度。

2. 组织精干的施工队伍

（1）考虑专业工程的合理配合，技工和普工的比例满足合理的劳动组织要求。

（2）集结劳动力量，组织劳动力进场。

3. 优化劳动组合和技术培训

4. 建立健全各项管理制度

5. 做好分包安排

6. 组织好科研攻关

二、物资准备

生产资料的准备工作是工程连续施工的基本保证，主要内容包括以下方面：

1. 材料的准备

根据施工预算进行供料分析，按照施工进度计划要求，按材料名称、规格、使用时间、材料储备定额和消耗定额进行汇总，编制出材料需要量计划，为组织备料、签订供货合同、确定仓库、堆场面积和运输等提供依据。

建筑材料进场应按施工进度要求分期分批进行，减少二次搬运，不能混放，做好防水、防潮的保护工作。不得使用无出厂合格证或质量保证书的材料，并应做好建筑材料的试验和检验工作。

2. 构配件和设备加工订货准备

3. 施工机具准备

4. 大型建筑垂直运输机械及其他机具的准备

根据所采用的施工方案和施工进度计划，确定施工机械的类型、数量、进场时间、供应方法、进场后的安装或存放地点，编制建筑机械的需要量计划，为组织运输、确定堆场面积等提供依据。

5. 运输准备

6. 强化施工现场物资价格管理

第五节　施工现场准备

施工现场的准备工作是给拟建工程的施工创造有利的施工条件和物资保证，它一般包括清除障碍物、三通一平、施工测量、搭设临时设施等内容。

一、清除障碍物

清除障碍物一般由建设单位完成，但有时委托施工单位完成。清除时，一定要了解现场实际情况，原有建筑物情况复杂、原始资料不全时，应采取相应的措施，防止发生事故。

对于原有电力、通信、给排水、煤气、供热网、树木等设施的拆除和清理，要与有关部门联系并办好手续后方可进行，一般由专业公司来处理。房屋只有在水、电、气切断后才能进行拆除。

二、施工测量

施工测量是把设计图上的建筑，通过测量手段"搬"到地面上去，并用各种标志表现出来，以作为施工依据。施工测量在建造房屋中具有十分重要的地位，同时它又是一项精确细致的工作，因此必须保证精度。为了作好测量放线工作，施工人员应做到以下几点：

1. 对测量仪器的正确使用和校正

熟悉所使用的测量仪器和工具，并经常对它们进行维修、保养。只有爱护仪器工具,保持其精度和清洁干净才能满足正常使用。凡在使用中发现仪器不准确或有损伤,应立即送计量检测及维修单位进行检修,从而保证仪器的精度。

2. 熟悉施工图并进行校核

认真熟悉施工图纸,弄懂设计总图和图纸的构造,并能对图纸进行校对和审核。进行图纸审核的目的是为了先在图纸上解决掉测量中可能会遇到的问题。

3. 校核红线位置和水准点

施工测量定位时,必须了解规定的红线位置,根据规划部门给定的坐标点进行定位放线。经测绘、规划部门验核后,才能破土动工。

水准测量是为确定地面上点的高程或建筑物上点的标高所进行的测量工作。在房屋建造时确定的绝对标高,是根据该地区由国家大地测量引测确定的水准基点,再将该水准基点引测到工地定点,也称水准点。

红线位置和水准点经校核发现的问题,应提交建设单位处理。

4. 制定测量、放线方案

根据设计图纸的要求和施工方案,制定切实可行的测量、放线方案。主要包括平面控制、标高控制、±0.00 以下施测、±0.00 以上施测、沉降观测和竣工测量等项目。

[问一问]
什么叫建筑红线?

建筑物定位放线是确定整个工程平面位置的关键环节,施测中必须保证精度,杜绝错误,否则其后果将难以处理。建筑物的定位、放线,一般通过设计图中平面控制轴线来确定建筑物的位置,测定并经自检合格后,提交有关部门和甲方(或监理员)验线,以保证定位的正确性。

三、三通一平

"三通一平"是指水通、电通、路通和场地平整。

1. 水通

水是施工现场的生产、生活和消防用水不可缺少的。拟建工程开工之前,必须按照施工平面图的要求,接通施工用水和生活用水的管线,尽可能与永久性的给水系统结合,管线敷设尽量短。要做好施工现场的排水工作,如排水不畅,会影响施工和运输计划的顺利进行。

2. 电通

电是施工现场的主要动力来源。拟建工程开工之前,要按照施工组织设计的要求,接通电力、电讯设施,确保施工现场动力设备和通讯设备的正常运行。

3. 路通

道路是组织物资运输的动脉。拟建工程开工之前,按照施工平面图的要求,修好施工现场永久性道路和临时性道路,形成完整的运输网络。应尽可能利用原有道路,为使施工时不损坏路面,可先修路基或在路基上铺简易路面,施工完毕后,再铺永久性路面。

4. 场地平整

按照建筑平面图的要求,首先拆除障碍物,然后根据建筑总平面图规定的标高,计算挖、填土方量,进行土方调配,确定场地平整的施工方案,进行场地平整工作。

要求较高的施工现场,为了顺利开工,要做好"七通一平"工作,是指水通、电通、路通、电讯通、煤气通、排水和排污以及场地平整。

第六节　季节性施工准备

建筑工程施工绝大部分工作是露天作业,受气候影响比较大,因此,在冬季、雨季及夏季施工中,必须从具体条件出发,正确选择施工方法,做好季节性施工准备工作,以保证按期、保质、安全地完成施工任务,取得较好的技术经济效果。

一、冬季施工作业准备

1. 合理安排冬季施工项目的进度。对于采取冬季施工措施费用增加不大的项目,如吊装、打桩工程等可列入冬季施工范围;而对于冬季施工措施费用增加较大的项目,如装饰装修工程、防水工程等,尽量安排在冬季之前进行。

2. 重视冬季施工对临时设施布置的特殊要求。施工临时给排水管网应采取防冻措施,尽量埋设在冰冻线以下,外露的管网应用保暖材料包扎,避免受冻;注意道路的清理,防止积雪的阻塞,保证运输畅通。

3. 及早做好物资的供应和储备。及早准备好混凝土防冻剂等特殊施工材料和保温材料以及锅炉、蒸汽管、劳保防寒用品等。

4. 加强冬季防火保安措施,及时检查消防器材和装备的性能。

(一)组织措施

1. 进行冬季施工的工程项目,在入冬前应组织专人编制冬季施工方案。编制的原则是:确保工程质量;经济合理,使增加的费用为最少;所需的热源和材料有可靠的来源,并尽量减少能源消耗;确实能缩短工期。冬季施工方案应包括以下内容:施工程序;施工方法;现场布置;设备、材料、能源、工具的供应计划;安全防火措施;测温制度和质量检查制度等。方案确定后,要组织有关人员学习,并向队组进行交底。

2. 合理安排施工进度计划,冬期施工条件差,技术要求高,费用增加,因此,要合理安排施工进度计划,尽量安排保证施工质量且费用增加不多的项目在冬期施工,如吊装、打桩,室内装饰装修等工程;而费用增加较多又不容易保证质量的项目则不宜安排在冬期施工,如装修、屋面防水等工程。

3. 组织人员培训。进入冬期施工前,对掺外加剂人员、测温保温人员、锅炉司炉工和火炉管理人员,应专门组织技术业务培训,学习本工作范围内的有关知识,明确职责,经考试合格后,方准上岗工作。

4. 与当地气象台站保持联系,及时接收天气预报,防止寒流突然袭击。

5. 安排专人测量施工期间的室外气温、暖棚内气温、砂浆温度、混凝土的温度并做好记录。

（二）图纸准备

凡进行冬期施工的工程项目，必须复核施工图纸，查对其是否能适应冬期施工要求。如墙体的高厚比、横墙间距等有关的结构稳定性，现浇改为预制以及工程结构能否在冷状态下安全过冬等问题，应通过图纸会审解决

（三）现场准备

1. 根据实物工程量提前组织有关机具、外加剂和保温材料、测温材料进场；

2. 搭建加热用的锅炉房、搅拌站、敷设管道，对锅炉进行试火试压，对各种加热的材料、设备要检查其安全可靠性。

3. 计算变压器容量，接通电源；

4. 对工地的临时给水排水管道及白灰膏等材料做好保温防冻工作，防止道路积水成冰，及时清扫积雪，保证运输顺利；

5. 做好冬期施工混凝土、砂浆及掺外加剂的试配试验工作，提出施工配合比；

6. 做好室内施工项目的保温，如先完成供热系统，安装好门窗玻璃等，以保证室内其他项目能顺利施工。

（四）安全与防火

1. 冬期施工时，要采取防滑措施。生活及施工道路、架子、坡道经常清理积水、积雪、结冰，斜跑道要有可靠的防滑条。

2. 大雪后必须将架子上的积雪清扫干净，并检查马道平台，如有松动下沉现象，务必及时处理。

3. 施工时如接触汽源、热水，要防止烫伤；使用氯化钙、漂白粉时，要防止腐蚀皮肤。

4. 亚硝酸钠有剧毒，要严加保管，防止突发性误食中毒品。

5. 对现场火源要加强管理；使用天然气、煤气时，要防止爆炸；使用焦炭炉、煤炉或天然气、煤气时，应注意通风换气，防止煤气中毒。

6. 电源开关、控制箱等设施要加锁，并设专人负责管理，防止漏电、触电。

7. 冬季施工中，凡高空作业应系安全带，穿胶底鞋，防止滑落及高空坠落。

8. 施工现场水源及消火栓应设标记。

[练一练]
调查你身边的建筑项目是否采取了季节性施工措施？

二、雨季施工作业准备

1. 合理安排雨期施工

对不适宜雨季施工的工程要提前或暂缓安排，为避免雨期窝工造成的损失，在一般情况下，在雨期到来之前，应多安排完成基础、地下工程、土方工程、室外及屋面工程等不宜在雨期施工的项目；多留些室内工作在雨期施工。根据"晴外、雨内"的原则，雨天尽量缩短室外作业时间，加强劳动力调配，组织合理的工序穿插，利用各种有利条件减少防雨措施的资金消耗，保证工程质量，加快施工进度。

2. 加强施工管理，做好雨期施工的安全教育

要认真编制雨期施工技术措施（如：雨期前后的沉降观测措施，保证防水层

雨期施工质量的措施,保证混凝土配合比、浇筑质量的措施,钢筋除锈的措施等),认真组织贯彻实施。加强对职工的安全教育,防止各种事故发生。

3. 防洪排涝,做好现场排水工作

工程地点若在河流附近,上游有大面积山地丘陵,应有防洪排涝准备。施工现场雨期来临前,应做好排水沟渠的开挖,准备好抽水设备,防止场地积水和地沟、基槽、地下室等浸水,对工程施工造成损失。

4. 做好道路维护,保证运输畅通

雨期前检查道路边坡排水,适当提高路面,防止路面凹陷,保证运输畅通。

5. 做好物资的储存

雨期到来前,应多储存物资,减少雨期运输量,以节约费用。要准备必要的防雨器材,库房四周要有排水沟渠,防止物资淋雨浸水而变质,仓库要做好地面防潮和屋面防漏雨工作。

6. 做好机具设备等防护

雨期施工,对现场的各种设施、机具要加强检查,特别是脚手架、垂直运输设施等,要采取防倒塌、防雷击、防漏电等一系列技术措施,现场机具设备(焊机、闸箱等)要有防雨措施。

(1)进入雨季,应提前做好雨季施工中所需各种材料、设备的储备工作。

(2)各工程队(项目部)要根据各自所承建工程项目的特点,编制有针对性的雨季施工措施,并定期检查执行情况。

(3)施工期间,施工调度要及时掌握气象情况,遇有恶劣天气,及时通知项目施工现场负责人员,以便及时采取应急措施。重大吊装,高空作业、大体积混凝土浇筑等更要事先了解天气预报,确保作业安全和保证混凝土质量。

(4)施工现场道路必须平整、坚实,两侧设置排水设施,纵向坡度不得小于0.3%,主要路面铺设矿渣、砂砾等防滑材料,重要运输路线必须保证循环畅通。

三、夏季施工作业准备

1. 编制夏季施工项目的施工方案

夏季施工条件差、气温高、干燥,针对夏季施工的这一特点,对于安排在夏季施工的项目,应编制夏季施工的施工方案及采取的技术措施。如对于大体积混凝土在夏季施工,必须合理选择浇筑时间,做好测温和养护工作,以保证大体积混凝土的施工质量。

2. 现场防雷装置的准备

夏季经常有雷雨,工地现场应有防雷装置,特别是高层建筑和脚手架等要按规定设临时避雷装置,并确保工地现场用电设备的安全运行。

3. 施工人员防暑降温工作的准备

夏季施工,还必须做好施工人员的防暑降温工作,调整作息时间,从事高温工作的场所及通风不良的地方应加强通风和降温措施,做到安全施工。

[想一想]
夏季施工大体积混凝土需做好测温工作,夏季施工普通混凝土是否需做测温工作?

第七节　施工准备工作计划与开工报告

一、施工准备工作计划

为了落实各项施工准备工作,加强检查和监督,必须根据各项施工准备的内容、时间和人员,编制出施工准备工作计划,见表2-4。

表2-4　施工准备工作计划表

序号	施工准备工作	简要内容	要求	负责单位	负责人	配合单位	起止时间		备注
							月日	月日	

1. 施工准备工作不仅施工单位要做好,其他有关单位也要做好

建设单位在初步设计(或扩大初步设计)批准后,应做好各种主要设备的订货、拆迁等工作。

设计单位在初步设计和总概算批准后,应做好工程施工图及相应的设计概算等工作。

施工单位承接工程后应做好整个建设项目的施工部署、原始资料的调查分析、编制施工图预算和施工预算、编制施工组织设计等工作。

2. 施工准备工作应分阶段、有组织、有计划、有步骤地进行

施工准备工作不仅要在开工前进行,而且在开工以后也要进行。随着工程的不断深入,在每个施工阶段开始之前,都要不间断地做好施工准备工作,为顺利进行各阶段的施工创造条件。

3. 施工准备工作应有严格的保证措施

(1)建立施工准备工作责任制。按施工准备工作计划将责任落实到有关部门和人,同时明确各级技术负责人在施工准备工作中应负的责任。

(2)建立施工准备工作检查制度。施工准备工作不仅有计划和分工,而且要有布置和检查,这样有利于发现问题及时解决。

(3)严格执行开工报告制度。在做好各项施工准备工作后,应向监理单位提出申请开工报告,经总监理工程师审查批准后,方可开工。

二、开工条件

1. 国家计委关于基本建设大中型项目开工条件的规定

《国家计委关于基本建设大中型项目开工条件的规定》(计建设[1997]352号)规定：

为了进一步加强基本建设大中型项目开工管理,严格开工条件,保证工程建设质量和工期,控制工程造价,提高投资效益,现对基本建设大中型项目的开工条件规定如下：

(1)项目法人已经设立。项目组织管理机构和规章制度健全。项目经理和管理机构成员已经到位。项目经理已经过培训,具备承担所任职工作的条件。

(2)项目初步设计及总概算已经批复。若项目总概算批复时间至项目申请开工时间超过两年以上(含两年),或自批复至开工期间,动态因素变化大,总投资超出原批概算10％以上的,须重新核定项目总概算。

(3)项目资本金和其他建设资金已经落实,资金来源符合国家有关规定,承诺手续完备,并经审计部门认可。

(4)项目施工组织设计大纲已经编制完成。

(5)项目主体工程(或控制性工程)的施工单位已经通过招标选定,施工承包合同已经签订。

(6)项目法人与项目设计单位已签订设计图纸交付协议。项目主体工程(或控制性工程)的施工图纸至少可满足连续三个月施工的需要。

(7)项目施工监理单位已通过招标选定。

(8)项目征地、拆迁和施工场地"四通一平"(即供电、供水、运输、通讯和场地平整)工作已经完成,有关外部配套生产条件已签订协议。项目主体工程(或控制性工程)施工准备工作已经做好,具备连续施工的条件。

(9)项目建设需要的主要设备和材料已经订货,项目所需建筑材料已落实来源和运输条件,并已备好连续施工三个月的材料用量。需要进行招标采购的设备、材料,其招标组织机构落实,采购计划与工程进度相衔接。

国务院各主管部门负责对本行业中央项目开工条件进行检查;各省(自治区、直辖市)计划部门负责对本地区地方项目开工条件进行检查。凡上报国家计委申请开工的项目,必须附有国务院有关部门或地方计划部门的开工条件检查意见。国家计委将按本规定对申请开工的项目进行审核,其中大型项目批准开工前,国家计委将派人去现场检查落实开工条件。凡未达到开工条件的,不予批准新开工。小型项目的开工条件,各地区、各部门可参照本规定制定具体管理办法。

2. 工程项目开工条件的规定

依据《建设工程监理规范》(GB 50319—2000),工程项目开工前,施工准备工作具备了以下条件时,施工单位应向监理单位报送工程开工报审表及开工报告、证明文件等,由总监理工程师签发,并报建设单位。(1)施工许可证已获政府主管部门批准;(2)征地拆迁工作能满足工程进度的需要;(3)施工组织设计已获总监理工程师批准;(4)施工单位现场管理人员已到位,机具、施工人员已进场,主要工程材料已落实;(5)进场道路及水、电、通风等已满足开工要求。

[想一想]
工程项目已符合开工条件并征得上级主管部门和建设单位同意,是否需要监理审批?

3. 单项工程开工条件的规定

(1)施工图经过会审;图纸会审纪录已经有关单位会签、盖章、并发给有关单位;(2)合同或协议已经签定;(3)施工许可证已经领取;(4)开工所需的主要材料已经落实,设备订货能满足工程进度需要;(5)施工组织设计(或施工方案)已经编制,并经批准;(6)临时设施、工棚、施工道路、施工用水、施工用电,已基本完成;(7)工程定位测量已具备条件;(8)施工图预算已经编制和审定;(9)其他:材料、成品、半成品和工艺设备等能满足连续施工要求。临时设施能满足施工和生活的需要;施工机械经过检修能保证正常运转;劳动力已调集能满足施工需要,安全消防设备已经备齐等。

三、开工报告

1. 开工报审表

可采用《建设工程监理规范》(GB 50319—2000)中规定的施工阶段工作的基本表式见表2-5。

表2-5 工程开工/复工报审表

工程名称:		编号:	
致:_____(监理单位) 　　我方承担的_____工程,已完成了以下各项工作,具备了开工/复工条件,特此申请施工,请核查并签发开工/复工指令。 　　附:1. 开工报告 　　　　2.(证明文件) 承包单位(章)_____ 项目经理_____ 日期_____			
审查意见: 项目监理机构_____ 总监理工程师_____ 日期_____			

2. 开工报告

工程名称：	合同编号：

_____（监理单位）

　　我单位承担_____工程施工任务,已完成开工前的各项准备(施工组织设计、施工进度计划、施工概预算、分包单位等以及现场的设施),已办妥各项手续(建筑许可证、施工许可证)。计划于_____年_____月_____日开工。请审批。

　　附:施工组织设计(施工方案)及说明书。

　　　　　　　　　　　　　　　施工承包单位(章)_____　　　日期_____
　　　　　　　　　　　　　　　技术负责人_____　　　日期_____

监理单位审查意见：

监理工程师_____日期_____　　总监理工程师_____　日期_____
　　　　　　　　　　　　　　　　　　　监理单位(章)_____　日期_____

【实践训练】

课目一:如何做好前期准备工作

(一)背景资料

　　上海××指挥中心大楼工程,由××区政府筹建。本地块位于××××区,总建筑面积为 50566m²,其中地上建筑面积为 40706m²,地下建筑面积 9860m²。工期 660 个日历天。本工程总用地面积 28682m²。

　　本工程由主楼、两幢辅楼和地下人防车库组成。其中人防地下车库位置留设后浇带。

　　本工程结构体系:结构体系均为框架结构。桩均为预制砼管桩,预制砼管桩由静力压桩机压入地下,已由专业施工队施工完毕。

(二)问题

　　试进行前期准备工作。

(三)分析与解答

　　本工程目前桩基工程已完成,主要前期准备工作如下:

　　(1)进一步详细熟悉现场的施工状况,特别是本工程周边临近城市交通要道,需要详细掌握地质勘察资料,现场定位轴线,周围环境、交通、管线等,察看现场每个细节部分,使本工程优质顺利施工。

(2)着手搭设现场生产临时设施,根据场地情况、主要机械的布置情况、文明施工的要求,做好现场的清理工作,安排好施工人员的办公场所和生产临设基地。

(3)抓紧作好准备,特别是井点降水的正确定位、放线工作,尽快进行降水,这是本工程能否提前挖土开工的首要关键,同时抓紧做好场内施工临时道路的修筑和施工用水、用电管线的敷设,使本工程从开工初期即能顺利快速地持续施工。

(4)尽快组织图纸交底与会审。

① 自审:组织有关施工人员详细阅读施工图,充分了解设计意图,仔细核对图纸节点和尺寸,特别是重点抓好关键部位的详细复核,然后由总工程师和项目工程师组织自审,分析并汇总施工图中的问题,以便组织图纸会审并按工程特点和合同要求组织施工。

② 会审和交底:在充分了解施工图的基础上,由建设单位组织设计单位向施工单位进行施工图交底和会审,进一步理解和完善施工图或有关图纸问题,与业主和设计单位达成一致意见,并把交底记录整理成文,由建设单位印发有关单位,并作为设计文件的组成部分。

③ 按会审和交底的内容,进一步优化和完善施工组织设计,以有效组织施工。

(5)集中力量进行钢筋、模板的翻样,特别是地下室钢筋、电梯井笼以及异形和非规则部位定型模板的加工制作尽早实施。

(6)派专人负责开展对外协调,特别是做好周边相关单位的关心、宣传、安抚工作,避免和减少纠纷发生,同时安排专职人员做好交通协调、管理,确保运输畅通,并提前做好材料考察和采购、成品和半成品加工制作直至生活后勤工作,一切为施工服务。

课目二:如何做好现场准备工作

(一)背景资料

某办公大厦装饰装修工作。

(1)施工现场的特点

① 装饰装修涉及建筑面积大约为 $38000m^2$。装饰施工阶段,临时办公设施与总包协商解决设在施工现场内。并结合施工期自行调整其部位,以满足整个施工管理。

② 外部交通与垂直运输

根据现场及周边相关区域的规定进行货运和施工。外部交通按总承包指定的路径解决。材料进入场地后将尽量减少材料在场的等待时间,尽快运入施工现场。以便利其他施工单位的场地使用，为此，我们将设有专人配合管理，以提高场地利用率，顺利解决外部交通问题。关于垂直运输，内部电梯不可使用，进场后我们将利用楼梯或与土建总包及其他分包单位协商统一解决。

（2）施工平面布置说明

进场后与土建总包及监理协商解决。材料到场，抓紧验收，快进快搬，并及时向施工面待用部位转移。大宗的天棚、地坪及墙面饰材，将有一部分分散在待装饰楼层内的适当位置妥善保存待用。为此我们将在施工楼层重点做好安全防火工作，配置必要的消防安全设施。现场临时管线设备主要是用电及用水的布置，与土建总承包洽商后再安排临时使用。其中的电源位置确定后，将按用电规程的具体要求布置临时用电线。水源应用量不大，我们将从现场卫生间取用。总之，我们将在进场后结合实际情况，提出申请经批准后，进一步明确具体的布置情况。

① 施工临时设施布置

A. 生活设施：拟在施工范围租赁总包临时房或自行搭设临时房或周围小区租房解决施工人员住宿问题。

B. 卫生设施：生活区利用临时房卫生设施。施工区：每个施工楼层内设一只卫生桶。

C. 办公设施及设备仓库：在施工范围内业主和总包指定区域搭设简易临时办公用房及设备仓库。

D. 材料堆场：大宗天棚饰材及墙面、地坪饰材等在施工范围外业主和总包指定区域搭临时仓库用房，其他小件及辅助材料则利用施工搭接时差堆放在各施工楼层内。

② 施工用水、电、消防及运输设置

A. 施工用水：装修工程施工用水从施工楼层内总包指定部位引出，以供临时施工用水。

B. 施工用电：施工用电从施工楼层内引出，在电源接头处设置一只立柜式电箱，并在每层设置一只照明配电箱和动力配电箱，电缆线原则上沿墙架空敷设。

由项目专业电气技术人员编制临时用电施工组织设计，报公司审批后实施。

C. 现场消防设施：建立二级（公司、工地）防火责任制，明确职责，工地设专职消防安全人员。化学易燃及易爆仓库，必须是耐火建筑，通风好，门向外开，并配备相应的灭火器材。

D. 施工运输的设想：水平运输：分为地面水平运输和楼层水平运输。本工程材料和机具由总包指定路径进入施工现场，并立即组织人力及人力车进行装卸，进入临时料场或仓库并合理堆放，防火防潮进行保护。

垂直运输：与总包协商后拟利用原总包单位人货电梯供施工人员上下及材料的运输。

（二）问题

针对该工程的情况，项目经理部施工前应做好哪些现场准备工作？

（三）分析与解答

针对该工程的情况，项目经理部施工前应做好以下现场准备工作：

（1）综合现场资料检查施工范围内的现场情况，道路及场内运输等条件；工人住地和现场办公室的确定；各专业前期施工完成情况。

（2）落实施工用水用电，装修施工的用水、用电是进场前期准备工作的重要环节。首先必须对各装修施工工程段的总用电量进行立体综合及估算，作出整体施工用电的计划报告，呈交总包土建单位审批，经有关部门协调，制定明确的施工用水、用电方案，提供给施工单位使用。

（3）施工区的合理布置，施工区域的合理布置是施工组织的重要环节，其主要是通过立体的整体规划，平面的具体安排这两种基础手段，达到施工区域安排的合理化、程序化、系统化，有助于简化交叉施工的复杂关系或方便综合管理，实现文明施工。

主要考虑内容有：

① 行政区：临时办公室、值班室等，拟与总包单位协商解决。

② 作业区：各工种作业区、二次加工区、半成品临时堆放区、施工区等。

③ 后勤区：普通材料仓库、易燃易爆品专门仓库、机械工具仓库、指定垃圾堆放点、指定小便处等。

④ 活动区：物质运输线路，人员交通线路等与总包单位协调解决。

⑤ 居住区：在建筑物外部解决，拟租用土建队工棚或其他附近临时建筑或周围小区租房解决。现场只住少量保安人员，所有工人不住在现场。

本章思考与实训

一、思考题

1. 原始资料的调查包括哪几个方面？

2. 熟悉图纸有哪些要求？

3. 会审图纸的程序是什么？

4. 什么叫三通一平？

5. 怎样进行物资准备？

6. 工程项目开工前，施工准备工作具备了哪些条件时，施工单位才向监理单位报送工程开工报审表及开工报告？

二、实训题

1. 简述收集哪些相关信息与资料。

2. 简述冬季施工作业准备的内容。

第三章 建筑工程流水施工

【内容要点】

1. 流水施工的概念；
2. 流水施工参数的含义及计算方法；
3. 流水施工的组织方式。

【知识链接】

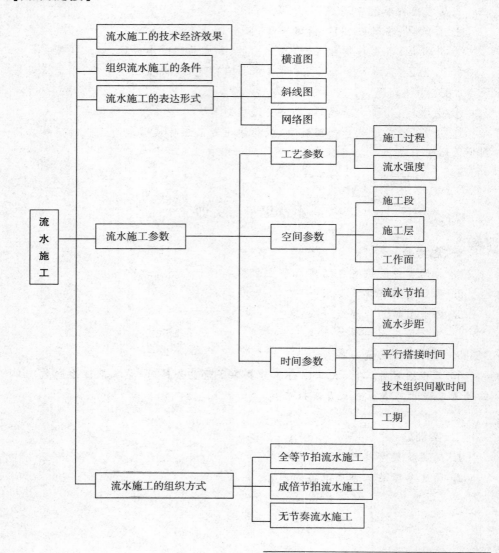

第一节　流水施工的基本概念

建筑生产的流水作业法是在生产实践中不断发展起来的一种组织施工形式,它的产生是由于建筑施工技术水平不断提高、工种专业不断分工以及劳动工具向机械化发展的必然结果,同时也是长期生产实践的经验总结。

在过去由于建筑施工技术比较落后,大多数建筑都是单层结构。建筑材料主要是采用砖、石、瓦、泥土、柴草等。广大农村建筑主要是土坯墙,屋面防水为柴草(北方主要采用麦秆、南方主要采用稻草)或泥瓦,所以那时的建筑工人称为"泥水匠"。每一个建筑物,下自基础,上到屋面,自下而上,都是由"泥水匠"一手完成的,根本不存在工种专业分工。

随着建筑业的不断发展,我国建筑由早期的木结构构架制,向砖石承重墙发展,19 世纪中叶,出现了钢筋混凝土结构后,我国于 19 世纪末 20 世纪初,也开始有了钢筋混凝土,特别是 20 世纪 50 年代以后,我国的钢筋混凝土结构发展迅速,全国各地先后建成了不少多层或高层钢筋混凝土建筑物。20 世纪 80 年代初国家进行了重大经济改革,我国国民经济发展迅速,北京、上海、深圳等城市高楼林立。正是由于建筑施工技术的不断发展,建筑材料的日新月异,促使建筑施工组织方法的改进,由于各工种专业的不断分工,以及劳动工具向机械化发展,从而产生了流水作业法施工。

工业生产中的流水作业,产品是流动的,生产产品的机床设备是固定的,比如生产一个机器零件,大致要经过制坯、切削、加工、检验等工序。在切削工序中,要经过车床、钻床、铣床、刨床等,在产品生产过程中,机床是固定不动的,机器零件依此经过一道道工序进行加工,最后形成产品,运往全国各地乃至世界市场进行销售。但是,在建筑产品——房屋的生产过程中,建筑产品是固定不动的,它不能从一个地方转移到另一个地方,这时,如果对其组织流水施工,必须使建筑工人带着工具设备和建筑材料沿着建筑物水平或垂直方向不断移动,最后使这些材料形成建筑物的一部分,直至最终形成建筑产品。这个生产过程就称为流水施工。

由于建筑产品体积庞大,足以容纳各工种工人能在不同的空间同时进行工作,从而使得建筑生产能够像工业生产流水那样,同样具有连续性和均衡性。

一、建筑工程施工组织方式

由于建筑产品的综合性和体积庞大,需要投入大量的人力物力和财力,使得建筑产品的生产过程非常复杂,往往要划分数十个施工过程和组织多专业不同的施工班组来共同进行施工。不同的组织方式,可获得不同的经济效果。在组织多幢同类型房屋或将一幢房屋分成若干个施工区段进行施工时,可采用依次施工、平行施工和流水施工三种组织方式。现就三种方式的施工特点和效果分析如下。

（一）依次施工

依次施工也称顺序施工，是按施工组织先后顺序或施工对象工艺先后顺序逐个进行施工的一种施工组织方式。它是一种最基本，最原始的施工组织方式。

【实践训练】

课目：进行依次施工的计划安排

（一）背景资料

某三幢相同的砌体结构房屋的基础工程，划分为基槽挖土、混凝土垫层、砌砖基础、回填土四个施工过程，每个施工过程安排一个施工队组，一班制施工，其中，每幢楼挖土方工作队由15人组成，2天完成；垫层工作队由20人组成，1天完成；砌基础工作队由12人组成，3天完成；回填土工作队由10人组成，1天完成。

（二）问题

按照依次施工组织方式施工，进行进度计划安排。

（三）分析与解答

按照依次施工组织方式施工，进度计划安排如图3-1、图3-2所示。

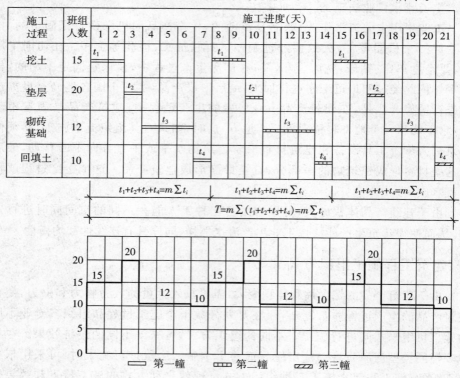

图3-1　按幢依次施工进度表

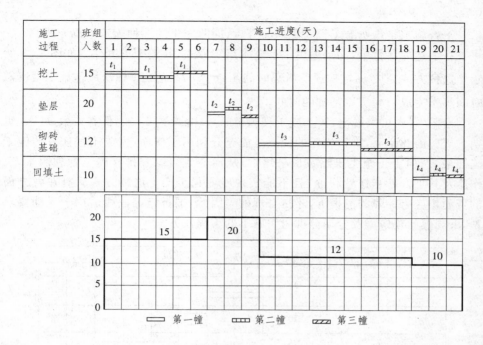

施工过程	班组人数	施工进度（天）																				
		1	2	3	4	5	6	7	8	9	10	11	12	13	14	15	16	17	18	19	20	21
挖土	15	t_1		t_1		t_1																
垫层	20							t_2	t_2	t_2												
砌砖基础	12										t_3			t_3			t_3					
回填土	10																			t_4	t_4	t_4

☐ 第一幢　▦ 第二幢　▨ 第三幢

图 3-2　按施工过程依次施工进度表

若用 t_i 表示完成一幢房屋内某施工过程所需的时间，则完成该幢房屋各施工过程所需时间为 $\sum t_i$，完成 m 幢房屋所需总时间为：

$$T = m \sum t_i$$

m——房屋幢数；

t_i——完成一幢房屋内某施工过程所需的时间；

$\sum t_i$——完成一幢房屋各施工过程所需的时间；

T——完成 m 幢房屋所需总时间。

由图 3-1 可以看出，该基础工程施工时，高峰人数 20 人，低谷人数 10 人，工期 21 天。

由此说明：依次施工的最大优点是每天投入的劳动力较少，机具、设备使用不很集中，材料供应较单一，施工现场管理简单，便于组织和安排，但其缺点也很明显：按幢依次施工虽然能较早地完成一幢房屋的基础施工，为上部结构施工创造了工作面，但各班组施工及材料供应无法保持连续和均衡，工人有窝工的情况，施工工期长。同时，工作队不能实现专业化施工，不利于改进工人的操作方法和施工机具，不利于提高工程质量和劳动生产率。按施工过程依次施工，虽然各工作队连续施工，但工作面有空闲。因此，依次施工一般适用于规模较小，工作面有限的工程。

(二)平行施工

平行施工是指所有工程对象同时开工,同时完工的一种施工组织方式。

在上述的课目中,如果采用平行施工组织方式,其施工进度计划如图3-3所示。这种方式完成 m 幢房屋所需总时间 $T = \sum t_i$,完成三幢房屋基础工程所需时间等于完成一幢房屋基础的时间。

由图3-3可以看出,该基础工程施工时,高峰人数60人,低谷人数30人,工期7天。由此说明:平行施工的优点是能充分利用工作面,完成工程任务的施工工期最短;但由于施工班组数成倍增加,从而造成组织安排和施工管理困难,工作队及其工人不能连续作业,且不能实现专业化生产。这种方式只有在各方面的资源供应有保障的前提下,才是合理的。因此,平行施工一般适用于工期要求紧,大规模的建筑群及分期分批组织施工的工程任务。

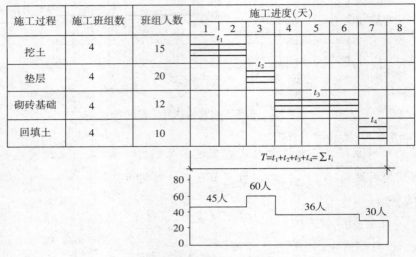

图3-3 平行施工进度表

(三)流水施工

流水施工是指所有的施工过程按一定的时间间隔依次投入施工,各施工过程陆续开工、陆续竣工,使同一施工过程的施工班组保持连续、均衡施工,施工过程尽可能搭接施工的组织方式。

组织流水施工时将施工对象划分成若干个施工区段,组织各专业队组,相同的施工过程依次施工,不同的施工过程平行施工,根据施工顺序有机的搭接起来。

如果将以上课目采用流水施工组织方式,其施工进度计划如图3-4所示。

由图3-4可以看出,该基础工程施工时,高峰人数47人,低谷人数10人,工期13天。由此说明:流水施工所需时间比依次施工短,各施工过程投入的劳动力比平行施工少,各施工班组能连续地、均衡地施工,前后施工过程尽可能平行搭接施工,比较充分地利用了工作面。

建筑施工组织

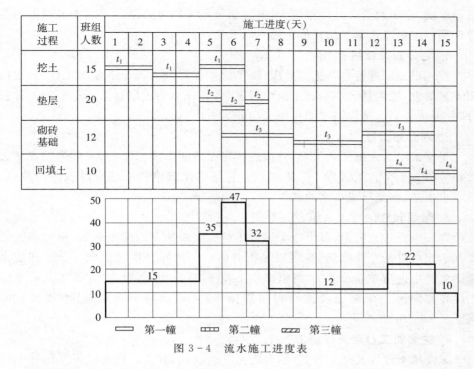

图 3-4　流水施工进度表

二、流水施工的技术经济效果

从图 3-4 中可以看出,流水施工是依次施工和平行施工的综合,它体现了以上两种组织方法的优点,而消除了它们的缺点,用流水施工的方法组织施工生产时,工期较顺序施工短,需要投入的劳动力和资源供应比平行施工的均匀,而且工作队(组)都能够保证连续生产。由此可见,采用流水施工的方法组织施工,可以带来较好的经济效果。因为,流水施工方法可以保证生产的连续性和均衡性,而生产的连续性和均衡性必然使各种材料可以均衡使用,使得建筑机构及附属企业的生产能力可以得到充分的发挥;由于流水施工的连续性,消除了工作队(组)的施工间歇,因而还可以大大缩短施工工期。据国内外大量实践经验证明,工期一般可以缩短 1/3～1/2。

[问一问]

组织施工时,为什么尽可能组织流水施工?

另外,流水施工中各工作队(组)可以实行专业化,因而为工人提高技术熟练程度以及改进操作方法和生产工具创造了有利条件。这就能够大大提高劳动生产率。劳动生产率的提高,相应可以减少工人人数,随之也就可以减少临时设施的数量,节约国家投资,降低工程成本;同时,生产的专业化也有助于保证工程质量和生产安全。总之,流水施工是一个保质保量且又经济的好方法应尽量采用。综上所述,流水施工的优点主要表现在以下几个方面:(1)工期缩短 1/3～1/2;(2)降低工程成本 6%～12%;(3)提高工程质量;(4)劳动生产率提高。

三、组织流水施工的条件

流水施工的实质是分工协作与成批生产。在社会化大生产的条件下,分工已经形成，由于建筑产品体形庞大，通过划分施工段可将单件产品变成假想的多件产品。组织流水施工的条件主要有以下几点：

1. 划分施工过程

首先根据工程特点及施工要求，将单位工程划分为若干个分部工程，其次按照工艺要求、工程量大小和施工队组情况，将各分部工程划分为若干个施工过程（即分项工程），它是组织专业化施工和分工协作的前提。

2. 划分施工段

[想一想]

不划分施工段是否能组织流水施工？

根据组织流水施工的需要，将拟建工程在平面上或空间上，划分为工程量大致相等的若干个施工区段——施工段。它是将建筑单件产品变成多件产品，以便成批生产，它是形成流水的前提。

3. 组织独立的施工队组

在一个流水施工中，每个施工过程尽可能组织独立的施工队组，根据施工需要其形式可以是专业队组，也可以是混合队组。这样可使每个施工队组在流水施工生产中进行独立地施工，可以按施工顺序，依次地，连续地，均衡地从一个施工段转移到另一个施工段进行相同的操作，它是提高工程质量、增加效益的保证。

4. 主要施工过程连续施工

主要施工过程是指工程量较大、施工时间较长、对总工期有决定性影响的施工过程，必须组织连续、均衡地施工；这是缩短工期的保证。对次要施工过程，可考虑与相邻的施工过程合并。如不能合并可安排插入施工或间断施工。

四、流水施工的表达形式

流水施工的表达形式通常是用图表表示，它以采用横道图表、斜线图表或网络图表等表示。图 3-5~3-7 为工程施工进度计划的三种表达方式。

1. 横道图

流水施工的横道图表达形式如图 3-5 所示，横道图以横向线条结合时间坐标来表示工程各工序的施工起迄时间和先后顺序，整个计划由一系列的横道组成，其左边列出各施工过程的名称，右边用水平线段在时间坐标下划出施工进度，所以又叫水平图表。水平线段的长度表示某施工过程在某施工段上的作业时间长短，水平线段的位置表示某施工过程的施工起止时间。

2. 斜线图

流水施工可以采用斜线图来表达，在斜线图中，左边列出各施工过程，右边用斜线在时间坐标下画出施工进度，如图 3-6 所示。斜线图又叫垂直图表。

3. 网络图

[问一问]

流水施工的表达形式有哪几种？各有何特点？

网络图是一种以网状图形表示整个计划中各道工序（或工作）的先后次序和所需要时间的工作流程图。又称工艺流线图或箭头图。它由若干带箭头的线段和节点（圆圈、方形或长方形）组成，如图 3-7 所示。

网络图的绘制方法、要求等详见第四章网络计划技术。

施工过程	班组人数	施工进度(天)														
		1	2	3	4	5	6	7	8	9	10	11	12	13	14	15
挖土	15	挖1		挖2		挖3		挖4								
垫层	20			垫1		垫2		垫3		垫4						
砌砖基础	12					基1		基2		基3		基4				
回填土	10							填1		填2		填3		填4		

图3-5 流水施工的横道图

施工过程	班组人数	施工进度(天)														
		1	2	3	4	5	6	7	8	9	10	11	12	13	14	15
回填土	10							填1		填2		填3		填4		
砌砖基础	12					基1		基2		基3		基4				
垫层	20			垫1		垫2		垫3		垫4						
挖土	15	挖1		挖2		挖3		挖4								

图3-6 流水施工的斜线图

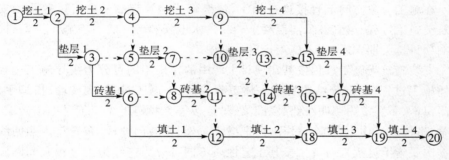

图3-7 流水施工的网络图

第二节 流水施工的基本参数

在进行流水施工计算时,首先要计算流水施工参数。流水施工的主要参数,按其性质不同,可以分为工艺参数、空间参数和时间参数三种。

一、工艺参数

工艺参数就是指在组织流水施工时,用以表达流水施工在施工工艺上开展顺序及其特征的参数;也就是将拟建工程项目的整个建造过程分解为施工过程的种类、性质和数目的总称。通常,工艺参数包括施工过程和流水强度两种。

（一）施工过程

将施工对象所划分的工作项目称为施工过程,它的数目一般以"n"表示。又叫"工序"。

1. **施工过程的分类**

(1)制备类施工过程

为了提高建筑产品的装配化、工厂化、机械化和生产能力而形成的施工过程称为制备类施工过程。它一般不占施工对象的空间,不影响项目总工期,因此在项目施工进度表上不列出;只有当其占有施工对象的空间并影响项目总工期时,在项目施工进度表上才列入。如砂浆、混凝土、构配件、门窗框扇等的制备过程。

(2)运输类施工过程

将建筑材料、构配件、(半)成品、制品和设备等运到项目工地仓库或现场操作使用地点而形成的施工过程称运输类施工过程。如把砖运送至工地堆场,把单层厂房的大型屋面板运送至工地边沿,它一般不占施工对象的空间,不影响项目总工期,通常不列入施工进度计划中;只有当其占有施工对象的空间并影响项目总工期时,才被列入进度计划中。如把单层厂房的大型屋面板由工地边沿运送至吊装机械服务范围内,把砖由工地堆场运送至塔式起重机下等,叫做场内的二次搬运,虽然不占施工对象的空间,但需占用时间,所以,应把这种场内的二次搬运当作施工过程来对待。

(3)安装砌筑类施工过程

[问一问]

什么叫施工过程,分成几类?

在施工对象空间上直接进行加工,最终形成建筑产品的施工过程称为安装砌筑类施工过程。如砌砖、浇混凝土、装修、水电安装等。它占有施工空间,同时影响项目总工期,必须列入施工进度计划中。

安装砌筑类施工过程按其在项目生产中的作用不同可分为主导施工过程和穿插施工过程,如混合结构房屋主体工程,有以下施工过程:砌砖墙、搭脚手架、安门窗框、布置室内照明线路、浇圈梁、吊楼板等。我们组织施工时把砌砖墙、浇圈梁、吊楼板当作主导施工过程,而把搭脚手架、安装门窗框、布置室内照明线路当作次要施工过程来对待。按其工艺性质不同可分为连续施工过程和间断施工过程,上例砌砖墙为连续施工过程,布置室内照明线路为间断施工过程。按其复杂程度可分为简单施工过程和复杂施工过程。

2. **划分施工过程的影响因素**

在建设项目施工中,首先应将施工对象划分为若干个施工过程。施工过程可以是分项工程、分部工程、单位工程或单项工程。施工过程划分的数目多少、粗细程度一般与下列因素有关:

(1)施工进度计划的性质和作用

对长期计划及建筑群体,规模大、结构复杂、工期长的工程,编制控制性施工进度计划,其施工过程划分可粗些,一般划分至单位工程或分部工程。例如,表3-1为装配式单层工业厂房金工车间的控制性施工进度计划。

表 3-1 装配式单层工业厂房金工车间的控制性施工进度计划

项次	主要施工过程名称	工程量 单位	工程量 数量	劳动量(工日)	工作日	进度日程(四月~十月)
1	准备工作				10	四月上旬
2	基础工程	m³	966	1210	30	四月~五月
3	预制工程	m³	288	1250	20	五月
4	安装工程	m²	4980	530	42	六月~七月
5	围护工程	m³	400	1000	38	八月~九月
6	屋面工程	m²	4290	360	40	八月~九月
7	地坪工程	m²	4898	738	40	八月~九月
8	装饰工程			1180	30	九月~十月
9	其他工程			400	60	九月~十月
10	水电安装				40	九月~十月

表中列出了准备工作、基础工程、预制工程、安装工程、围护工程、屋面工程、地坪工程、装饰工程、其他工程、水电设备安装等 10 个分部工程。对中小型单位工程及工期不长的工程,编制实施性施工计划,其施工过程划分可细些、具体些,一般划分至分项工程。表 3-2 为装配式单层工业厂房金工车间的实施性施工进度计划。

(2)施工方案及工程结构

施工过程的划分与工程的施工方案及工程结构形式有关。如厂房的柱基础与设备基础挖土,若同时施工,可合并为一个施工过程;若先后施工,可分为两个施工过程。又如承重墙与非承重墙的砌筑,也是如此,砖混结构、大墙板结构、装配式框架与现浇钢筋混凝土框架等不同结构体系,其施工过程划分及其内容亦各不相同。

(3)劳动组织及劳动量大小

施工过程的划分与施工队组的组织形式及施工习惯有关。如安装玻璃、油漆施工可分为两个施工过程,也可合并为一个施工过程。如果是混合队组应把安装玻璃、油漆施工合并为一个施工过程,如果是单一工种的队组,应划分为两个施工过程。施工过程的划分还与劳动量大小有关。劳动量小的施工过程,

表 3-2 装配式单层工业厂房

项次	分部	主要施工过程名称	单位	数量	产量定额	普工	木工	钢筋工	瓦工	粉刷工	其他	工作日	工作班	每班人数
1		准备工作										10		
2	基础工程	柱基础挖土	m³	7500	25	300						15	2	10
3		设备基础挖土	m³	4000	40	100						5	2	10
4		柱基及设备基础垫层	m³	150	1.5	100						10	1	10
5		钢筋混凝土基础	m³	360	1.2	200		100				20	1	15
6		回填土	m³	1125	5	225						15	1	15
7		杯口灌细石混凝土	m³	10	0.2	50						5	1	10
8	预制	屋架	m³	300	0.5	150	400	50				20	1	30
9		柱	m³	600	1	150	350	100				20	1	30
10	围护工程	吊装工程		410	0.9							45	1	
11		砌围护墙	m³	5000	10				500			20	1	25
12		安拆脚手架、井架	m³	4500	30						150	15	1	15
13		安钢门窗	m²	300	1.5			100			100	10	1	20
14		现浇过梁、雨篷	m³	120	0.6	50	100	50				10	1	20
15	屋面工程	屋面板灌缝	m²	4390	30	150						10	1	15
16		屋面防水	m²	4500	25						200	20	1	10
17		山墙压顶混凝土	m	3	0.2		15	10				5	1	10
18		山墙泛水	m	200	4						50	5	1	10
19	地坪工程	地坪夯实	m²	5000	200	25						5	1	5
20		铺清水道路	m²	400	2	200						10	1	10
21		浇混凝土	m³	450	1.5	300						10	1	30
22		粉地坪面层	m²	4000	40					100		10	1	10
23		变形缝灌沥青砂	m	200	40						50	5	1	10
24	装饰工程	外墙清水沟缝	m²	1250	10				125			5	1	25
25		外墙粉刷	m²	2400	8					300		15	1	20
26		内墙勾缝及踢脚线	m²/m	200/125	20/25				100	25		5	1	25
27		铁件及门窗油漆玻璃	kg/m	3000/750	20/5	150					150	15	1	20
28		内墙面刷白	m²	2250	30						75	5	1	15
29		构件刷白	m²	7500	100						75	5	1	15
30	其他工程	雨水斗、雨水管	只/m	35/150	3.5/10						25	5	1	5
31		明沟	m	290	50	29	12				18	5		
32		零星工程										55		
33		水电设备安装										55		
34		合计												

金工车间的实施性施工进度计划

进 度 日 程

四月					五月					六月					七月					八月					九月					十月			
5	10	15	20	25	5	10	15	20	25	5	10	15	20	25	5	10	15	20	25	5	10	15	20	25	5	10	15	20	25	5	10	15	20

当组织流水施工有困难时,可与其他施工过程合并。如垫层劳动量较小时可与挖土合并为一个施工过程,这样可以使各个施工过程的劳动量大致相等,便于组织流水施工。

(4)劳动内容和范围

施工过程的划分与其劳动内容和范围有关。如直接在施工现场与工程对象上进行的劳动过程,可以划入流水施工过程,如安装砌筑类施工过程、施工现场制备及运输类施工过程等;而场外劳动内容可以不划入流水施工过程,如部分场外制备和运输类施工过程。

综上所述,施工过程的划分既不能太多、过细,那样将给计算增添麻烦,重点不突出;也不能太少、过粗,那样将过于笼统,失去指导作用。

[想一想]

某混合结构房屋采用铝合金窗,窗在现场加工棚中制作,是否列入施工进度计划?

(二)流水强度

某施工过程在单位时间内所完成的工程量,称为该施工过程的流水强度,一般以"V_i"表示。

(1)机械施工过程的流水强度

$$V_i = \sum_{i=1}^{x} R_i S_i \tag{3-1}$$

式中　R_i——投入施工过程 i 的某种施工机械台数;

　　　S_i——投入施工过程 i 的某种施工机械产量定额;

　　　x——投入施工过程 i 的施工机械种类数。

(2)人工施工过程的流水强度

$$V_i = R_i \cdot S_i \tag{3-2}$$

式中　R_i——投入施工过程 i 的专业工作队工人数;

　　　S_i——投入施工过程 i 的专业工作队平均产量定额。

二、空间参数

空间参数就是用以表达流水施工在空间布置上所处状态的参数。空间参数主要有施工段、施工层和工作面三种。

(一)工作面

工作面是指提供给工人进行操作的工作空间。它的大小直接影响施工对象上可能安置多少工人操作或布置施工机械的多少。所以工作面是用来反映施工过程(工人操作,施工机械布置)在空间上布置的可能性。

某些工程施工一开始就在整个长度或面上形成了工作面,这种工作面称为完整的工作面(如挖土)。但有些工程的工作面是随着施工过程的进展而逐步形成的,这种工作面叫做部分工作面(如砌砖墙)。不论是哪一种工作面,通常前一个施工过程的结束,就为后一个(或几个)施工过程提供了工作面。工作面的大小,是根据相应工种单位时间内的产量定额、建筑安装工程操作规程和安全规程等的要求确定的。工作面确定的合理与否,直接影响到专业工种工人的劳动生产效率。对此,必须认真加以对待,合理确定。有关工种的工作面可参考表3-3。

表3-3 主要工种工作面参考数据表

工作项目	每个技工的工作面	说 明
砖基础	7.6m/人	以1.5砖计,2砖乘以0.8,3砖乘以0.55
砌砖墙	8.5m/人	以1砖计,1.5砖乘以0.71,2砖乘以0.57
毛石墙基	3m/人	以60cm计
毛石墙	3.3m/人	以40cm计
混凝土柱、墙基础	8m³/人	机拌、机捣
混凝土设备基础	7m³/人	机拌、机捣
现浇钢筋混凝土柱	2.45m³/人	机拌、机捣
现浇钢筋混凝土梁	3.20m³/人	机拌、机捣
现浇钢筋混凝土墙	5m³/人	机拌、机捣
现浇钢筋混凝土楼板	5.3m³/人	机拌、机捣
预制钢筋混凝土柱	3.6m³/人	机拌、机捣
预制钢筋混凝土梁	3.6m³/人	机拌、机捣
预制钢筋混凝土屋架	2.7m³/人	机拌、机捣
预制钢筋混凝土平板、空心板	1.91m³/人	机拌、机捣
预制钢筋混凝土大型屋面板	2.62m³/人	机拌、机捣
混凝土地坪及面层	40m²/人	机拌、机捣
外墙抹灰	16m²/人	
内墙抹灰	18.5m²/人	
卷材屋面	18.5m²/人	
防水水泥砂浆屋面	16m²/人	
门窗安装	11m²/人	

(二)施工段

在组织流水施工时,通常把拟建工程项目在平面上划分成若干个劳动量大致相等的施工区域,这些施工区域称为施工段。施工段的数目,一般用"m"表示,在一般情况下,每个施工段在某个时间段内只供一个施工班组施工。

[想一想]

工作面过小,对施工会造成什么影响?

1. 划分施工段的目的和原则

由于建筑产品的单件性，为了使不同的施工专业队能在同一建筑物上同时工作，在组织流水施工时，必须划分施工段，为各专业工作队确定合理的空间活动范围。所以，划分施工段的目的，就在于保证不同的施工队组能在不同的施工区段上同时进行施工。

在组织施工时施工段可以是固定的，也可以是非固定的，固定的施工段，便于组织流水施工。施工段的大小可根据工程规模和施工内容确定，一幢房屋可划分 2～3 个施工段，对于建筑群或住宅小区，也可以把一幢房屋作为一个施工段。

为了使施工段划分得更科学、合理，通常应遵循以下原则：

(1)各施工段的工程量(或劳动量)要大致相等，其相差幅度不宜超过 10%～15%，以保证各施工队组连续、均衡地施工。

(2)划分施工段要考虑结构的界限，有利于结构的整体性。

施工段的界限要尽可能利用结构的自然界限，如利用建筑物的温度缝、沉降缝、抗震缝，以减少施工缝的数量。施工段的划分界限要以保证施工质量为前提。例如结构上不允许留施工缝的部位不能作为划分施工段的界限。当必须划分在建筑物整体的中间时，应尽量选在对结构整体影响较小的位置。例如墙体施工应划分在门窗洞口处，以减少留槎。

(3)要以工程的主导工序为依据。施工段的划分，通常是以主导工序为依据，保证主导工序连续施工。例如，混合结构房屋主体结构的施工中，就是以主导工序砌砖墙和吊楼板来划分的，即划分施工段是以保证砌砖墙和吊楼板连续施工为前提。其他次要工序要服从主导工序。

(4)施工段的划分还应考虑主导施工机械。主要考虑主导施工机械的服务半径，满足其施工效率。

(5)施工段数 m 与施工过程数 n 的关系。组织有结构层的房屋流水施工时，为了使各施工队组能连续施工，上一层的施工必须在下一层对应部位完成后才能开始。即各施工班组做完第一段后，能立即转入第二段；做完第一层的最后一段后，能立即转入第二层的第一段。因此，每一层的施工段数必须大于或等于其施工过程数。即：

[想一想]

划分施工段时，施工段的劳动是不相等怎么办？

$$m \geqslant n \qquad\qquad (3-3)$$

式中　m——施工段数；

　　　n——施工过程数。

【实践训练】

课目：施工进度安排与施工效果分析

(一)背景资料

某三层砖混结构房屋的主体工程，在组织流水施工时将主体工程划分为三个施工过程,即砌筑砖墙、浇圈梁和安装楼板,设每个施工过程在各个施工段上施工所需时间均为2天。

(二)问题

试分析 $m<n,m=n,m>n$,流水施工效果。

(三)分析与解答

(1)当 $m<n$,即每层分两个施工段组织流水施工时,$m=2$,$n=3$,其进度安排如图3-8、图3-9所示。

	吊楼板	[17][18]	[19][20]
第三层	浇圈梁	15、16	17、18
	砌砖墙	(13)(14)	(15)(16)
	吊楼板	[11][12]	[13][14]
第二层	浇圈梁	9、10	11、12
	砌砖墙	(7)(8)	(9)(10)
	吊楼板	[5][6]	[7][8]
第一层	浇圈梁	3、4	5、6
	砌砖墙	(1)(2)	(3)(4)
	第一施工段	第二施工段	第三施工段

图3-8 进度安排

施工过程	施工进度(天)																			
	1	2	3	4	5	6	7	8	9	10	11	12	13	14	15	16	17	18	19	20
砌墙																				
浇圈梁																				
吊楼板																				

图3-9 $m<n$ 施工进度表

由图3-9可以看出:

砌砖墙工作队:第(5)(6)、(11)(12)天空闲;

浇圈梁工作队:第7、8、13、14天空闲;

吊楼板工作队:第[9][10][15][16]天空闲。

从图3-8可以看出:第一层的砌筑砖墙完成后不能马上进行第二层的砌筑,中间空闲2天,砌墙的施工队组产生窝工,同样浇圈梁和安装楼板也是如此。三个施工队组均无法保持连续施工,轮流出现窝工现象。从图3-8可以看出,从开工到完工,工作面没有空闲。

(2)当 $m=n$,即每层分三个施工段组织流水施工时,$m=3$,$n=3$,其进度安排如图 3-10、图 3-11 所示。

	吊楼板	[17][18]	[19][20]	[21][22]
第三层	浇圈梁	15、16	17、18	19、20
	砌砖墙	(13)(14)	(15)(16)	(17)(18)
	吊楼板	[11][12]	[13][14]	[15][16]
第二层	浇圈梁	9、10	11、12	13、14
	砌砖墙	(7)(8)	(9)(10)	(11)(12)
	吊楼板	[5][6]	[7][8]	[9][10]
第一层	浇圈梁	3、4	5、6	7、8
	砌砖墙	(1)(2)	(3)(4)	(5)(6)

图 3-10　进度安排

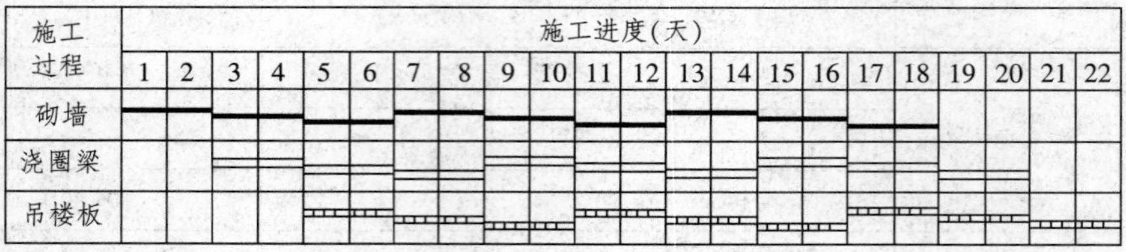

图 3-11　$m=n$ 施工进度表

从图 3-10、图 3-11 可以看出：

各施工队组均能保持连续施工，每一施工段上均有施工队组，工作面能充分利用，无停歇现象，也不会产生工人窝工现象，这是比较理想的。

(3)当 $m>n$，即每层分四个施工段组织流水施工时，$m=4$，$n=3$，其进度安排如图 3-12，3-13 所示。

	吊楼板	[21][22]	[23][24]	[25][26]	[27][28]
第三层	浇圈梁	19、20	21、22	23、24	25、26
	砌砖墙	(17)(18)	(19)(20)	(21)(22)	(23)(24)
	吊楼板	[13][14]	[15][16]	[17][18]	[19][20]
第二层	浇圈梁	11、12	13、14	15、16	17、18
	砌砖墙	(9)(10)	(11)(12)	(13)(14)	(15)(16)
	吊楼板	[5][6]	[7][8]	[9][10]	[11][12]
第一层	浇圈梁	3、4	5、6	7、8	9、10
	砌砖墙	(1)(2)	(3)(4)	(5)(6)	(7)(8)

图 3-12　进度安排

图 3-13 $m>n$ 施工进度表

从图 3-12、图 3-13 可以看出:虽然施工队组的施工是连续的,但安装楼板后不能立即投入上一层的砌筑砖墙,工作面出现空闲现象,显然工作面未被充分利用,有轮流停歇的现象。这时,工作面的停歇并不一定有害,有时还是必要的,如可以利用停歇的时间做养护、备料、弹线等工作,所以这种情况是允许的。但当施工段数目过多,必然使工作面减少,从而减少施工队组的人数,延长工期。

由此可以得到一个结论:组织有结构层房屋流水施工时,施工段数与施工过程数的关系:

$m<n$,施工队出现窝工,施工段不停歇——不允许;

$m>n$,施工队不出现窝工,施工段停歇——允许;

$m=n$,施工队不出现窝工,施工段不停歇——最理想。

对于施工段大于施工过程数的情况,在某些工程的施工中,还是经常遇到的,这时为满足技术间歇的要求,有意让工作面空闲一段时间,如混凝土要求一定强度后,才能在其上面进行下一道工作。另外施工段数大于施工过程数的情况,还可起到调节流水施工的作用,当由于某种原因使施工段任务完不成,这时由于空闲工作面的存在,不影响其他工作面连续施工。

在工程实际施工中,若某些施工过程需要考虑技术间歇等,则可按下面公式确定每层的最少施工段数:

$$m=n+\frac{\sum Z_1+\sum Z_2}{K}\qquad(3-4)$$

式中　m——每层需划分的最少施工段数;

　　　n——施工过程或专业工作队组数;

　　　Z_1——楼层内各施工过程间的技术、组织间歇时间;

　　　Z_2——楼层间技术、组织间歇时间;

　　　K——流水步距。

2. 施工段划分的一般部位

施工段划分的部位要有利于结构的整体性,应考虑到施工工程对象的轮廓形状、平面组成及结构构造上的特点。在满足流水段划分要求的前提下,可按下述几种情况划分其部位。

(1)设置在变形缝处;

(2)在单元、半单元处;

(3)道路、管线等可按一定长度划分;

(4)多幢同类型房屋,可按一幢或多幢划分。

[想一想]
组织有结构层房屋流水施工时,施工段数与施工过程数的关系?

（三）施工层

在组织流水施工时,为了满足专业工种对操作高度和施工工艺的要求,将拟建工程项目在竖向上划分为若干个操作层,这些操作层称为施工层,施工层一般以"r"表示。

施工层的划分,要按工程项目的具体情况,根据建筑物的高度、楼层来确定,应满足操作高度和施工工艺要求。

[问一问]
    什么叫施工段?什么叫施工层?二者如何区别?

砌筑工程施工层的高度一般为 1.2m,如加垫 600mm 的脚手凳,则施工层可以高达 1.8m。例如,混合结构房屋主体砌墙施工层的划分,楼层高度 3.6m,沿竖向可划分三个施工层;楼层高度 2.8m,沿竖向可划分两个施工层(图 3-14)。

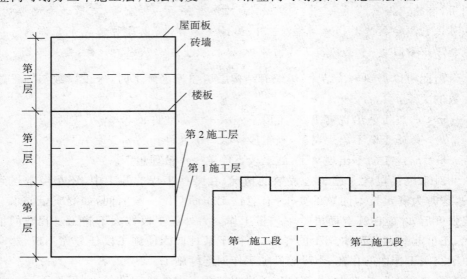

图 3-14 施工段与施工层的划分

对于现浇钢筋混凝土框架、装修工程一般按一个楼层作为一个施工层。

三、时间参数

时间参数是反映组成一个流水组的各个施工过程在各施工段上完成施工的速度,各施工班组在时间安排上相互制约关系,完成一个流水组所需时间的指标。一般有流水节拍、流水步距、平行搭接时间、技术组织间歇时间、工期等。

（一）流水节拍

流水节拍是指从事某一施工过程的施工队组在一个施工段上完成施工任务所需的时间,用符号"t_i"表示,它是流水施工的基本参数之一。例,某基础工程分四个施工过程,挖土、垫层、砌基础、回填土,组织施工时,分四个施工段,在每一施工段上施工持续时间为:挖土 4 天、垫层 2 天、砌基础 4 天、回填土 2 天,那么 4、2、4、2 就叫做流水节拍。即 $t_挖 = 4$ 天、$t_垫 = 2$ 天、$t_基 = 4$ 天、$t_填 = 2$ 天。

1. 流水节拍的计算方法

流水节拍的大小直接关系到投入的劳动力、机械和材料量的多少,决定着施工速度和施工节奏,因此,必须合理确定流水节拍。流水节拍可按下面三种方法确定。

(1)定额计算法

就是根据各施工段的劳动量和能够投入的资源量(劳动力、机械台班数和材料量)按式 3 - 5 计算。

$$t_i = \frac{P_i}{R_i N_i} \qquad (3-5)$$

式中 t_i——某专业工作队在第 i 施工段的流水节拍;

R_i——某专业工作队投入的工作人数或机械台数;

N_i——某专业工作队的工作班次;

P_i——某专业工作队在第 i 施工段需要的劳动量或机械台班数量。

所谓劳动量,就是指完成某施工过程所需要的劳动工日数。

$$P_i = \frac{Q_i}{S_i} = Q_i H_i \qquad (3-6)$$

Q_i——某专业工作队在第 i 施工段要完成的工程量;

S_i——某专业工作队的产量定额;

H_i——某专业工作队的时间定额。

$$H_i = \frac{1}{S_i} \qquad (3-7)$$

把式(3-6)代入式(3-5)得:

$$t_i = \frac{P_i}{R_i N_i} = \frac{Q_i}{S_i R_i N_i} \qquad (3-8)$$

或

$$t_i = \frac{Q_i H_i}{R_i N_i} \qquad (3-9)$$

【实践训练】

课目:流水节拍的计算

(一)背景资料

某混合结构房屋基础的土方工程,经计算土方工程量为 1200m³,已知一个壮工每人每天可挖土 4m³,求该土方工程的劳动量。现分 3 个施工段进行施工,一班制,每班 10 人。

(二)问题

求流水节拍。

(三)分析与解答

(1)已知 $Q=1200\text{m}^3$,$m=3$,$S=4\text{m}^3$,则,每一施工段的工程量 $Q_i=1200/3=400\text{m}^3$

（2）劳动量 $P_i = \dfrac{Q_i}{S_i} = \dfrac{400}{4} = 100$ 工日

（3）流水节拍 $t_i = \dfrac{P_i}{R} = \dfrac{100}{10} = 10$ 天

（4）若每班 20 人，则，流水节拍 $t_i = \dfrac{P_i}{R} = \dfrac{100}{20} = 5$ 天

当施工段划分后，则 Q_i 为定值，P_i 为定值，从式 $t_i = \dfrac{P_i}{R_i}$ 可知，其流水节拍 t_i 就成为 R_i 的函数，也即人数增加，流水节拍减少，反之，流水节拍增大。但无论哪一道工序施工人数的增减，都有一个限度，则流水节拍必然存在一个最小流水节拍和最大流水节拍，合适的流水节拍总是处于这二者之间。

即 $$t_{max} \geqslant t_i \geqslant t_{min}$$

（2）工期计算法

[问一问]
流水节拍与施工天数二者的关系？

流水节拍的大小，对工程工期有直接影响。通常情况下，流水节拍越大，工程的工期越长，反之工程工期将缩短。当工程的施工工期已知时，必须服从工期要求，反过来确定各工序的流水节拍的大小，进而求出所需工人数或机械台数及材料量，这时还必须考虑工人应拥有足够的工作面·资源供应是否能满足要求。当所确定的流水节拍值，同施工段的工程量、作业班组人数有矛盾时，必须进一步调整人数或重新划分施工段。如果工期紧，节拍小，工作面又不够时，就应增加工作班次（两班制或三班制）。

（3）经验估算法

它是根据以往的施工经验进行估算。为了提高其准确程度，往往先估算出流水节拍的最长、最短和最可能三种时间，然后据此求出期望时间作为流水节拍。因此，本法也称为三时估算法。一般按公式（3-10）计算：

$$t_i = \frac{a + 4c + b}{6} \tag{3-10}$$

式中　t_i——某施工过程在某施工段上的流水节拍；

　　　a——某施工过程在某施工段上的最短估算时间；

　　　b——某施工过程在某施工段上的最长估算时间；

　　　c——某施工过程在某施工段上的最可能估算时间。

流水节拍求出后，还要根据各施工过程的工程量（或劳动量）求出各施工段所需工人数，$R_i = P_i / t_i$，最后根据施工段的大小和工人数校核最小工作面和最小劳动组合。若确定的 t_i 不合理，应进行调整。

2. 确定流水节拍大小要考虑的因素

（1）施工队组人数应符合该施工过程最少劳动组合人数的要求。所谓最小劳动组合，就是指某一施工过程进行正常施工所必须的最低限度的人数。例如，现浇混凝土施工过程，包括上料、搅拌、运输、浇捣等施工操作环节，如果人数太少或比例不当都将引起劳动生产率下降，甚至无法施工。

（2）要考虑工作面的大小或某种条件的限制。施工队组人数也不能太多,每个工人的工作面要符合最小工作面的要求。否则,就不能发挥正常的施工效率或不利于安全生产。

（3）要考虑各种机械台班的效率或机械台班产量的大小。

（4）要考虑各种材料、构件等施工现场堆放量、供应能力及其他有关条件的制约。

（5）要考虑施工及技术条件的要求。例如浇筑混凝土,为了连续施工有时要按三班制工作的条件决定流水节拍,以保证工程质量。

（6）确定一个分部工程各施工过程的流水节拍时,首先应考虑主要的,工程量大的施工过程的节拍,其次确定其他施工过程的流水节拍值。

（7）流水节拍值一般取整数,必要时可保留 0.5 天（台班）的小数值。就是说,工人交接班应处于下班时间。

（二）流水步距

流水步距是指两个相邻的施工过程的施工队组相继投入同一施工段施工的时间间隔,以 $K_{i,i+1}$ 表示（i 表示前一个施工过程,$i+1$ 表示后一个施工过程）。它是流水施工的基本参数之一。

确定流水步距要考虑以下几个因素:（1）尽量保证各主要专业工作队都能连续作业;（2）要满足相邻两个施工过程在施工工艺顺序上的相互制约关系;（3）要保证相邻两个专业工作队在开工时间上最大限度地、合理地搭接;（4）流水步距 K 取整数或半天的整数倍;（5）保持施工过程之间有足够的技术、组织和层间间歇时间。

流水步距的确定方法根据流水施工形式而定,全等节拍流水施工的流水步距 K 等于其流水节拍,即 $K=t$;成倍节拍流水施工的流水步距 K 等于其流水节拍的最大公约数;无节奏流水施工的流水步距 K 用潘特考夫斯基法（累加数列法）计算。关于流水节拍的计算,后面将详细讲解。

（三）平行搭接时间

在组织流水施工时,有时为了缩短工期,在工作面允许的条件下,如果前一个专业工作队完成部分施工任务后,能够提前为后一个专业工作队提供工作面,使后者提前进入前一个施工段进行施工,两者在同一施工段上平行搭接施工,这个搭接的时间称为平行搭接时间,通常以 $C_{i,i+1}$ 表示（i 表示前一个施工过程,$i+1$ 表示后一个施工过程）。

（四）技术、组织间歇时间

在组织流水施工时,除要考虑相邻专业工作队之间的流水步距外,有时根据建筑材料或现浇构件等的工艺性质,还要考虑合理的工艺等待间歇时间,如混凝土养护时间;墙体抹灰的干燥时间;门窗底漆涂刷后,必须经过一定的干燥时间,才能涂刷面漆等等。以及由于施工技术或施工组织的原因,造成的在流水步距以外增加的间歇时间。如楼板吊装完毕,在其上弹线时间;前一个施工过程完成后,后一个施工过程施工前检查验收时间等。由于施工工艺或质量保证的要求,

[问一问]
多层混合结构住宅施工时,必须有技术、组织间歇时间?

在相邻两个施工过程之间必须留有的时间间隔称为技术间歇时间。由于组织技术原因,在相邻两个施工过程之间留有的时间间隔称为组织间歇时间。技术、组织间歇时间用 $Z_{i,i+1}$ 表示(i 表示前一个施工过程,$i+1$ 表示后一个施工过程)。技术间歇时间又叫工艺间歇时间。

技术间歇时间和组织间歇时间在具体组织施工时,可以分别考虑,也可以一起考虑,但它们是两个不同的概念,其内容和作用是不一样的。

（五）工期

工期是指完成一项工程任务或一个流水组施工所需的时间,也就是说从第一个施工过程进入施工到最后一个施工过程退出施工所经过的总时间,用 T 表示。一般可采用式(3-11)计算:

$$T = \sum K_{i,i+1} + T_n + \sum Z_{i,i+1} - \sum C_{i,i+1} \qquad (3-11)$$

式中　　$\sum K_{i,i+1}$ ——流水施工中各流水步距之和;

　　　　T_n ——流水施工中最后一个施工过程的持续时间;

　　　　$\sum Z_{i,i+1}$ ——流水施工中各技术组织间歇时间之和;

　　　　$\sum C_{i,i+1}$ ——流水施工中各平行搭接时间时间之和。

第三节　流水施工的组织方式

在组织流水施工时,根据各施工过程在施工区段上的流水节拍特征,可分为全等节拍流水、成倍节拍流水、无节拍流水。

所谓全等节拍流水,就是所有施工过程的流水节拍都彼此相等。

所谓成倍节拍流水,就是同一施工过程在不同施工段上的流水节拍相等,不同施工过程在同一施工段上的流水节拍不相等,但互成整数倍。

所谓无节拍流水,又叫无节奏流水。就是同一施工过程在不同施工段上的流水节拍不一定相等,不同施工过程在同一施工段或不同施工段上的流水节拍也不一定相等。

例如,某砖混结构房屋,分基础、砌墙、吊楼板、屋面及装修四个施工过程,它们的流水节拍及施工段见下表3-4、表3-5、表3-6。

表3-4　全等节拍流水各施工段上流水节拍表

n　m	（一）	（二）	（三）	（四）
基础	4	4	4	4
砌墙	4	4	4	4
吊装	4	4	4	4
装修	4	4	4	4

表 3-5　成倍节拍流水各施工段上流水节拍表

$\begin{matrix}&m\\n&\end{matrix}$	（一）	（二）	（三）	（四）
基础	4	4	4	4
砌墙	6	6	6	6
吊装	2	2	2	2
装修	6	6	6	6

表 3-6　无节拍流水各施工段上流水节拍表

$\begin{matrix}&m\\n&\end{matrix}$	（一）	（二）	（三）	（四）
基础	4	6	2	6
砌墙	3	3	2	4
吊装	4	6	2	6
装修	2	3	2	3

　　表 3-4 中,所有施工过程的流水节拍都相等,$t=4$ 天,属全等节拍流水施工;表 3-5 中,同一施工过程在不同施工段上的流水节拍相等,基础施工过程在四个施工段上的流水节拍都相等,$t_{基础}=4$ 天;砌墙施工过程在四个施工段上的流水节拍也相等,$t_{砌墙}=6$ 天;吊装施工过程在四个施工段上的流水节拍也相等,$t_{吊装}=2$ 天;装修施工过程在四个施工段上的流水节拍也相等,$t_{装修}=6$ 天。不同施工过程在同一施工段上的流水节拍不相等。表 3-5 中,在第一施工段上 $t_{基础}=4$ 天;$t_{砌墙}=6$ 天;$t_{吊装}=2$ 天;$t_{装修}=6$ 天;他们之间有最大公约数 2,属成倍节拍流水施工;

　　表 3-6 中,基础施工过程在第一、二、三、四施工段上的流水节拍分别为 4 天、6 天、2 天、6 天;砌墙施工过程在第一、二、三、四施工段上的流水节拍分别为 3 天、3 天、2 天、4 天;吊装施工过程在第一、二、三、四施工段上的流水节拍分别为 4 天、6 天、2 天、6 天;装修施工过程在第一、二、三、四施工段上的流水节拍分别为 2 天、3 天、2 天、3 天;符合无节拍流水施工的特征,同一施工过程在各施工段上的流水节拍不一定相等,不同施工过程在同一施工段或不同施工段上的流水节拍也不一定相等。所以表 3-6 为无节拍流水施工。

一、全等节拍流水施工

　　全等节拍流水施工是指同一施工过程在各施工段上的流水节拍都相等,并且不同施工过程之间的流水节拍也相等的一种流水施工方式,也称为等节拍流水、固定节拍流水、等节奏流水、同步距流水。

(一)全等节拍流水施工的主要特点

　　(1)各施工过程的流水节拍都相等。即同一施工过程在不同施工段上的工作时间相等,不同施工过程在同一施工段上的工作时间也相等。

$$t_1 = t_2 = \cdots = t_n = t(常数)。$$

(2)流水步距彼此相等,而且等于流水节拍,即:

$$K_{1,2} = K_{2,3} = \cdots = K_{n-1,n} = K_n = t(常数)。$$

(3)专业工作队数等于施工过程数。

(4)每个专业工作队都能够连续施工,施工段没有空闲。

[想一想]
　全等节拍流水施工方式
有何特点?

(二)全等节拍流水施工主要参数的确定

1. 流水步距(K)

$$K = t$$

2. 施工段数(m)

为了保证各专业工作队能连续施工,应取

$$m = n + \frac{\sum Z_1}{K} + \frac{\sum Z_2}{K} \qquad (3-12)$$

式中　m——施工段数;

　　　n——施工过程数;

　　　Z_1——楼层内各施工过程间的技术、组织间歇时间;

　　　Z_2——楼层间技术、组织间歇时间;

　　　K——流水步距。

3. 流水施工的工期

$$T = (m \cdot r + n - 1) \cdot K + \sum Z_1 - \sum C \qquad (3-13)$$

式中　　T——流水施工总工期;

　　　　r——施工层数;

　　　　K——流水步距;

　　　　$\sum Z_1$——第一个施工层中各施工过程间的技术与组织间歇时间之和;

　　　　$\sum C$——第一个施工层中各施工过程间的搭接时间之和。

根据全等节拍流水施工的特点 $K = t$,则:

$$T = (m \cdot r + n - 1) \cdot t + \sum Z_1 - \sum C \qquad (3-14)$$

(三)全等节拍流水施工计算步骤

已知:各施工过程的流水节拍 t_i、n。

解:(1)首先确定流水步距 K,施工段数 m

$$K = t_i$$

$$m = n + \frac{\sum Z_1}{K} + \frac{\sum Z_2}{K}$$

(2)计算工期:$T = (m \cdot r + n - 1) \cdot K + \sum Z_1 - \sum C$

$$= (m \cdot r + n - 1) \cdot t + \sum Z_1 - \sum C$$

(3)绘制施工进度表

表上工期应与计算工期相等。

【实践训练】

课目:计算总工期,绘制进度表

(一)背景资料

某单位办公楼,混合结构,三层,建筑面积1350m²,主体结构施工划分三个施工过程:砌砖墙3天,浇圈梁、养护3天,吊楼板3天。楼板吊完后,需进行灌缝、弹线3天,才能进行上一层的施工。

(二)问题

试组织流水施工,计算总工期,绘施工进度表。

(三)分析与解答

(1)确定流水步距

由全等节拍专业流水的特点可知:$K = t = 3$ 天

(2)确定施工段

$$m = n + \frac{\sum Z_1}{K} + \frac{\sum Z_2}{K} = 3 + \frac{0}{3} + \frac{3}{3} = 4 \text{ 段}$$

(3)计算工期

$$T = (m \cdot r + n - 1) \cdot K + \sum Z_1 - \sum C$$
$$= (4 \times 3 + 3 - 1) \times 3 + 0 - 0 = 42 \text{ 天}$$

(4)绘制流水施工进度表如图3-15、图3-16、图3-17所示。

	施工过程	第一施工段	第二施工段	第三施工段	第四施工段
第三层	吊楼板	㉛㉜㉝	㉞㉟㊱	㊲㊳㊴	㊵㊶㊷
	浇圈梁、养护	(28)(29)(30)	(31)(32)(33)	(34)(35)(36)	(37)(38)(39)
	砌砖墙	25、26、27	28、29、30	31、32、33	34、35、36
第二层	吊楼板	⑲⑳㉑	㉒㉓㉔	㉕㉖㉗	㉘㉙㉚
	浇圈梁、养护	(16)(17)(18)	(19)(20)(21)	(22)(23)(24)	(25)(26)(27)
	砌砖墙	13、14、15	16、17、18	19、20、21	22、23、24
第一层	吊楼板	⑦⑧⑨	⑩⑪⑫	⑬⑭⑮	⑯⑰⑱
	浇圈梁、养护	(4)(5)(6)	(7)(8)(9)	(10)(11)(12)	(13)(14)(15)
	砌砖墙	1、2、3	4、5、6	7、8、9	10、11、12
楼层	施工过程	第一施工段	第二施工段	第三施工段	第四施工段

图 3-15

图 3-16　施工进度表

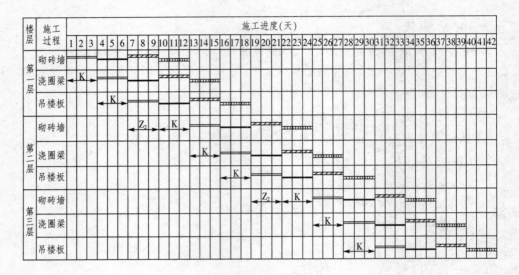

图 3-17　施工进度表

二、成倍节拍流水施工

（一）成倍节拍流水施工的概念

在组织流水作业时往往遇到，某施工过程要求尽快完成；或某施工过程的工程量过少，所需时间少，或者某施工过程的工作面受到限制，不能投入较多的人力或机械，所需的时间就要多一些。因而出现各施工过程的流水节拍不能相等的情况。如某工程有三个施工过程，其流水节拍分别为：$t_1 = 1$ 天，$t_2 = 3$ 天，$t_3 = 2$ 天（表 3-7），由表 3-7 可以看出：第 1 施工过程在第一、第二、第三施工段的流水节拍均为 1 天；第 2 施工过程在第一、第二、第三施工段的流水节拍均为 3 天；第 3 施工过程在第一、第二、第三施工段的流水节拍均为 2 天，一般地，同一施工过程在不同施工段上流水节拍都相等；不同施工过程在同一施工段上流水节拍不相等，但互成整数倍。这样的叫成倍节拍流水施工。又叫异节奏流水施工。对于这样的问题，就不能再按全等节拍的流水组织方法进行组织施工，否则就不能满足各施工过程的工作队连续，均衡地依次在各段上工作。若按全等节拍流水组织方法进行组织，其施工段数（m）等于施工过程数（n），则可能得出图 3-18 所示的几种情况。

建筑施工组织

表 3-7　某工程各施工段上流水节拍表

m / t / n	一	二	三
1	1	1	1
2	3	3	3
3	2	2	2

　　图 3-18 说明成倍节拍流水若用全等节拍流水的组织方法。要么出现违反施工程序的不合理现象;要么工作队的工作就不连续;要么工作队未充分利用工作面。若采用图 3-19 的方法组织流水施工,则既不违反施工程序,工作队又连续工作,且工作面没有空闲。

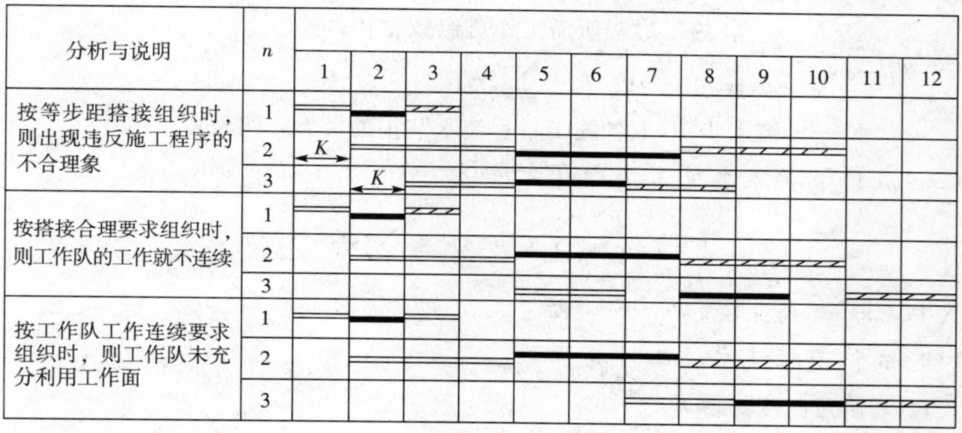

图 3-18

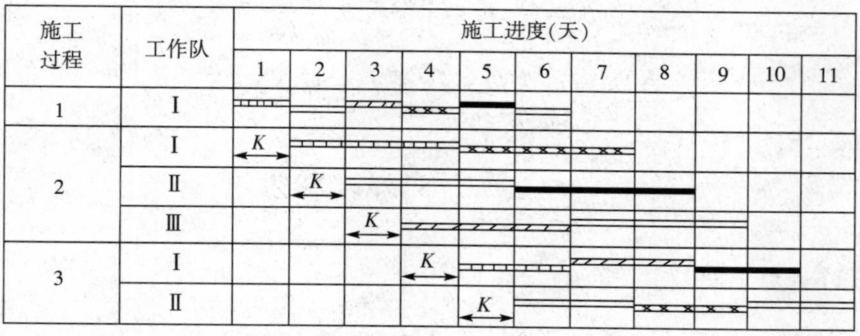

图 3-19　流水施工进度表

　　由图 3-19 可以看出,第一施工过程投入 1 个工作队进行施工,第二施工过程投入 3 个工作队进行施工,第三施工过程投入 2 个工作队进行施工,每个工作队相继投入工作的时间间隔为 1 天(流水步距 $K=1$ 天),若采用这种方法组织施工,则既不违反施工程序,工作队又连续工作,且工作面没有空闲,比较理想。

[想一想]
　　成倍节拍流水有何特征?

　　当遇到成倍节拍流水时,为使各工作队仍能连续、均衡地依次在各施工段上工作,应选取流水步距(K)为各施工过程流水节拍的最大公约数,每个施工过程投入 t_i/K 个工作队进行施工。这样,同一施工过程的每个队(组)就可依次相隔 K 天投入工作;使整个流水作业能够连续、均衡地施工。

(二)成倍节拍流水施工段数 m 的确定

$$m \geqslant \sum b_i + \frac{\sum Z_1}{K} + \frac{\sum Z_2}{K}$$

式中　　Z_1—— 楼层内各施工过程间的技术、组织间歇时间;

　　　　Z_2—— 楼层间技术、组织间歇时间;

　　　　b_i—— 某一施工过程所需工作班组数;

　　　　$\sum b_i$—— 各施工过程所需工作班组数之和;

　　　　$\sum b_i = b_1 + b_2 + \cdots + b_i = \sum t_i/K$;

　　　　K—— 流水步距,取各施工过程流水节拍的最大公约数。

[想一想]
　　成倍节拍流水施工,流水步距 K 为什么取整数或半天的整数倍?

(三)成倍节拍流水施工工期 T 的确定

$$T = (mr + \sum b_i - 1)K + \sum Z_1 - \sum C$$

式中　　r—— 施工层;

(四)成倍节拍流水施工计算步骤

　　(1)确定流水步距 K

　　流水步距 K 取流水节拍的最大公约数。

　　(2)求出各施工过程所需作业班组数

$$b_1 = \frac{t_1}{K}, b_2 = \frac{t_2}{K}, \cdots, b_i = \frac{t_i}{K}$$

$$\sum b_i = b_1 + b_2 + \cdots\cdots + b_i = \sum t_i/K$$

　　(3)求施工段数

$$m \geqslant \sum b_i + \frac{\sum Z_1}{K} + \frac{\sum Z_2}{K}$$

　　(4)计算工期

$$T = (mr + \sum b_i - 1)K + \sum Z_1 - \sum C$$

式中　　r——施工层;

　　(5)绘制施工进度表

　　表上工期应与计算工期相符。

【实践训练】

课目:成倍流水施工的组织

(一)背景资料

某四层混合结构房屋主体工程,由三个施工过程组成,砌砖墙 4 天,浇圈梁 2 天,吊楼板 2 天,圈梁浇筑后,需养护 2 天,才能吊装楼板,楼板安装完毕后,需要 2 天的时间进行灌缝和弹线工作,才能进行上一层墙体砌筑。

(二)问题

试组织流水施工。

(三)分析与解答

已知:$n=3$,$t_1=4$ 天,$t_2=2$ 天,$t_3=2$ 天,$Z_1=2$ 天,$Z_2=2$ 天,$r=4$。

(1)确定流水步距 K

流水步距 K 取流水节拍的最大公约数,$K=2$ 天;

(2)求出各施工过程所需作业班组数

$b_1=t_1/K=4/2=2$ 队,$b_2=t_2/K=2/2=1$ 队,$b_3=t_3/K=2/2=1$ 队;

$$\sum b_i = b_1 + b_2 + \cdots\cdots + b_i = \sum t_i/K$$

$$=2+1+1=(4+2+2)/2=4 \text{ 队}$$

(3)求施工段数

$$m = \sum b_i + \frac{\sum Z_1}{K} + \frac{\sum Z_2}{K} = 4 + \frac{2}{2} + \frac{2}{2} = 6$$

(4)计算工期

$$T = (mr + \sum b_i - 1)K + \sum Z_1 - \sum C$$

$$=(6 \times 4 + 4 - 1) \times 1 + 2 - 0 = 56 \text{ 天}$$

(5)绘制施工进度表(图 3-20)(图 3-21)

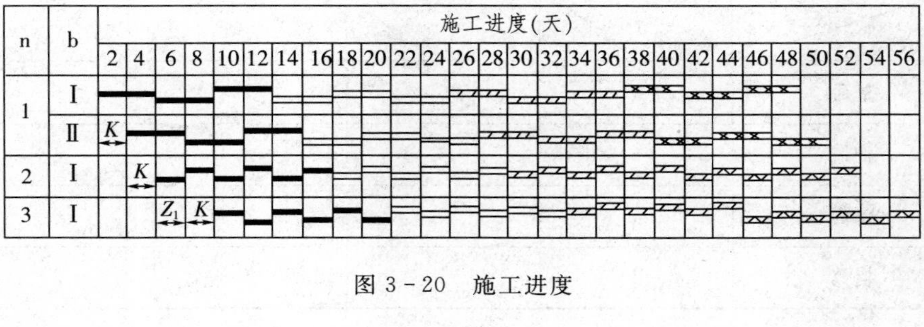

图 3-20 施工进度

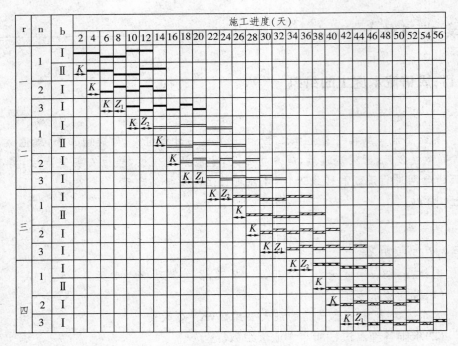

图 3-21 施工进度

三、无节奏流水施工

有时由于各施工段的工程量不等,各施工班组的施工人数又不同,使每一施工过程在各施工段上或各施工过程在同一施工段上的流水节拍无规律性,如表3-8所示。同一施工过程在各施工段上的流水节拍不一定相等,不同施工过程在同一施工段或不同施工段上的流水节拍也不一定相等。这时,组织全等节拍或成倍节拍流水若均有困难,则按无节奏流水组织施工。

组织无节奏流水的基本要求是:各施工班组尽可能依次在各施工段上连续施工,允许有些施工段出现空闲,但不允许多个施工班组在同一施工段交叉作业,更不允许发生工艺顺序颠倒的现象。

表 3-8 无节奏流水施工流水节拍表

n \ t \ m	一	二	三	四
基础	4	6	2	6
砌墙	3	3	2	4
屋面	4	6	2	6
装修	2	3	2	3

1. 无节奏流水流水步距 $K_{i,i+1}$ 的计算

第一步:将每个施工过程的流水节拍逐段相加;

第二步:错位相减;

第三步:取差数之大者作为流水步距。

2. 无节奏流水流水工期的计算

$$T = \sum K_{i,i+1} + T_n + \sum Z - \sum C$$

式中　T_n——最后一个施工过程工作延续时间,或最后一个施工过程,在各施工段上流水节拍之和。

【实践训练】

课目一:计算施工过程之间的流水步距

（一）背景资料

某工程流水段及流水节拍见表 3-8。

（二）问题

计算各施工过程之间的流水步距 $K_{i,i+1}$。

（三）分析与解答

（1）求 $K_{1,2}$

$$
\begin{array}{r}
4 \quad\ 10 \quad\ 12 \quad\ 18 \\
-)\quad\ 3 \quad\ 6 \quad\ 8 \quad\ 12 \\
\hline
4 \quad\ 7 \quad\ 6 \quad\ 10 \quad -12
\end{array}
$$

$K_{1,2} = 10$ 天

被减式:4,4+6=10,4+6+2=12,4+6+2+6=18

减　式:3,3+3=6,3+3+2=8,3+3+2+4=12

（2）求 $K_{2,3}$

$$
\begin{array}{r}
3 \quad\ 6 \quad\ 8 \quad\ 12 \\
-)\quad\ 4 \quad\ 10 \quad\ 12 \quad\ 18 \\
\hline
3 \quad\ 2 \quad -2 \quad\ 0 \quad -18
\end{array}
$$

$K_{2,3} = 3$ 天

被减式:　3,3+3=6,　3+3+2=8,3+3+2+4=12

减　式:　4,4+6=10　4+6+2=12,4+6+2+6=18

（3）求 $K_{3,4}$

$$
\begin{array}{r}
4 \quad\ 10 \quad\ 12 \quad\ 18 \\
-)\quad\ 2 \quad\ 5 \quad\ 7 \quad\ 10 \\
\hline
4 \quad\ 8 \quad\ 7 \quad\ 11 \quad -10
\end{array}
$$

$K_{3,4} = 11$ 天

被减式： 4,4+6＝10   4+6+2＝12,4+6+2+6＝18
减　式： 2,2+3＝5   2+3+2＝7,2+3+2+3＝10

课目二：计算流水步距和工期

(一)背景资料

某工程有 A、B、C 等三个施工过程，施工时在平面上划分四个施工段，每个施工过程在各个施工段上的流水节拍如表 3－9 所示。A 施工队 15 人，B 施工队 20 人，C 施工队 10 人。

表 3-9　流水节拍表

n t m	(一)	(二)	(三)	(四)
A	2	4	3	2
B	3	3	2	2
C	4	2	3	2

(二)问题

试计算流水步距和工期，绘制施工进度表，另绘出劳动力需要量曲线。

(三)分析与解答

解：(1)求流水步距

$$
\begin{array}{r}
2\quad6\quad9\quad11\\
-)\quad\quad 3\quad6\quad8\quad10\\
\hline
2\quad3\quad3\quad3\quad-10
\end{array}
\qquad K_{AB}=3
$$

$$
\begin{array}{r}
3\quad6\quad8\quad10\\
-)\quad\quad 4\quad6\quad9\quad11\\
\hline
3\quad2\quad2\quad1\quad-11
\end{array}
\qquad K_{BC}=3
$$

(1)计算工期

$$T = \sum K_{i,i+1} + T_n + \sum Z - \sum C$$

$$=3+3+(4+2+3+2)+0-0=17 \text{ 天}$$

绘施工进度表(图 3-22)。

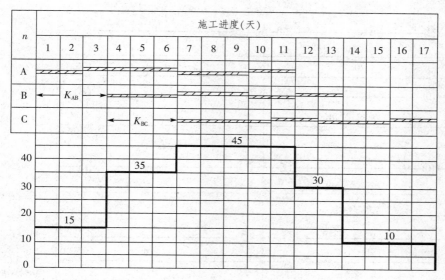

图 3-22 施工进度表

第四节　多层混合结构房屋主体结构的流水施工安排

在当前的建筑中,多层砖混结构房屋占有一定比例,其主体结构是砌砖墙和安装钢筋混凝土楼板两个施工过程,因此施工段数应该是等于或大于 2 而不允许小于 2。通常将房屋平面划分成 2 个或 3 个施工段。每个楼层的砌墙又划分为 2 个或 3 个砌筑层,砌筑层的高度一般为 1.2～1.8m。组织流水施工有以下几种方法:

一、将房屋划分为 2 个施工段,每个楼层的砌墙分 3 个砌筑层

例如:每砌筑层砌墙为 1 个工作日,以此来组织主体结构的流水施工,图 3-23,图 3-24,图 3-25。当瓦工砌完第一施工段砖墙转入第二施工段时,在第一施工段上吊装楼板。

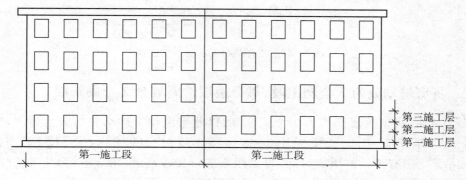

图 3-23　将砖混结构房屋分成 2 个施工段,每个楼层砌墙分为 3 个砌筑层示意图

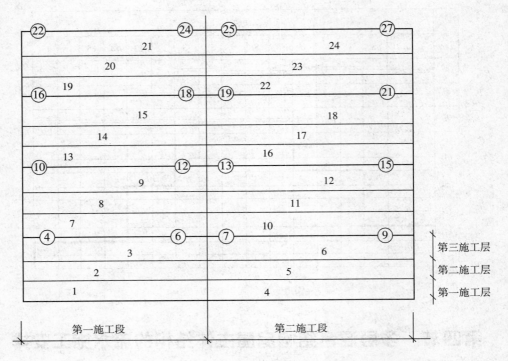

图 3-24 主体结构流水施工示意图

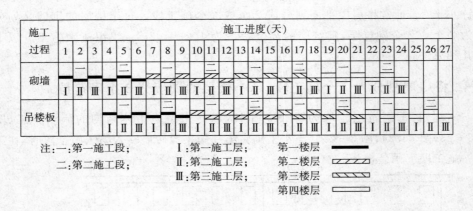

注:一:第一施工段;　　　Ⅰ:第一施工层;　　　第一楼层 ▬▬▬

　　二:第二施工段;　　　Ⅱ:第二施工层;　　　第二楼层 ▨▨▨

　　　　　　　　　　　　Ⅲ:第三施工层;　　　第三楼层 ▨▨▨

　　　　　　　　　　　　　　　　　　　　　　第四楼层 ▭▭▭

图 3-25 主体结构流水施工进度表

二、将房屋划分为3个施工段,每个楼层的砌墙分2个砌筑层

例如:每砌筑层砌墙为1个工作日,以此来组织主体结构的流水施工,图3-26,图3-27,图3-28。从图3-27及图3-28中可以看出,每一施工段当楼板吊装完后有2天的闲置时间,可以用来进行楼板灌缝、沿墙嵌、弹线等工作。另外,如果由于某种原因影响了某一工序进度时,也可用来起调节作用。

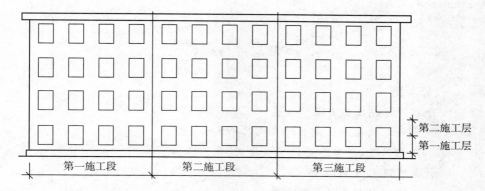

图 3-26 将砖混结构房屋分成 3 个施工段,每个楼层砌墙分为 2 个砌筑层示意图

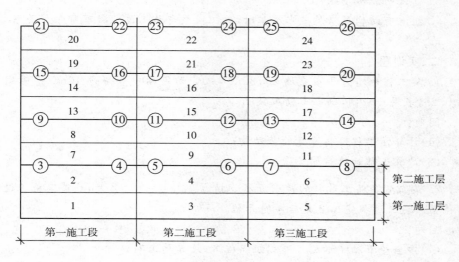

图 3-27 主体结构流水施工示意图

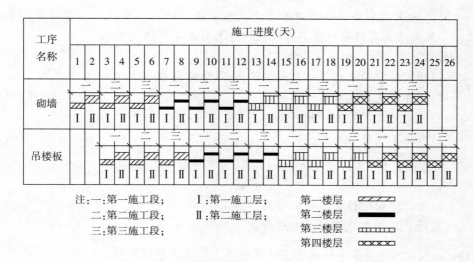

注:一:第一施工段;　Ⅰ:第一施工层;　　第一楼层 ▨▨▨

　　二:第二施工段;　Ⅱ:第二施工层;　　第二楼层 ▰▰▰

　　三:第三施工段;　　　　　　　　　　　第三楼层 ▥▥▥

　　　　　　　　　　　　　　　　　　　　第四楼层 ▨▨▨

图 3-28 主体结构流水施工进度表

一、思考题

1. 组织流水施工应具备哪些条件?
2. 流水施工的优点主要表现在哪几个方面?
3. 划分施工段,通常应遵循哪些原则?
4. 什么叫流水节拍?
5. 流水节拍有哪几种计算方法?
6. 什么叫流水步距?
7. 组织有结构层房屋流水施工时,施工段数与施工过程数有哪几种关系?

二、实训题

1. 某工程外墙为马赛克墙面 $725m^2$,从劳动定额中查得每 $10m^2$ 产量定额为 0.29,采用一班制,每班出勤人数 25 人。

问题:

(1)计算该工程贴马赛克的劳动量;

(2)计算工作延续时间。

2. 某工程各施工过程的最小流水节拍为: $t_1 = t_2 = t_3 = 2$ 天,且第二施工过程需待第一施工过程完工 2 天后才能开始。

问题:

(1)按全等节拍流水施工形式组织施工,计算总工期。

(2)绘施工进度表。

3. 已知某工程各施工过程的最小流水节拍为: $t_1 = 3$ 天, $t_2 = 2$ 天, $t_3 = 1$ 天,且第二施工过程需待第一施工过程完工 2 天后才能开始。

问题:

(1)按成倍节拍流水施工形式组织施工,计算流水步距;

(2)计算各施工过程工作队数;

(3)确定施工段数及计算总工期;

(4)绘施工进度表。

4. 已知 $t_1 = 2$ 天, $t_2 = 1$ 天, $t_3 = 3$ 天,共有两个施工层。

问题:

(1)适宜组织何种流水施工形式?

(2)计算总工期并绘施工进度表。

5. 表 3-10 为某工程各施工过程在施工段上的持续时间。

表 3-10   某工程流水节拍一览表

t n \ m	一	二	三	四
1	4	3	1	2
2	2	3	4	2
3	3	4	2	1
4	2	4	3	2

问题：

(1)适宜组织何种流水施工形式？

(2)计算流水步距和总工期。

(3)绘施工进度表。

6. 某一基础工程，已知条件见表 3-11，试分成四个施工段，组织等节拍流水施工。

表 3-11   某基础工程施工进度表

工序	总工程量	单位	时间定额	各施工段工程量	劳动量	工人数	流水节拍	施工进度(天)
挖土、垫层	460	m^3	0.51					
扎钢筋	10.5	t	7.8					
浇混凝土	150	m^3	0.83					
砖基、回填	180	m^3	1.45					

问题：

(1)完善表中各参数。

(2)绘施工进度表。

7. 某三层全现浇钢筋混凝土工程，已知施工过程及流水节拍分别为：支模板 6 天，扎钢筋 3 天，浇混凝土 3 天。层间技术间歇 3 天(即浇筑混凝土后在其上支模的技术要求)。

问题：

(1)确定流水步距，施工段数。

(2)计算该工程的工期和绘制流水施工进度表。

8. 某混合结构房屋，其基础工程和底层砖墙的有关参数见表 3-12，由施工组织要求：①两工序共用一台砂浆搅拌机，产量定额 $S=21.3m^3$ 砌体/台班，且工作利用系数 $K=0.8$；②标准砖每天供应量不超过 1.5 万块(标准砖耗用量 528 块/m^3)；③每工序工人数不限，即不考虑最小工作面和最小劳动组合。

问题：

划分三个施工段，组织等节拍流水施工，完成下面施工进度表中的有关内容。

表 3-12　某基础工程施工进度表

工序	总工程量	单位	时间定额	每天工人数	流水节拍	施工进度(天)
砖基础	46.08	m³	1.25			
砌砖墙	100.2	m³	0.84			

9. 某分部工程由支模板、绑钢筋、浇混凝土三个施工过程组成,该工程在平面上划分为三个施工段组织流水施工。各施工过程在各个施工段上的持续时间均为 4d。

问题:

(1)根据该工程持续时间的特点,可按哪种流水施工方式组织施工? 简述该种流水施工方式的组织过程。

(2)该工程项目流水施工的工期应为多少天?

(3)若工作面允许,每一段绑钢筋均提前一天进入施工,该流水施工的工期应为多少天?

10. 某住宅共有四个单元,划分为四个施工段,其基础工程的施工过程分为:①土方开挖;②铺设垫层;③绑扎钢筋;④浇捣混凝土;⑤砌筑砖基础;⑥回填土。各施工过程的工程量、每一工日(或台班)的产量定额、专业工作队人数(或机械台数)如表 3-13 所示,由于铺设垫层施工过程和回填土施工过程的工程量较少,为简化流水施工的组织,将垫层与回填土这两个施工过程所需要的时间作为间歇时间来处理,各自预留 1d 时间。浇捣混凝土与砌基础墙之间的工艺间歇时间为 2d。

问题:

(1)计算该基础工程各施工过程在各施工段上的流水节拍和工期,并绘制流水施工的横道计划。

(2)如果该工程的工期为 18d,按等节奏流水施工方式组织施工,则该工程的流水节拍和流水步距应为多少?

表 3-13　某工程工程量一览表

施工过程	工程量	单位	产量定额	人数(台数)
挖土	780	m³	65	1 台
垫层	42	m³	—	—
绑扎钢筋	10800	Kg	450	2
浇混凝土	216	m³	1.5	12
砌墙基	330	m³	1.25	22
回填土	350	m	—	—

11. 某建设工程由三幢框架结构楼房组成,每幢楼房为一个施工段,施工过程划分为基础工程、主体结构、屋面工程、室内装修和室外工程 5 项,基础工程在

各幢的持续时间为 6 周、主体结构在各幢的持续时间为 12 周、屋面工程在各幢的持续时间为 3 周、室内装修在各幢的持续时间为 12 周、室外装修在各幢的持续时间为 6 周。

问题：

（1）为了加快施工进度，在各项资源供应能够满足的条件下，可以按何种方式组织流水施工？该流水施工方式有何特点？

（2）如果资源供应受到限制，不能加快施工进度，该工程应按何种方式组织流水施工？

12. 某商品住宅小区一期工程共有八栋混合结构住宅楼，其中四栋有 3 个单元，其余四栋均有 6 个单元，各单元方案基本相同，一个单元基础的施工过程和施工时间见表 3 - 14。

表 3 - 14   某商品住宅基础工程施工时间一览表

施工过程	挖土	垫层	钢筋浇混凝土基础	砖砌条形基础	回填土
施工时间（d）	3	3	4	4	2

问题：

（1）简述组织流水施工时，施工段划分的基本原则。

（2）根据施工段划分的原则，如拟对该工程组织成倍节拍流水施工，应划分成几个施工段？

（3）试按成倍节拍流水施工方式组织施工并绘制流水施工横道计划。

13. 有一个三跨工业厂房的地面工程，施工过程分为：地面回填土并夯实；铺设道渣垫层；浇捣石屑混凝土面层。各施工过程在各跨的持续时间如表 3 - 15 所示。

表 3 - 15   工业厂房的地面工程施工持续时间一览表

序号	施工过程	施工时间（d）		
		A 跨	B 跨	C 跨
1	填土夯实	3	4	6
2	铺设垫层	2	3	4
3	浇混凝土	2	3	4

问题：

（1）根据该项目流水节拍的特点，可以按何种流水施工方式组织施工？

（2）确定流水步距和工期。

第四章 网络计划技术

【内容要点】

1. 双代号网络图的基本概念,绘制要求和方法及时间参数计算;
2. 双代号时标网络图的基本概念,绘制要求和方法及时间参数判读;
3. 网络图的优化。

【知识链接】

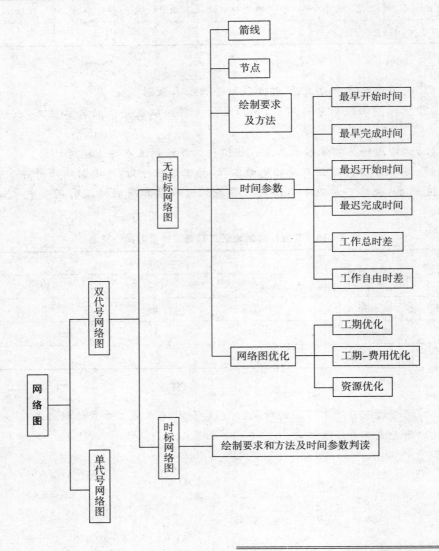

第一节　概　述

20世纪50年代中后期在美国发展起来两种新的计划管理方法——关键线路法(又叫肯定型网络计划技术)(代号 CPM)和计划评审法(又叫非肯定型网络计划技术或计划协调技术)(代号 PERT),60年代中期由华罗庚教授介绍到我国。

网络计划方法出现以后,在桥梁、隧道、水坝、建筑、公路,电站,导弹基地,钢铁工业,化学工业等方面都获得了良好的效果,特别适用于建筑施工的组织与管理。从国内外的情况看,应用这种方法最多的还数建筑施工单位,它既是一种科学的计划方法,又是一种有效的生产管理方法,那么它有哪些优点呢?

网络计划法作为一种计划的编制与表达方法与我们流水施工中介绍的横道图具有同样的功能。对一项工程的施工安排,用这两种计划方法中的任何一种都可以把它表达出来,成为一定形式的书面计划。但是由于表达形式不同,它们所发挥的作用也就各具特点。

横道图以横向线条结合时间坐标来表示工程各工序的施工起迄时间和先后顺序,整个计划由一系列的横道组成,而网络计划则是以加注作业持续时间的箭线(双代号表示法)和节点组成的网状图形来表示工程施工的进度。

例如,有一项分三段施工的钢筋混凝土工程,用两种不同的计划方法表达出来,内容虽完全一样,但形式却各不相同(见图 4-1 及图 4-2)。

施工过程	人数	施工进度(天)										
		1	2	3	4	5	6	7	8	9	10	11
支模板	5	一段			二段		三段					
扎钢筋	8				一段			二段		三段		
浇混凝土	5									一段	二段	三段

图 4-1　横道计划

横道计划的优点是较易编制、简单、明了、直观,易懂。因为有时间坐标,各项工作的施工起迄时间、作业持续时间、工作进度、总工期,以及流水作业的情况等都表示得清楚明确,一目了然,对人力和资源的计算也便于据图迭加。它的缺点主要是不能全面地反映出各工序相互之间的关系和影响,不便进行各种时间计算,不能客观地突出工作的重点(影响工期的关键工序),也不能从图中看出计划中的潜力及其所在,不能电算及优化。这些缺点的存在,对改进和加强施工管

[想一想]

1. 横道计划有哪些优缺点?

2. 网络计划有哪些优缺点?

理工作是不利的。

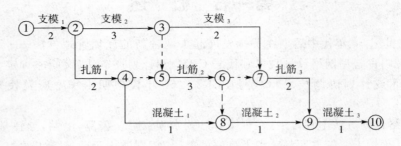

图 4-2　网络计划

网络计划的优点是：

(1)能把工程项目中各施工过程组成一个有机的整体,因而能全面而明确地反映出各工序之间的相互制约和相互依赖的关系。

(2)可以进行各种时间计算,能在工序繁多、错综复杂的计划中找出影响工程进度的关键工序,便于管理人员集中精力抓施工中的主要矛盾,确保按期竣工,避免盲目抢工。

(3)能够从许多可行方案中,选出最优方案。

(4)利用网络计划中反映出来的各工序的机动时间,可以更好地运用和调配人力与设备,节约人力、物力,达到降低成本的目的。

在计划的执行过程中,当某一工序因故提前或拖后时,能从计划中预见到它对其他工序及总工期的影响程度,便于及早采取措施以充分利用有利的条件或有效地消除不利的因素。

此外,它还可以利用现代化的计算工具——电子计算机对复杂的计划进行计算,调整与优化。它的缺点是从图上很难清晰地看出流水作业的情况,也难以根据一般网络图算出人力及资源需要量的变化情况。

[想一想]
网络计划管理方法有哪两个起源?

这些方法有两个起源:其一是关键线路法,美国杜邦公司 1957 年 1 月用于新工厂建设的研究工作。1958 年初他们把这种方法实际应用于价值 1000 万美元的建厂工作的计划安排,接着,又用此法编制了一个 200 万美元的施工计划。从这两个计划的编制与执行中已初步看出了这种方法的潜力,以后再把此法应用于设备检修工程取得了巨大的成就,使设备因维修而停产的时间由过去的 125 小时缩短到 74 小时。杜邦公司采用此法安排施工和维修等计划仅一年时间就节约了近 100 万美元,因而关键线路法在杜邦公司开始顺利地发展起来了。其二是计划评审法。在美国海军部研制北极星导弹时,由于对象的复杂性,导致已有的工业管理方法无能为力,因而征求办法,这样就出现了计划评审法。此法应用后,效果极佳,使导弹制造时间缩短了三年,并节约了大量资金。因此,1962 年美国国防部规定,凡承包有关工程的单位都需要采用这种方法来安排计划。

这两种方法创造出来之后,由于效果显著,各行各业都广为采用,并引起英国、法国、日本,前苏联、罗马尼亚、捷克、西德和加拿大等国的重视。在推广和应用此法的过程中,不同的行业和国家都结合各自的特点和需要进行了发展和改进,以致在形态与方法上变化繁多,但其基本原理仍属同一渊源。

我国建设部 1991 年颁发了行业标准《工程网络计划技术规程》(JGJ/
T1001—91),于 1992 年 7 月 1 日起在全国建筑行业推广施行。例如:广州白天
鹅宾馆工程,工期提前 4.5 月,多盈利约 500 万元,仅利息就节约 1000 万港元;广
州东方宾馆改建工程,工期提前 200 多天,为国家提前创汇 400 多万元;河南平
顶山帘子布厂工程,工期缩短 40%。建设部于 1999 年对《工程网络计划技术规
程》(JGJ/T1001—91)进行了修订,1999 年 8 月 4 日颁发了行业标准《工程网络
计划技术规程》(JGJ/T121—99),于 2000 年 2 月 1 日起施行。

第二节 网络图

一、网络图的概念

网络图是由箭线和节点组成的、用来表示工作流程的有向、有序网状图形。

它是表示整个计划中各道工序(或工作)的先后次序和所需要时间的网状
图,又称工艺流线图或叫箭头图。它由若干带箭头的线段和节点(圆圈、方形或
长方形)组成。

例如某宿舍屋面防水工程,找平层 2 天,防水层 2 天,保护层 1 天,依次施工,
绘成简单网络图。如图 4-3a 所示。网络图中各部分的名称.如图 4-3b 所示。

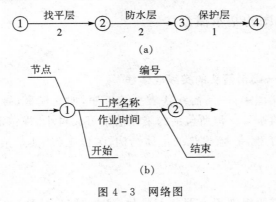

图 4-3 网络图

二、网络图的分类

(一)双代号网络图

双代号网络图,是以节点及其两端编号表示工作,以
箭线表示工作之间逻辑关系的网络图。工作时间写在箭
线下面,工作名称写在箭线上面,在箭线前后的衔接处画
上节点,并以节点编号 i、j 代表一项工作,如图 4-4 所示。

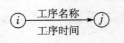

图 4-4

[问一问]

能否用箭线表示工作?

(二)单代号网络图

以节点及其编号表示工作,以箭线表示工作之间的逻辑关系的网络图称为

单代号网络图。即每一个节点表示一项工作,节点宜用圆圈或矩形表示。节点表示的工作名称、持续时间和工作代号等标注在节点内(图 4-5)。箭线应画成水平直线、折线或斜线。箭线水平投影的方向应自左向右,表示工作的进行方向。

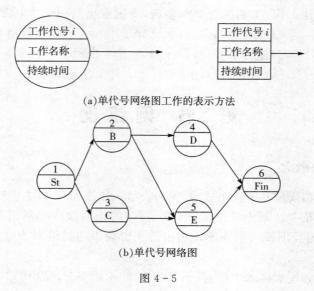

(a)单代号网络图工作的表示方法

(b)单代号网络图

图 4-5

三、双代号网络图的基本概念

(一)箭线

1. 网络图中一端带箭头的实线叫箭线

在双代号网络图中,一条箭线代表一道工序,如支模板,绑钢筋,浇混凝土,拆模板、砌墙、吊楼板等。但所包括的工作范围可大可小,视情况而定,故也可用来表示一项分部工程,一幢建筑的主体结构,装修工程,甚至某一建筑物的全部施工过程。

2. 工作

计划任务按需要粗细程度划分而成的、消耗时间或同时也消耗资源的一个子项目或子任务叫工作,一项工作又叫一道工序或一个施工过程。一道工序都要占用一定的时间,一般都要消耗一定的资源(如劳动力,材料,机具设备等)。因此,凡是占用一定时间的过程,都应作为一道工序看待。例如,混凝土养护工作,这是由于技术上的需要而引起的间歇等待时间,在网络图中也应用一条箭线来表示。

3. 在无时标网络图中,箭线的长短并不反映该工序占用时间的长短

什么叫时标网络图,时标网络图中箭线的长度代表该工序施工天数,又叫日历网络计划或水平图表形式的网络计划。在时标网络图中,箭线长,表示该工序施工持续天数多;箭线短,表示该工序施工持续天数少。

在无时标网络图中,原则上讲,箭线的形状怎么画都行,可以是水平直线,也可以画成折线,曲线或斜线,但是不得中断。在同一张网络图上,箭线的画法要求统一,图面要求整齐醒目,最好都画成水平直线或带水平直线的折线。

4. 箭线方向

箭线所指的方向表示工序进行的方向,箭线的箭尾表示该工序的开始,箭头表示该工序的结束,一条箭线表示工序的全部内容。工序的名称应标注在箭线水平部分的上方,工序的持续时间(也称作业时间)则标注在下方,如图4-3(a)、(b),图4-4。

5. 平行工作(又叫平行工序),紧前工作(又叫紧前工序),紧后工作(又叫紧后工序),本工作(又叫本工序)

两道工作(工序)前后连续施工时,代表两道工作(工序)的箭线也前后连续画下去,工程施工时还常出现平行工作(工序),平行的工作其箭线也应平行的绘制,如图4-6。就某工作(工序)而言,紧靠其前面的工作(工序)叫做紧前工作(工序),紧靠其后面的工作(工序)叫紧后工作(工序),与之平行的叫做平行工作(工序),该工作(工序)本身则可叫做"本工作(工序)"。

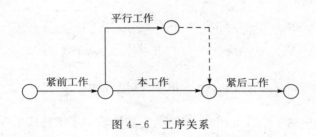

图4-6 工序关系

6. 虚箭线

[想一想]

1. 什么叫无时标网络图?

2. 实箭线与虚箭线代表的含义有何不同?

在双代号网路图中,除有表示工作的实箭线外,还有一种带箭头的虚线,称为虚箭线,它表示一个虚工作。虚工作是虚拟的,工程中实际并不存在,因此它没有工作名称,不占用时间,不消耗资源,它的主要作用是在网络图中解决工作之间的连接关系问题。有关虚工作的性质、作用将在以后详细论述,虚工作的表示方法见图4-7。

图4-7 虚工作的表示方法

(二)节点

1. 节点就是网络图中两道工序的交接之点,用圆圈表示。在有的书上,也把接点称为"事件"。双代号网络图中的节点一般是表示前一道工序的结束,同时也表示后一道工序的开始。

2. 箭线尾部的节点称箭尾节点,箭线头部的节点称箭头节点;前者又称开始节点,后者又称结束节点,如图4-8。

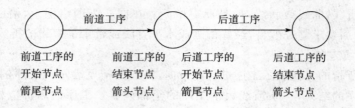

图 4－8

3. 节点仅为前后两道工序交接之点,只是一个"瞬间"它既不消耗时间也不消耗资源。

4. 在网络图中,对一个节点来讲,可能有许多箭线通向该节点,这些箭线就称为内向箭线(或内向工序),同样也可能有许多箭线由同一节点出发,这些箭线就称为外向箭线(或外向工序),如图 4－9。

(a)内向箭线　　　　　　(b)外向箭线

图 4－9

[想一想]

节点可否用方框表示?

5. 网络图中第一个节点叫起点节点,它意味着一项工程或任务的开始;最后一个节点叫终点节点,它意味着一项工程或任务的完成,网络图中的其他节点称为中间节点。

(三)节点编号

1. **工序的代号**

一道工序是用一条箭线和两个节点来表示的,为了使网络图便于检查和计算,所有节点均应统一编号,一条箭线前后两个节点的号码就是该箭线所表示的工序的代号。因此,一道工序用两个号码来表示,如图 4－10(a)中工序的代号就是③→④,(b)中工序的代号就是 $i \rightarrow j$。

图 4－10

2. **编号的基本原则**

(1)每一工序的箭头编号必须大于箭尾编号

如图 4－11。

不正确

正确

图 4 - 11

（2）在同一网络图中，不允许出现重复编号

对网络图进行编号的作用，主要是能区别工序，如果出现重复编号，可能出现编号相同的工序，如图 4 - 12。从而引起识别工序的混乱，因为一对编号只能表示一个唯一的工序，不然会给计划执行者造成困难。

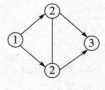

图 4 - 12

3. 编号方法

（1）顺箭杆编号

在一个网络图中，节点编号应从小到大，按箭头方向从左到右逐个节点顺序进行编号。先编工序的起始节点，后编工序的终点节点，随编随调整和校对。

（2）编号不必连续

为了考虑到可能在网络图中会增添或改动某些工序，所以，在节点编号时，可预留有备用节点编号（空出若干编号），即在一个网络图中的节点编号无须连续。这样可便于今后对编号进行调整，避免以后由于在网络图中部增加一个或几个工序而改动整个网络图的节点编号。

（四）虚工作（工序）及其应用

虚工作又叫虚工序。双代号网络计划中，只表示前后相邻工作之间的逻辑关系，既不占用时间，也不耗用资源的虚拟的工作称为虚工作。虚工作用虚箭线表示，其表达形式可垂直方向向上或向下，也可水平方向向右，如图 4-7 所示，虚工作起着联系、区分、断路三个作用。

1. 联系作用

虚工作不仅能表达工作间的逻辑连接关系，而且能表达不同幢号的房间之间的相互联系。例如，工作 A、B、C、D 之间的逻辑关系为；工作 A 完成后可同时进行 B、D 两项工作，工作 C 完成后进行工作 D。不难看出，A 完成后，其紧后工作为 B、D，A、C 完成后，其紧后作为 D，很容易表达，但 D 又是 A 的紧后工作，为

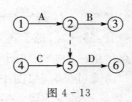

图 4 - 13

把 A 和 D 联系起来，必须引入虚工作②→⑤，逻辑关系才能正确表达，如图 4 - 13 所示。

2. 区分作用

双代号网络计划是用两个代号表示一项工作。如果两项工作用同一代号，则不能明确表示出该代号表示哪一项工作。

因此,不同的工作必须用不同代号。如图 4-14 中(a)图出现"双同代号"是错误的,(b)、(c)图是两种不同的区分方式,(d)图则多画了一个不必要的虚工作。

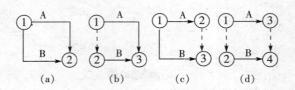

图 4-14

[问一问]
在网络图中虚工作有何作用?

3. 断路作用

如图 4-15 所示为某基础工程挖基槽、垫层、砌砖基础、回填土四项工作的流水施工网络图。该网络图中出现了挖基槽 2 与砖基础 1,垫层 2 与回填土 1,挖基槽 3 与基础 2、回填土 1,垫层 3 与回填土 2 等四处把并无联系的工作联系上了,即出现了多余联系的错误。

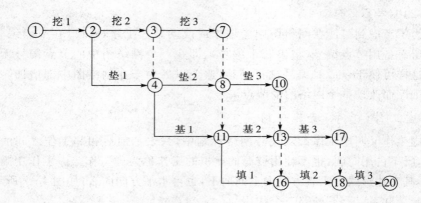

图 4-15

对图 4-15 进行修改,如图 4-16 所示,增加了 4 个虚箭线④→⑤,⑧→⑨,⑪→⑫,⑬→⑭,把上述 4 处不应有的联系进行了断开。但该网络图有多处多余节点。进一步整理如图 4-17 把多余节点去掉。

由此可见,网络图中虚工作是非常重要的,但在应用时要恰如其分,不能滥用,以必不可少为限。另外,增加虚工作后要进行全面检查,不要顾此失彼。

(五)线路和关键线路

1. 线路

网络图中从起点节点开始,沿箭头方向顺序通过一系列箭线与节点,最后达到终点节点的通路称为线路。在一个网络图中,从起点节点到终点节点,一般都存在着许多条线路,如图 4-18 中有五条线路,每条线路都包含若干项工作,这些

工作的持续时间之和就是该线路的时间长度,即线路上总的工作持续时间。图
4-18中五条线路各自的总时间见表4-1。

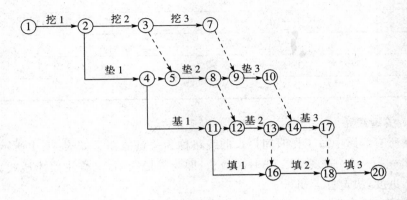

图 4-16

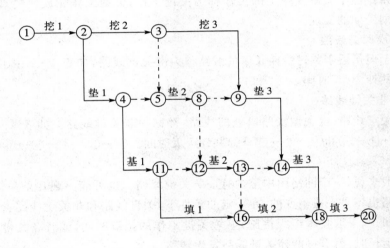

图 4-17

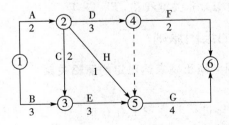

图 4-18

表 4-1　网络图线路

序号	线路	总持续时间（天）
1	①→②→④→⑥	7
2	①→②→③→⑤→⑥	11
3	①→②→⑤→⑥	7
4	①→②→④→⑤→⑥	9
5	①→③→⑤→⑥	10

2. 关键线路

在所有线路中总工作时间最长的线路称为关键线路。如表 4-1 所示，线路①→②→③→⑤→⑥总的工作时间最长，即为关键线路，又称主要矛盾线。它控制施工进度，决定总工期。

在施工过程中，关键线路上的工序时间拖延或提前，则工程最后完成日期也必然延缓或提前。关键线路在网络图上一般用双线、粗线或红线标出，以区别于其他线路。位于关键线路上的工作称为关键工作，关键工作完成快慢直接影响整个计划工期的实现。

3. 次关键线路

短于但接近于关键线路长度的线路称为次关键线路，如表 4-1 中①→③→⑤→⑥共计 10 天时间。

4. 非关键线路

除关键线路、次关键线路以外的线路，都称为非关键线路。如表 4-1 中的①→②→④→⑥和①→②→⑤→⑥共计 7 天时间。①→②→④→⑤→⑥，共计 9 天时间。

一般来说，一个网络图中至少有一条关键线路。也可能出现几条关键线路，关键线路也不是一成不变的，在一定的条件下，关键线路和非关键线路会相互转化。例如，当采取技术组织措施，缩短关键工作的持续时间，或者非关键工作持续时间延长时，就有可能使关键线路发生转移。

[想一想]

关键线路有何意义?

例如图 4-18 的网络计划中，工序①→③的工作时间，由原来的 3 天延长为 6 天，则非关键线路①→③→⑤→⑥变为关键线路，$T=13$ 天。而关键线路①→②→③→⑤→⑥变为非关键线路，$T=11$ 天。

四、双代号网络图的绘图原则

1. 双代号网络图必须正确表达已定的逻辑关系

（1）逻辑关系

逻辑关系是指工作进行时客观上存在的一种先后顺序关系，在表示建筑施工计划的网络图中，根据施工工艺和施工组织的要求，应正确反映各道工序之间的相互依赖和相互制约的关系，这也是网络图与横道图的最大不同之点。各工序间的逻辑关系是否表示得正确，是网络图能否反映工程实际情况的关键。如果逻辑关系错了,网络图中各种参数的计算就会发生错误,关键线路和工程的总工期跟着也将发生错误。

要画出一个正确地反映工程逻辑关系的网络图,首先就要搞清楚各道工序之间的逻辑关系,也就是要具体解决每个工序的下面三个问题:

①该工序必须在哪些工序之前进行?

②该工序必须在哪些工序之后进行?

③该工序可以与哪些工序平行进行?

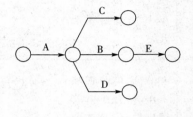

图4-19中,就工序B而言,它必须在工序E之前进行,是工序E的紧前工序,工序B必须在工序A之后进行,是工序A的紧后工序,工序B可以与工序C和D平行进行,是工序C和D的平行工序。这种严格的逻辑

图4-19

关系,必须根据施工工艺和施工组织的要求加以确定,只有这样才能逐步地按工序的先后次序把代表各工序的箭线连接起来,绘制成一张正确的网络图。

(2)常见网络图的逻辑关系表示方法

见表4-2。

表4-2 网络图的逻辑关系表

序号	工作之间逻辑关系	网络图中的表示方法	说　明
1	有A、B两项工作按照依次施工方式进行		B工作前面有A工作,A工作结束,B工作开始
2	有A、B、C三项工作同时开始工作		A、B、C三项工作称为平行工作
3	有A、B、C三项工作,同时结束		A、B、C三项工作称为平行工作
4	有A、B、C三项工作,只有在A完成后,B、C才能开始		A工作制约着B、C工作的开始,B、C为平行工作

序号	工作之间逻辑关系	网络图中的表示方法	说　明
5	有 A、B、C 三项工作，C 工作只有在 A、B 完成后才能开始	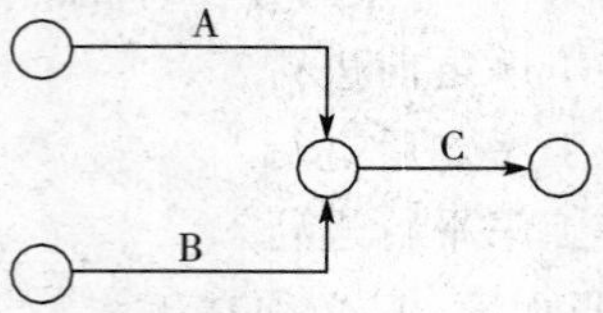	C 工作依赖者 A、B 工作，A、B 为平行工作
6	有 A、B、C、D 四项工作，只有在 A、B 完成后，C、D 才能开始	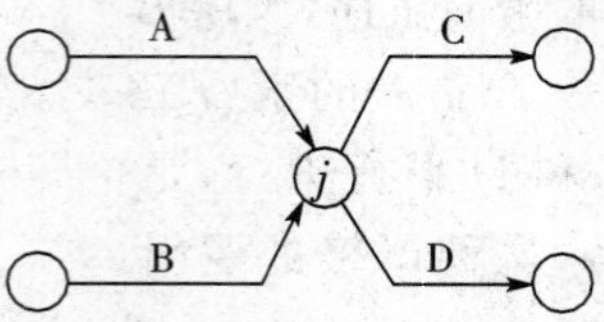	通过节点 j 正确的表达了 A、B、C、D 之间的关系
7	有 A、B、C、D 四项工作，A 完成后 C 才能开始，A、B 完成后 D 才开始。	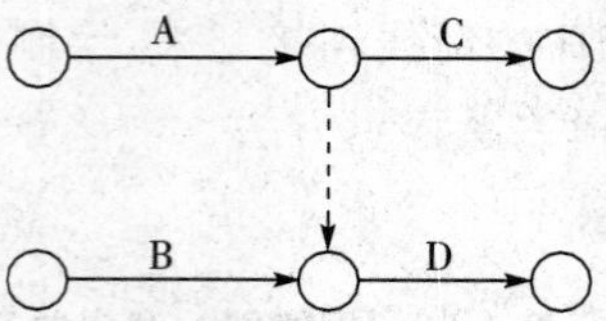	D、A 之间引入了逻辑连接（虚工作），只有这样才能正确表达他们之间的约束关系
8	有 A、B、C、D、E 五项工作，A、B 完成后，C 才能开始，B、D 完成后 E 开始	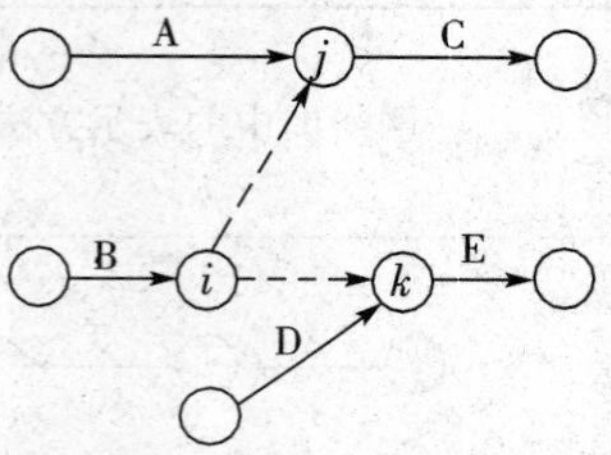	虚工作 $i{\rightarrow}j$ 反映出 C 工作受到 B 工作的约束，虚工作 $i{\rightarrow}k$ 反映出 E 工作受到 B 工作的约束
9	有 A、B、C、D 四项工作，A、B、C 完成后，D 才能开始，B、C 完成后，E 才能开始	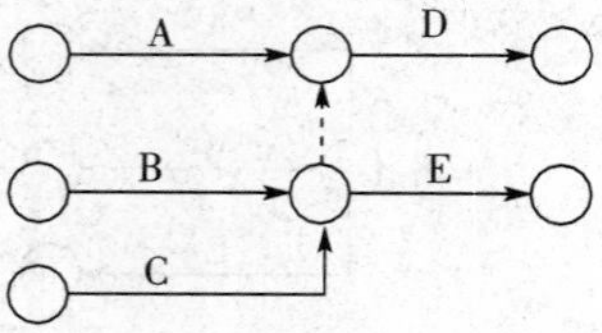	
10	A、B 两项工作分三个施工段，流水施工	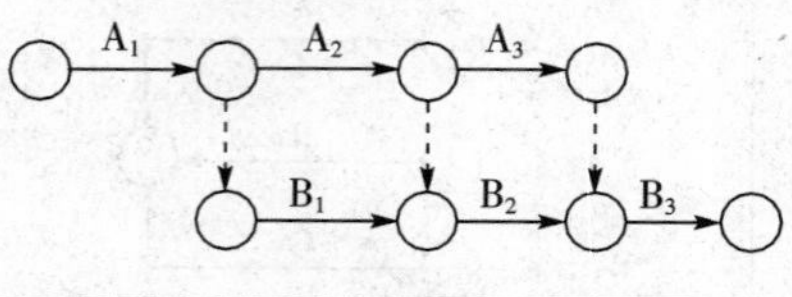	按施工段排列
11	A、B 两项工作分三个施工段，流水施工	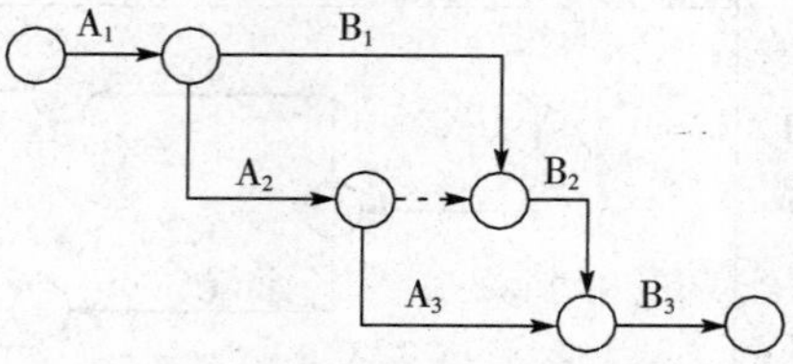	按施工过程排列

2. 网络图中不允许出现循环线路

在网络图中如果从一个节点出发顺着某一线路又能回到原出发点,这种线路就称作循环线路。例如图4-20中的②→③→⑤→②和④→⑤→②→④就是循环线路,它表示的逻辑关系是错误的,在工艺顺序上是相互矛盾的。

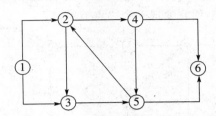

图4-20 循环线路是逻辑错误

3. 在网络图中不允许出现代号相同的箭线

网络图中每一条箭线都各有一个开始节点和结束节点的代号,号码不得重复,一道工序只能有唯一的代号。

例如:图4-21(a)中的两条箭线在网络图中表示两道工序,但其代号均为①→②,这就无法分清①→②究竟是代表哪道工序。这种情况正确的表示方法应该增加一个节点和一条虚箭线,如图4-21(b)所示。

[想一想]

1. 绘制网络图时如何确定工序之间的逻辑关系?

2. 逻辑关系与施工顺序有何区别和联系?

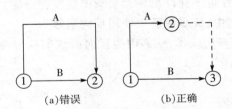

图4-21 两道工序的错误和正确表示方法

4. 在一个网络图中只允许有一个起点节点

在一个网络图中,除起点节点外,不允许再出现没有内向箭线的节点。例如,图4-22(a)所示的网络图中出现了两个没有内向箭线的节点①、②,这是不允许的。如果遇到这种情况,最简单的办法就是像图4-22(b)那样,用虚箭线把①、②连接起来,使之变成一个起点节点。

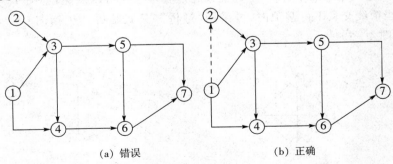

图4-22 只允许有一个起点节点

5. 在网络图中只允许出现一个终点节点

在一个网络图中,除终点节点外,一般不允许出现没有外向箭线的节点(多目标网络图除外)。例如,图4-23(a)所示的网络图中出现了两个没有外向箭线的节点⑥、⑦,这是不允许的。如果遇到这种情况,最简单的办法就是增加虚箭线,像图4-23(b)那样,使它变成一个终点节点。

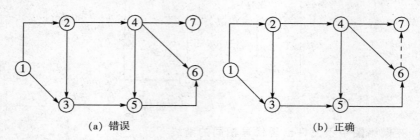

(a) 错误   (b) 正确

图4-23 只允许出现一个终点节点

6. 在网络图中不允许出现有双向箭头或无箭头的线段

用于表示建筑工程计划的网络图,是一种有向图,是沿着箭头指引的方向前进的,因此,一条箭线只能有一个箭头,不允许出现有双向箭头的箭线,如图4-24的④→⑤工序,同样也不允许出现无箭头的线段②→③。

7. 在一个网络图中,应尽量避免使用反向箭线

如图4-25中的虚箭线④→⑦,因为反向箭线容易发生错误,可能会造成循环线路。

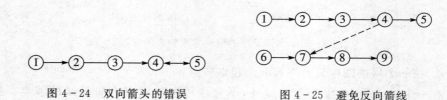

图4-24 双向箭头的错误   图4-25 避免反向箭线

8. 网络图中交叉箭线的处理方法

[想一想]

网络图中为什么不允许出现无箭头的线段?

在一个箭线较多的网络图中,经常会出现箭线交叉现象如图4-26。箭线交叉的原因之一是布局不合理,这种交叉经过整理完全可以避免,如图4-27,图4-28。当箭线交叉不可避免时,可采用"过桥"(又叫暗桥)或"指向"等办法来处理。如图4-29。

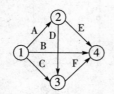 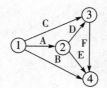

图4-26 交叉箭线   图4-27 交叉箭线的整理

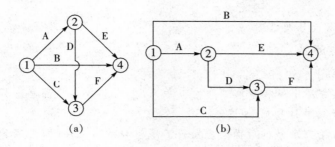

图4-28 交叉箭线的整理

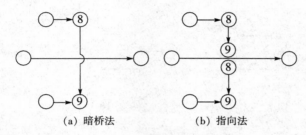

(a) 暗桥法   (b) 指向法

图4-29 交叉箭线的处理方法

五、网络图的绘制步骤

1. 绘草图

绘草图时,主要是满足工序的逻辑关系。

2. 整理网络图

整理网络图时,主要是避免箭线交叉,把所有的箭线尽量画成水平线或带水平线的折线,尽量减少虚工序及节点的数量。

【实践训练】

课目一:绘制双代号网络图

(一)背景资料

某工程工序名称及紧前工序见下表4-3。

表4-3 某工程工序名称、工序时间一览表

工序名称	A	B	C	D	E	F	G	H	I	J	K
紧前工序	—	A	A	B	B	E	A	D、C	E	F、G、H	I、J
工序时间	2	3	4	2	5	3	2	6	1	2	1

(二)问题

试绘制双代号网络图。

(三)分析与解答

(1)绘草图

第一步:先画出没有紧前工序的工序 A,在工序 A 的后面画出紧前工序为 A 的各工序,即工序 B 和 C,如图 4-30。

第二步:在工序 B 的后面画出紧前工序为 B 的各工序,即工序 D 和 E。在工序 E 的后面画出紧前工序为 E 的工序 F,如图 4-31。

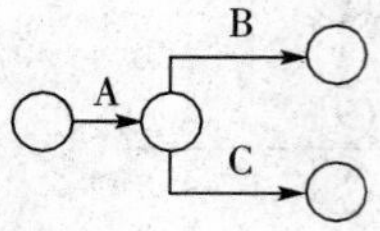

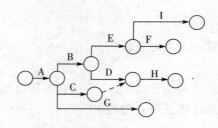

图 4-30 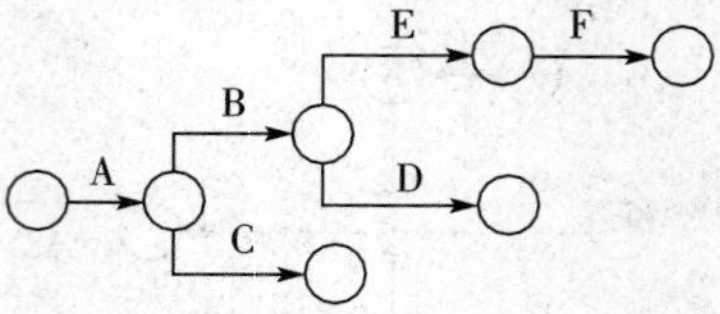   图 4-31

第三步:在工序 A 的后面画出紧前工序为 A 的工序 G,在工序 D、C 的后面画出紧前工序为 D、C 的 H,在工序 E 的后面画出紧前工序为 E 的工序 I,如图 4-32。

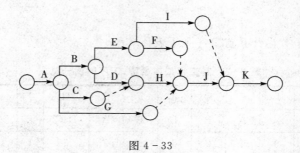

图 4-32

第四步:在工序 F、G、H 的后面画出紧前工序为 F、G、H 的工序 J,在工序 I、J 的后面画出紧前工序为 I、J 的工序 K,如图 4-33。

图 4-33

（2）整理网络图

草图绘出后，进行整理。把工序名称标注在箭线的上方，把工序的时间标注在箭线下方，然后按照要求进行编号，并将各节点号码写在圆圈内，如图 4-34。

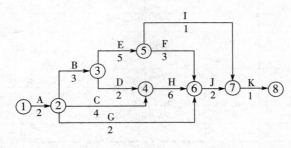

图 4-34

课目二:绘制网络图

（一）背景资料

某现浇多层框架一个结构层的钢筋混凝土工程，由柱、梁、楼板、抗震墙组合成整体框架，附设有电梯井和楼梯，均为现浇钢筋混凝土结构。

施工顺序大致如下：

柱和抗震墙先绑扎钢筋，后支模，电梯井先支内模；梁的模板必须待柱子模板都支好后才能开始，楼板支模可在电梯井支内模后开始，梁模板支好后再支楼板的模板，后浇捣柱子、抗震墙、电梯井壁及楼梯的混凝土，然后再开始梁和楼板的钢筋绑扎，同时在楼板上进行预埋暗管的铺设，最后浇捣梁和楼板的混凝土。

（二）问题

试根据以上资料，按照网络图绘制的要求和方法，绘出现浇多层框架一个结构层的钢筋混凝土工程的网络图。

[想一想]

绘制网络图前，根据什么确定各工序之间的衔接关系？

（三）分析与解答

绘制网络图之前，首先根据已知条件确定其工序名称，衔接关系及工序时间如表 4-4 所示。

（1）绘草图

第一步：先画出没有紧前工序的工序 A，如图 4-35。

第二步：在工序 A 的后面画出紧前工序为 A 的工序 B 和 C，如图 4-36。

第三步：画出没有紧前工序的工序 D，如图 4-37。

第四步：画出紧前工序为 B、C 的工序 E，画出紧前工序为 B、D 的工序 F，如图 4-38。

第五步：画出紧前工序为 D 的工序 G，如图 4-39。

第六步：画出紧前工序为 E、F 的工序 H，画出紧前工序为 C 的工序 I，如图 4-40。

表4-4 某现浇多层框架一个结构层施工顺序表

工序名称	代号	紧前工序	工序时间
柱绑扎钢筋	A	—	2
抗震墙扎钢筋	B	A	3
柱支模板	C	A	3
电梯井支内模	D	—	2
抗震墙支模板	E	B、C	3
电梯井扎钢筋	F	B、D	2
楼梯支模板	G	D	2
电梯井支外模	H	E、F	2
梁支模板	I	C	2
楼板支模板	J	I、H	2
楼梯扎钢筋	K	G、F	3
墙、柱等浇混凝土	L	K、J	2
铺设暗管	M	L	4
梁、板扎钢筋	N	L	3
梁、板浇混凝土	P	N、M	2

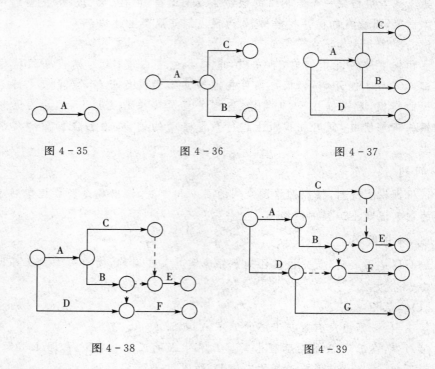

图4-35　　　　　图4-36　　　　　图4-37

图4-38　　　　　　　　图4-39

　　第七步：画出紧前工序为 I、H 的工序 J，画出紧前工序为 G、F 的工序 K，如图 4-41。

　　第八步：画出紧前工序为 K、J 的工序 L，画出紧前工序为 L 的工序 M、N，画出紧前工序为 M、N 的工序 P，如图 4-42。

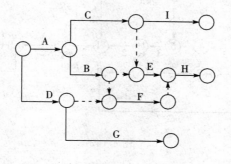

图 4-40

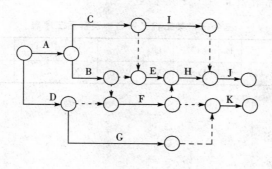

图 4-41

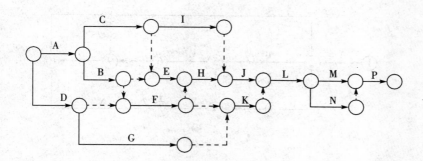

图 4-42

（2）整理网络图

草图绘出后,进行整理。把工序名称标注在箭线的上方,把工序的时间标注在箭线下方,然后按照要求进行编号,并将各节点号码写在圆圈内,如图 4-43。

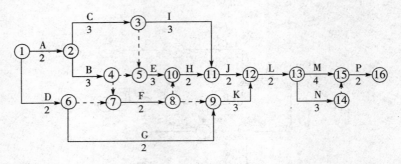

图 4-43

课目三：绘制网络图

(一)背景资料

某工程工序名称及紧后工序见下表 4-5。

表 4-5 某工程工序名称及紧后工序表

工序名称	A	B	C	U	V	W	D	Y	X	Z
紧后工序	Y、B、U	C	D、X	V	W、C	X	—	Z、D	—	—

(二)问题

试绘制网络图。

(三)分析与解答

解：(1)绘草图

(2)整理网络图(图 4-44)

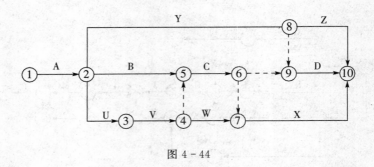

图 4-44

六、网络图的排列

在网络计划的实际应用中,要求网络图按一定的次序组织排列,做到条理清楚,层次分明,形象直观。

(一)按施工过程排列

又叫按工种排列。这种方法是根据施工顺序把各施工过程按垂直方向排列,施工段按水平方向排列,突出了工种的连续作业,使相同工种的工作在同一水平线上,如图4-45、图4-46。

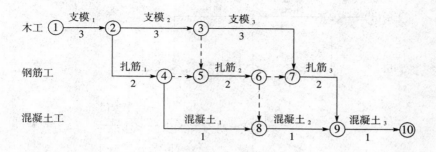

图4-45 按工种排列

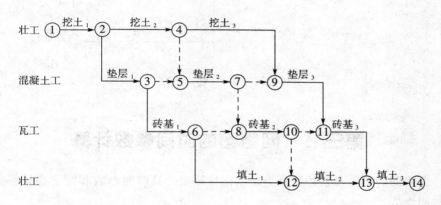

图4-46 按工种排列

(二)按施工段排列

这种方法是把同一施工段的各工序排在同一条水平线上,能够反映出工程分段施工的特点,突出了工作面的利用情况,这是建筑工地习惯使用的一种方法,如图4-47。

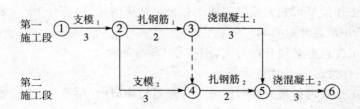

图4-47 按施工段排列

(三)按楼层排列

图4-48是一个一般内装修工程,分三个施工过程,按楼层由上而下进行

施工。

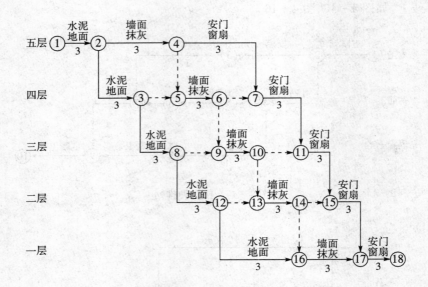

图 4-48　按楼层排列

第三节　网络图的时间参数计算

网络图的时间参数计算分为按工作计算法计算时间参数和按节点计算法计算时间参数。

按计算方法分可分为图上计算法、表上计算法、矩阵计算法、电算法；按计算手段分可分为手算、电算；按计算内容分包括如下几点：

1. 按工作计算法计算时间参数

（1）工作最早开始时间。

又叫工作最早可能开始时间，用符号 ES_{i-j} 表示。

（2）工作最早完成时间。

又叫工作最早可能完成时间或工作最早结束时间，用符号 EF_{i-j} 表示。

（3）工作最迟开始时间。

又叫工作最迟必须开始时间，用符号 LS_{i-j} 表示。

[问一问]

1. 工作时间参数标注在什么位置？

2. 节点时间参数标注在什么位置？

3. 是否允许改变标注位置？

（4）工作最迟完成时间。

又叫工作最迟必须完成时间或工作最迟结束时间，用符号 LF_{i-j} 表示。

（5）工作总时差，用 TF_{i-j} 表示。

（6）工作自由时差，又叫局部时差，用 FF_{i-j} 表示。

按工作计算法计算时间参数，其计算结果应标注在箭线之上，如图 4-49 所示。

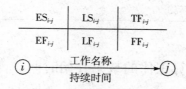

图 4-49 按工作计算法的标注方法

（注：当为虚工作时，图中的箭线为虚箭线）

2. 按节点计算法计算时间参数

（1）节点最早时间 ET_i。

（2）节点最迟时间 LT_i。

按节点计算法计算时间参数，其计算结果应标注在节点之上，如图 4-50 所示。

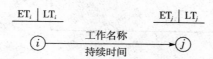

图 4-50 按节点计算法的标注方法

3. 关键线路，工期

网络图中工作的最早开始时间和最迟开始时间相等的工作即为关键工作，由起点到终点全为关键工作组成的线路即为关键线路。关键工作的总时差等于 0，关键线路上的关键工作持续时间之和即为计算工期，用 T_c 表示。由任务委托人提出的指令性工期叫要求工期，用 T_r 表示；根据要求工期和计算工期所确定的作为实施目标的工期叫计划工期，用 T_p 表示。

一、图上计算法

（一）按工作计算法计算时间参数

1. 计算工作的最早开始时间

又叫工序的最早开始时间，用符号 ES_{i-j} 表示。

工作最早开始时间是指各紧前工作全部完成后，本工作有可能开工的最早时刻。"可能开工"是指具备了开工条件，可以开工，但不一定马上开工。

计算工作的最早开始时间可用"前推法"，所谓"前推法"，就是从原始节点，顺箭杆方向，逐项进行计算，直到终点节点为止。必须先计算紧前工序，然后才能计算本工序，整个计算过程是一个加法过程。

【实践训练】

课目:用图上计算法计算工作的最早开始时间

(一)背景资料

某工程网络图如图 4-51 所示。

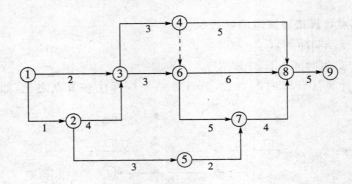

图 4-51

(二)问题

计算工作的最早开始时间。

(三)分析与解答

(1)起点工作

$$ES_{i-j} = 0$$

由于网络图计算是从相对时间零天开始,所以,起点工作的最早开始时间为 0。

$$ES_{1-3} = 0 \qquad ES_{1-2} = 0$$

(2)中间工作

1)只有一个紧前工作的中间工作。

当只有一个紧前工作的中间工作时,该工作的最早开始时间等于紧前工作的最早开始时间,加上该紧前工作的持续时间。

如图 4-52 所示,$ES_{j-k} = ES_{i-j} + D_{i-j}$

D_{i-j}——工作 $i-j$ 工作持续时间

D_{j-k}——工作 $j-k$ 工作持续时间

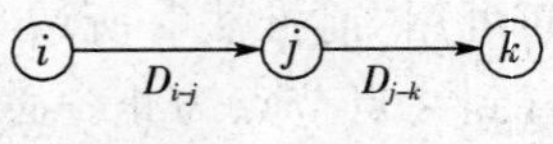

$$ \underset{D_{i-j}}{i \longrightarrow} \underset{D_{j-k}}{j \longrightarrow} k $$

图 4-52

在图 4-51 中,

工作②→③只有一道紧前工作,所以 $ES_{2-3} = ES_{1-2} + D_{1-2} = 0 + 1 = 1$

工作②→⑤只有一道紧前工作,所以 $ES_{2-5}=ES_{1-2}+D_{1-2}=0+1=1$。

2)有两个或两个以上紧前工作的中间工作。

当有两个或两个以上紧前工作的中间工作时,该工作的最早开始时间等于紧前工作最早开始时间,加上该紧前工作的持续时间之和的最大值。

$$ES_{j-k}=\max\{ES_{i-j}+D_{i-j}\} \tag{4-1}$$

在图 4-51 中,

工作③→④有两道紧前工作①→③和②→③,所以

$$ES_{3-4}=\max\{ES_{1-3}+D_{1-3},ES_{2-3}+D_{2-3}\}=\max\{0+2,1+4\}=5$$

工作③→⑥有两道紧前工作①→③和②→③,所以

$$ES_{3-6}=\max\{ES_{1-3}+D_{1-3},ES_{2-3}+D_{2-3}\}=\max\{0+2,1+4\}=5$$

同理,可计算出:

$ES_{4-8}=5+3=8$

$ES_{4-6}=5+3=8$

$ES_{6-8}=5+3=8$

$ES_{6-7}=5+3=8$

$ES_{5-7}=1+3=4$

$ES_{7-8}=8+5=13$

$ES_{8-9}=13+4=17$

计算结果,见图 4-53。

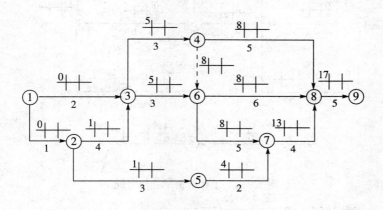

图 4-53 工作的最早开始时间

以上是一种比较常用的方法,简便易行,计算速度快,但也可通过下面第二种方法计算。

某工作的最早开始时间,等于该线路上紧前的各道工作持续时间之和,如果紧前有几道线路时,取其各线路时间总和中的最大值。

例如,在图 4-51 中,工作⑥→⑦,其紧前有 4 条线路:

① 1→3→4→6   各道工作持续时间之和为 5

② 1→3→6   各道工作持续时间之和为 5

③ 1→2→3→4→6   各道工作持续时间之和为 8

④ 1→2→3→6   各道工作持续时间之和为 8

最大值为 8,则工作⑤→⑦的最早开始时间为 8。

2. 计算工作的最早完成时间

工作的最早完成时间,又叫最早可能完成时间或最早结束时间,是指各紧前工作全部完成后,本工作有可能完成的最早时刻。工作 $i→j$ 的最早完成时间用 EF_{i-j} 表示。

工作的最早完成时间等于工作的最早开始时间加上工作的持续时间。

$$EF_{i-j}=ES_{i-j}+D_{i-j} \qquad\qquad (4-2)$$

例如,在图 4-51 中,

工作①→③, $EF_{1-3}=ES_{1-3}+D_{1-3}=0+2=2$

工作③→④, $EF_{3-4}=ES_{3-4}+D_{3-4}=5+3=8$

工作④→⑥, $EF_{4-6}=ES_{4-6}+D_{4-6}=8+0=8$

工作④→⑧, $EF_{4-8}=ES_{4-8}+D_{4-8}=8+5=13$

计算结果见图 4-54。

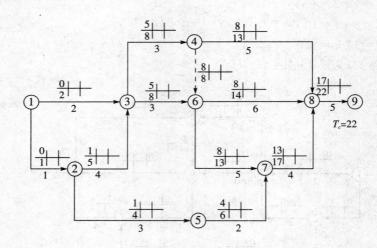

图 4-54   工作的最早完成时间

网络计划的计算工期 $T_c=\max\{EF_{i-n}\}$

EF_{i-n}——以终点节点(n)为箭头节点的工作 $i→n$ 的最早完成时间。

本例 $T_c=22$。

3. 计算工作的最迟开始时间

又叫最迟必须开始时间,最迟开始时间是指在不影响整个任务按期完成的前提下,工作必须开始的最迟时刻。它必须在紧后工作开始前完成,用符号 LS_{i-j} 表示。

计算工作的最迟开始时间,应从终点节点逆箭线方向向起点节点逐项进行计算。必须先计算紧后工作,然后才能计算本工作,整个过程是一个减法过程。

（1）最后工作的最迟开始时间

最后一道工作的最迟开始时间等于其计算工期减本身的持续时间。

即 $LS_{i-j} = T_c - D_{i-j}$

例如，在图 $4-51$ 中，工作⑧→⑨为最后一道工作，

$LS_{8-9} = T_c - D_{8-9} = 22 - 5 = 17$

（2）中间工作

① 只有一道紧后工作的中间工作。

只有一道紧后工作的中间工作的最迟开始时间等于紧后工作的最迟开始时间减去本工作的持续时间。

即 $LS_{i-j} = LS_{j-k} - D_{i-j}$

例如，在图 $4-51$ 中，工作④→⑧只有一道紧后工作⑧→⑨

$LS_{4-8} = LS_{8-9} - D_{4-8} = 17 - 5 = 12$

工作⑥→⑧为只有一道紧后工作⑧→⑨

$LS_{6-8} = LS_{8-9} - D_{6-8} = 17 - 6 = 11$

工作⑦→⑧为只有一道紧后工作⑧→⑨

$LS_{7-8} = LS_{8-9} - D_{7-8} = 17 - 4 = 13$

工作⑥→⑦只有一道紧后工作⑦→⑧

$LS_{6-7} = LS_{7-8} - D_{6-7} = 13 - 5 = 8$

工作 5→⑦只有一道紧后工作⑦→⑧

$LS_{5-7} = LS_{7-8} - D_{5-7} = 13 - 2 = 11$

工作②→⑤只有一道紧后工作⑤→⑦

$LS_{2-5} = LS_{5-7} - D_{2-5} = 11 - 3 = 8$

② 有两个或两个以上紧后工作的中间工作。

有两个或两个以上紧后工作的中间工作的最迟开始时间，等于紧后工作的最迟开始时间与本工作的持续时间之差的最小值。

即： $$LS_{i-j} = \min\{LS_{j-k} - D_{i-j}\} \qquad (4-3)$$

例如，在图 $4-51$ 中，工作③→⑥有两道紧后工作⑥→⑧和⑥→⑦

$LS_{3-6} = \min\{LS_{6-8} - D_{3-6}, LS_{6-7} - D_{3-6}\}$

$\qquad = \min\{11 - 3, 8 - 3\} = 5$

工作④→⑥有两道紧后工作⑥→⑧和⑥→⑦

$LS_{4-6} = \min\{LS_{6-8} - D_{4-6}, LS_{6-7} - D_{4-6}\}$

$\qquad = \min\{11 - 0, 8 - 0\} = 8$

工作③→④有两道紧后工作④→⑥和④→⑧

$LS_{3-4} = \min\{LS_{4-6} - D_{3-4}, LS_{4-8} - D_{3-4}\}$

$\qquad = \min\{8 - 3, 12 - 3\} = \min\{5, 9\} = 5$

工作①→③有两道紧后工作③→④和③→⑥

$LS_{1-3} = \min\{LS_{3-4} - D_{1-3}, LS_{3-6} - D_{1-3}\}$

$\qquad = \min\{5 - 2, 5 - 2\} = 3$

工作②→③有两道紧后工作③→④和③→⑥

$$LS_{2-3} = \min\{LS_{3-4} - D_{2-3}, LS_{3-6} - D_{2-3}\}$$
$$= \min\{5-4, 5-4\} = 1$$

工作①→②有两道紧后工作②→③和②→⑤

$$LS_{1-2} = \min\{LS_{2-3} - D_{1-2}, LS_{2-5} - D_{1-2}\}$$
$$= \min\{1-1, 8-1\} = 0$$

计算结果,见图 4 - 55。

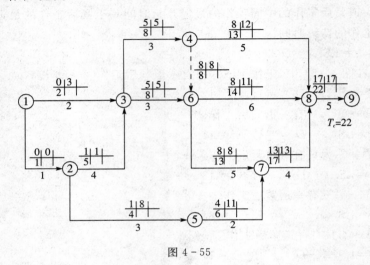

图 4 - 55

以上是一种比较常用的方法,简便易行,计算速度快,但也可通过下面方法来计算。

某工作的最迟开始时间,等于计算工期减该线路上紧后的各道工作持续时间之和再减去本工作持续时间,如果紧后有几道线路时,取其最小值。

即 $LS_{i-j} = \min\{T_c - \sum D - D_{i-j}\}$

$\sum D$—— 紧后的各道工作持续时间之和

例如,在图 4 - 51 中,工作③→④,其紧后有 3 条线路:

4→8→9	各道工作持续时间之为 $5+5=10$
4→6→8→9	各道工作持续时间之和为 $0+6+5=11$
4→6→7→8→9	各道工作持续时间之和为 $0+5+4+5=14$

$$LS_{3-4} = \min\{T_c - \sum D - D_{3-4}\}$$
$$= \min\{22-10-3, 22-11-3, 22-14-3\}$$
$$= \min\{9, 8, 5\} = 5$$

则工作③→④的最迟开始时间为 5,与上面计算结果相符,如图 4 - 55。

4. 计算工作的最迟完成时间

工作的最迟完成时间又叫工作的最迟必须完成时间或最迟结束时间,最迟完成时间是指在不影响整个任务按期完成的前提下,工作必须完成的最迟时刻。

用符号 LF_{i-j} 表示。

工作的最迟完成时间等于该工作的最迟开始时间与持续时间之和。

即： $$LF_{i-j} = LS_{i-j} + D_{i-j} \qquad (4-4)$$

例如，在图 4-51 中，

工作①→③，$LF_{1-3} = LS_{1-3} + D_{1-3} = 3 + 2 = 5$

工作②→③，$LF_{2-3} = LS_{2-3} + D_{2-3} = 1 + 4 = 5$

工作③→④，$LF_{3-4} = LS_{3-4} + D_{3-4} = 5 + 3 = 8$

工作④→⑥，$LF_{4-6} = LS_{4-6} + D_{4-6} = 8 + 0 = 8$

计算结果，见图 4-56。

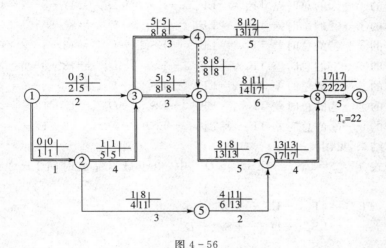

图 4-56

5. 关键线路

关键线路是指诸线路中持续时间最长的线路，它决定总工期，在此线路上，若某工序落后 1～2 天，则总工期推迟 1～2 天。如欲缩短工期，亦应以此线路为考虑对象。此线路乃为控制工期之关键所在，故称此线路为关键线路，在任何网络图中，至少存在一条关键线路。

网络图中只要最早开始时间 ES_{i-j} 和最迟开始时间 LS_{i-j} 计算以后，即可确定关键线路。在网络图中，只要该工作的最早开始时间与最迟开始时间相等的即为关键工作，把关键工作连接起来即为关键线路。图 4-56 中有 2 条关键线路：

1→2→3→4→6→7→8→9。

1→2→3→6→7→8→9。 $T_c = 22$

关键线路图中用双线条标出，如图 4-56 所示。

6. 总时差(total float)

总时差是指在不影响总工期的前提下，本工作可以利用的机动时间。一个工作的活动范围要受其紧前、紧后工作的约束，它的极限活动范围是从最早开始时间到最迟完成时间扣除其作业时间，这个活动范围即为工作总时差。上述这段话用公式表达出来即为总时差的计算公式：

$$TF_{i-j}=LF_{i-j}-ES_{i-j}-D_{i-j} \qquad (4-5)$$

图 4 - 56 中，工作的①→③的总时差 $TF_{1-3}=LF_{1-3}-ES_{1-3}-D_{1-3}=5-0-2=3$

工作的①→②的总时差 $TF_{1-2}=LF_{1-2}-ES_{1-2}-D_{1-2}=1-0-1=0$

工作的②→③的总时差 $TF_{2-3}=LF_{2-3}-ES_{2-3}-D_{2-3}=5-1-4=0$

工作的②→⑤的总时差 $TF_{2-5}=LF_{2-5}-ES_{2-5}-D_{2-5}=11-1-3=7$

工作的③→④的总时差 $TF_{3-4}=LF_{3-4}-ES_{3-4}-D_{3-4}=8-5-3=0$

工作的③→⑥的总时差 $TF_{3-6}=LF_{3-6}-ES_{3-6}-D_{3-6}=8-5-3=0$

工作的④→⑧的总时差 $TF_{4-8}=LF_{4-8}-ES_{4-8}-D_{4-8}=17-8-5=4$

工作的④→⑥的总时差 $TF_{4-6}=LF_{4-6}-ES_{4-6}-D_{4-6}=8-8-0=0$

工作的⑤→⑦的总时差 $TF_{5-7}=LF_{5-7}-ES_{5-7}-D_{5-7}=13-4-2=7$

工作的⑥→⑦的总时差 $TF_{6-7}=LF_{6-7}-ES_{6-7}-D_{6-7}=13-8-5=0$

工作的⑥→⑧的总时差 $TF_{6-8}=LF_{6-8}-ES_{6-8}-D_{6-8}=17-8-6=3$

工作的⑦→⑧的总时差 $TF_{7-8}=LF_{7-8}-ES_{7-8}-D_{7-8}=17-13-4=0$

工作的⑧→⑨的总时差 $TF_{8-9}=LF_{8-9}-ES_{8-9}-D_{8-9}=22-17-5=0$

计算结果，见图 4 - 57。

在公式 $TF_{i-j}=LF_{i-j}-ES_{i-j}-D_{i-j}$ 中，由于最迟完成时间 $LF_{i-j}=LS_{i-j}+D_{i-j}$

所以，
$$\begin{aligned}TF_{i-j}&=LF_{i-j}-ES_{i-j}-D_{i-j}\\&=LS_{i-j}+D_{i-j}-ES_{i-j}-D_{i-j}\\&=LS_{i-j}-ES_{i-j}\end{aligned} \qquad (4-6)$$

工作的①→②的总时差 $TF_{1-2}=0-0=0$

工作的①→③的总时差 $TF_{1-3}=3-0=3$

工作的②→③的总时差 $TF_{2-3}=1-1=0$

工作的②→⑤的总时差 $TF_{2-5}=8-1=7$

工作的③→④的总时差 $TF_{3-4}=5-5=0$

工作的③→⑥的总时差 $TF_{3-6}=5-5=0$

工作的④→⑧的总时差 $TF_{4-8}=12-8=4$

工作的④→⑥的总时差 $TF_{4-6}=8-8=0$

工作的⑤→⑦的总时差 $TF_{5-7}=11-4=7$

工作的⑥→⑦的总时差 $TF_{6-7}=8-8=0$

工作的⑥→⑧的总时差 $TF_{6-8}=11-8=3$

工作的⑦→⑧的总时差 $TF_{7-8}=13-13=0$

工作的⑧→⑨的总时差 $TF_{8-9}=17-17=0$

与以上计算结果相符。

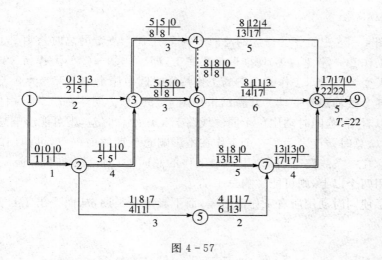

图 4 - 57

由图 4 - 57 可以看出,关键工作的总时差全为 0,非关键工作的总时差全不为 0。

在同一线路上,工作的总时差是相互联系的,若动用某工作的总时差,则会引起通过该工作的线路上所有工作的总时差的重新分配。

如图 4 - 57 中,工作①→③的总时差为 3,若由于某种原因(刮风、下雨、人力、物力、材料供应等因素)致使工作①→③推迟 3 天完工,即工作①→③的工作持续时间由原来的 2 天变为 5 天,则其他工作的各参数都跟着变动,如图 4 - 58。

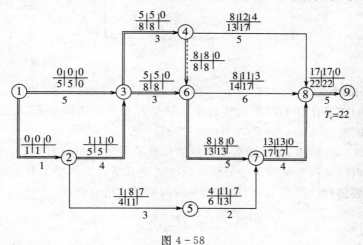

图 4 - 58

工作①→③由非关键工作变为关键工作。

此时关键线路有四条:

1→3→4→6→7→8→9。

1→3→6→7→8→9。

1→2→3→4→6→7→8→9。

1→2→3→6→7→8→9。

$T_c = 22$

又图 4-58 中工作②→⑤的总时差为 7,工作⑤→⑦的总时差为 7,由某种原因致使工作②→⑤、⑤→⑦均推迟 7 天完工,即工作②→⑤的工作持续时间由原来的 3 天变为 10 天,工作⑤→⑦的工作持续时间由原来的 2 天变为 9 天,则其他工作的各参数都跟着变动。计算结果见图 4-59,总工期 $T = 29$ 天。由以上计算结果可以看出,若同时动用位于同一线路上工作的总时差,则可能影响总工期。

所以,总时差仅表示了一个工作在不影响总工期的前提下,可动用的最大机动时间。在一条线路上,仅动用一个工作的总时差,对总工期不会造成影响,若同时动用两个以上,则可能影响总工期。

为了使同时动用所有工作的时差,而不影响总工期,从而提出了自由时差的概念。

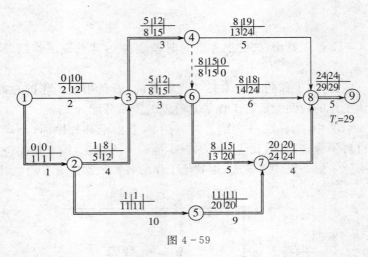

图 4-59

[想一想]

了解工作的总时差和自由时差有何意义?

7. 自由时差

自由时差是指在不影响其紧后工作最早开始时间的前提下,本工作可以利用的机动时间。工作 $i \rightarrow j$ 的自由时差用 FF_{i-j} 表示。

如图 4-60 所示,在不影响其紧后工作最早开始时间的前提下,一项工作可以利用的时间范围是从该工作最早开始时间至其紧后工作最早开始时间扣除工作实际需要的持续时间 D_{i-j},尚有的一段时间就是自由时差。

即:
$$FF_{i-j} = ES_{j-k} - ES_{i-j} - D_{i-j} \tag{4-7}$$

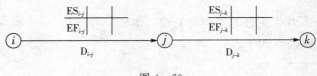

图 4-60

由于最后一道工作没有紧后工作,则 ES_{j-k} 取计算工期 T_c。

例如图 4-57 中,工作①→②的自由时差 $FF_{1-2} = ES_{2-3} - ES_{1-2} - D_{1-2} = 1$

$-0-1=0$

工作①→③的自由时差 $FF_{1-3}=ES_{3-4}-ES_{1-3}-D_{1-3}=5-0-2=3$

工作②→③的自由时差 $FF_{2-3}=ES_{3-4}-ES_{2-3}-D_{2-3}=5-1-4=0$

工作②→⑤的自由时差 $FF_{2-5}=ES_{5-7}-ES_{2-5}-D_{2-5}=4-1-3=0$

工作③→④的自由时差 $FF_{3-4}=ES_{4-6}-ES_{3-4}-D_{3-4}=8-5-3=0$

工作③→⑥的自由时差 $FF_{3-6}=ES_{6-8}-ES_{3-6}-D_{3-6}=8-5-3=0$

工作④→⑥的自由时差 $FF_{4-6}=ES_{6-8}-ES_{4-6}-D_{4-6}=8-8-0=0$

工作⑤→⑦的自由时差 $FF_{5-7}=ES_{7-8}-ES_{5-7}-D_{5-7}=13-4-2=7$

工作④→⑧的自由时差 $FF_{4-8}=ES_{8-9}-ES_{4-8}-D_{4-8}=17-8-5=4$

工作⑥→⑧的自由时差 $FF_{6-8}=ES_{8-9}-ES_{6-8}-D_{6-8}=17-8-6=3$

工作⑦→⑧的自由时差 $FF_{7-8}=ES_{8-9}-ES_{7-8}-D_{7-8}=17-13-4=0$

工作⑧→⑨的自由时差 $FF_{8-9}=T_c-ES_{8-9}-D_{8-9}=22-17-5=0$

计算结果,见图 4-61。

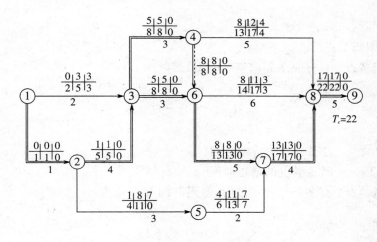

图 4-61

由以上计算结果可知:

在关键线路上,各工作的自由时差全为 0;在非关键线路上,各工作的自由时差有的为 0,有的不为 0;工作的自由时差≤工作的总时差。自由时差是总时差的构成部分,总时差为 0 的工作,其自由时差一定为 0。

(二)按节点计算法计算时间参数

1. 节点最早时间 ET_i

节点最早时间的计算应遵循以下规定:

(1)节点 i 最早时间 ET_i,应从网络计划的起点节点开始,顺箭线方向依次逐项计算。

(2)起点节点 i 最早时间 ET_i,其值等于 0,即:$ET_1=0$。

(3)中间节点:

①当节点 j 只有一条内向箭线时,最早时间 ET_j 应为:$ET_j=ET_i+D_{i-j}$

式中　D_{i-j}——工作 $i-j$ 的持续时间

②当节点 j 有多条内向箭线时,最早时间 ET_j 应为:

$$ET_j = \max\{ET_i + D_{i-j}\} \qquad (4-8)$$

(4)网络计划的计算工期 T_c 应按下式计算: $T_c = ET_n$

ET_n——终点节点 n 的最早时间

以网络图 4-51 为例,计算网络图中各节点最早时间,计算结果见图 4-62。

2. 节点最迟时间 LT_i

节点最迟时间的的计算应遵循以下规定:

(1)节点 i 最迟时间 LT_i,应从网络计划的终点节点开始,逆着箭线方向依次逐项计算。

(2)终点节点 n 最迟时间 LT_n,其值等于网络计划的计算工期 T_c,即

$$LT_n = T_c$$

(3)中间节点。

①当节点 i 只有一条外向箭线时,最迟时间 LT_i 应为:

$$LT_i = LT_j - D_{i-j}$$

式中　D_{i-j}——工作 $i-j$ 的持续时间

LT_j——紧后节点的最迟时间

②当节点 i 有多条外向箭线时,最迟时间 LT_i 应为:

$$LT_i = \min\{LT_j - D_{i-j}\} \qquad (4-9)$$

以网络图 4-51 为例,计算网络图中各节点最迟时间,

节点⑨为终点节点,$LT_9 = T_c = 22$;

节点⑧为只有一条外向箭线的节点,$LT_8 = LT_9 - D_{8-9} = 22 - 5 = 17$;

节点⑦为只有一条外向箭线的节点,$LT_7 = LT_8 - D_{7-8} = 17 - 4 = 13$;

节点⑤为只有一条外向箭线的节点,$LT_5 = LT_7 - D_{5-7} = 13 - 2 = 11$;

节点⑥为有 2 条外向箭线的节点,$LT_6 = \min\{LT_8 - D_{6-8}, LT_7 - D_{6-7}\}$
$$= \min\{17 - 6, 13 - 5\} = 8;$$

节点④为有 2 条外向箭线的节点,$LT_4 = \min\{LT_8 - D_{4-8}, LT_6 - D_{4-6}\}$
$$= \min\{17 - 5, 8 - 0\} = 8;$$

节点③为有 2 条外向箭线的节点,$LT_3 = \min\{LT_6 - D_{3-6}, LT_4 - D_{3-4}\}$
$$= \min\{8 - 3, 8 - 3\} = 5;$$

节点②为有 2 条外向箭线的节点，$LT_2 = \min\{LT_3 - D_{2-3}, LT_5 - D_{2-5}\}$

$$= \min\{5-4, 11-3\} = 1;$$

节点①为有 2 条外向箭线的节点，$LT_1 = \min\{LT_3 - D_{1-3}, LT_2 - D_{1-2}\}$

$$= \min\{5-2, 1-1\} = 0;$$

计算结果见图 4 - 62。

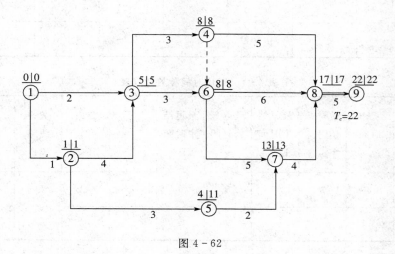

图 4 - 62

（三）工作时间参数与节点时间参数的关系

（1）工作 $i-j$ 的最早开始时间：　　$ES_{i-j} = ET_i$

（2）工作 $i-j$ 的最早完成时间：　　$EF_{i-j} = ET_i + D_{i-j}$

（3）工作 $i-j$ 的最迟开始时间：　　$LS_{i-j} = LT_j - D_{i-j}$

（4）工作 $i-j$ 的最迟完成时间：　　$LF_{i-j} = LT_j$

（5）工作 $i-j$ 的总时差：　　　　　$TF_{i-j} = LT_j - ET_i - D_{i-j}$

（6）工作 $i-j$ 的自由时差：　　　　$FF_{i-j} = ET_j - ET_i - D_{i-j}$

二、表上计算法

在网络计划中寻求关键线路可以列表进行计算，在表上计算时间参数，寻求关键线路的方法，称为表上计算法。

表上计算法的道理同图上计算法完全一样，懂得了图上计算法，就不难掌握表上计算法，它们的区别只是形式不同而已。

表上计算法的表格形式的选用，根据需要按项目多少，分为两种形式：

一种表格简单一些，仅列有工作编号、工作时间、最早开始时间、最迟开始时间及总时差等项。见表 4 - 6。

另一种表格除上述内容外，还包括最早、最迟结束时间，自由时差等内容。见表 4 - 7。

表 4-6　工作时间参数计算简表

工作编号	工作时间 D_{i-j}	最早开始时间 ES_{i-j}	最迟开始时间 LS_{i-j}	总时差 TF_{i-j}	关键线路 CP	日期
1	2	3	4	5	6	7

表 4-7　工作时间参数计算表

工作编号	工作时间 D_{i-j}	最早开始时间 ES_{i-j}	最早结束时间 EF_{i-j}	最迟开始时间 LS_{i-j}	最迟结束时间 LF_{i-j}	总时差 TF_{i-j}	自由时差 FF_{i-j}	关键线路 CP	日期
1	2	3	4	5	6	7	8	9	10

表上计算法的计算步骤如下：

1. 计算工作的最早开始时间 ES_{i-j}

计算顺序：自上而下（图上计算法从左到右）。

计算方法：

（1）凡是箭尾节点为起始节点的工作，其最早开始时间为 0。

（2）只有一个紧前工作的中间工作，该工作的最早开始时间，等于其紧前工作的最早开始时间加上紧前工作的持续时间，即[3]＝紧前（[3]＋[2]）。

（3）有两个或两个以上的紧前工作的中间工作，该工作的最早开始时间，等于其紧前工作的最早开始时间加上紧前工作的持续时间之和的最大值。即[3]＝max｛紧前[3]＋紧前[2]｝。以网络图 4-51 为例，利用表上计算法计算工作的最早开始时间 ES_{i-j}，计算结果见表 4-8。

计算时应注意，在确定本工作的紧前工作时，一定要弄清楚，若某道工作的箭头编号与本工作的箭尾编号相同，则这个工作为本工作的紧前工作。

如工作 2→5 是工作 5→7 的紧前工作，工作 2→3 是工作 3→4、3→6 的紧前工作。

2. 计算工作的最早完成时间 ES_{i-j}

计算顺序：自上而下（图上计算法从左到右）。

计算方法：工作的最早完成时间等于该工作的最早开始时间加上工作的持续时间。

$$EF_{i-j}＝ES_{i-j}＋D_{i-j} \qquad [4]＝[3]＋[2]$$

计算结果见表 4-8。

3. 计算工作的最迟开始时间 LS_{i-j}

计算顺序:自下而上(图上计算法从右到左)。

计算方法:

(1)最后一道工作,其最迟开始时间等于计划工期减其持续时间。

$$LS_{i-j} = T_c - D_{i-j}$$

表 4-8 中 8→9 都是最后一道工作,则,$LS_{8-9} = T_c - D_{8-9} = 22 - 5 = 17$

表 4-8　某工程工作时间参数计算表

工作编号	工作时间 D_{i-j}	最早开始时间 ES_{i-j}	最早结束时间 EF_{i-j}	最迟开始时间 LS_{i-j}	最迟结束时间 LF_{i-j}	总时差 TF_{i-j}	自由时差 FF_{i-j}	关键线路 CP	日期
1	2	3	4	5	6	7	8	9	10
1→2	1	0	1	0	1	0	0	√	
1→3	2	0	2	3	5	3	3		
2→3	4	1	5	1	5	0	0	√	
2→5	3	1	4	8	11	7	0		
3→4	3	5	8	5	8	0	0	√	
3→6	3	5	8	5	8	0	0	√	
4→6	0	8	8	8	8	0	0	√	
4→8	5	8	13	12	17	4	4		
5→7	2	4	6	11	13	7	7		
6→7	5	8	13	8	13	0	0	√	
6→8	6	8	14	11	17	3	3		
7→8	4	13	17	13	17	0	0	√	
8→9	5	17	22	17	22	0	0	√	
		$T_c = 22$							

(2)只有一个紧后工作的中间工作,该工作的最迟开始时间,等于其紧后工作的最迟开始时间减去本工作的持续时间,即[5]={紧后[5]-[2]}。

表 4-8 中工作 2→5 有一道紧后工作 5→7,则 $LS_{2-5} = LS_{5-7} - D_{2-5} = 11 - 3 = 8$。

工作 5→7 有一道紧后工作 7→8,则 $LS_{5-7} = LS_{7-8} - D_{5-7} = 13 - 2 = 11$。

(3)有两个或两个以上的紧后工作的中间工作,该工作的最迟开始时间,等于其紧后工作的最迟开始时间的最小值减去该工作的持续时间,即[5]=min{紧后[5]-[2]}。

注意:某工作的箭尾号与该工作箭头号相同,则某工作为该工作的紧后工作。

计算结果见表 4-8。

4. 计算工作的最迟完成时间 LF_{i-j}

计算顺序：自上而下（图上计算法从左到右）。

计算方法：工作的最迟完成时间等于该工作的最迟开始时间加上工作的持续时间。

$$LF_{i-j} = LS_{i-j} + D_{i-j} \qquad [6] = [5] + [2]$$

计算结果见表 4-8。

4. 工作总时差 TF_{i-j}

计算顺序：自上而下。

计算方法：工作的总时差等于该工作最迟开始时间减去最早开始时间或最迟完成时间减去最早完成时间。即：

$$TF_{i-j} = LS_{i-j} - ES_{i-j} = [5] - [3]$$

或 $TF_{i-j} = LF_{i-j} - EF_{i-j} = [6] - [4]$

计算结果见表 4-8。

6. 工作自由时差 FF_{i-j}

计算顺序：自上而下。

计算方法：工作的自由时差等于紧后工作最迟开始时间减去本工作的最早完成时间或等于紧后工作的最早开始时间减去本工作的最早开始时间，再减本工作的持续时间。即：$FF_{i-j} = ES_{j-k} - EF_{i-j} =$ 紧后 $[3] - [4]$。

或 $FF_{i-j} = ES_{j-k} - ES_{i-j} - D_{i-j} =$ 紧后 $[3] - [3] - [2]$。

7. 确定关键线路

凡最早开始时间等于最迟开始时间的工作都是关键工作，表中凡符合 $[3] = [5]$ 条件的，在表中第 9 栏打"√"。

表 4-8 中关键线路有 2 条：

1→2→3→4→6→7→8→9。

1→2→3→6→7→8→9。

$T_c = 22$

8. 确定工程的开工日期及完工日期

表 4-8 中工期是实际工作天，还要将实际工作天换算成日历天，确定工程的开工日期和竣工日期。若该工程是从 2008 年 9 月 1 日开工，中间有两个休息日，竣工日期是 9 月 24 日。

第四节　破　圈　法

前述图上计算法、表上计算法是寻求关键线路的主要方法。

有的网络图，不需进行各项时间参数计算，只要找出关键线路就行了，现介绍一种求关键线路的简捷方法，即破圈法。

一、破圈法的原理

对于只有一个起点和一个终点的网络图,我们从原始节点开始,按编号从小到大的顺序逐个考察节点,找出第一个有两根或两根以上箭头流进的节点,设为 i,按下述原则比较其中两根流进 i 的箭头;从 i 逆着这两根箭头往回走回去,一定可以走到相同的节点,设为 a,由 a 到 i,有两条可行路线(顺箭头方向)比较二者的长度,即线路上的工作所需时间之和,把较短线路流进 i 的一根箭头去掉(注意只去掉一根),便可把较短线路断开。即破掉这两根线路构成的圈,如图 4 - 63 所示。

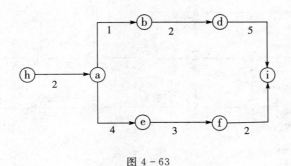

图 4 - 63

图 4 - 63 流进节点 i 的线路有两条,a→b→d→i,线路长度 8 天;a→e→f→i 线路长度 9 天,断掉短的,如图 4 - 64。

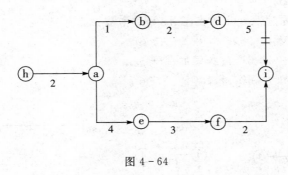

图 4 - 64

如果两条线路时间相同,则保留不动,继续比较 i 以后的节点,一直到终点为止。

二、破圈法的步骤

(1)从编号小的至大的逐个考察。
(2)找出有两个以上箭头流进的节点。
(3)逆箭头方向找到起点节点,比较时间长短,断开短的。
(4)若两条线路时间相等,则保留不动。
(5)能从起点至终点的为关键线路。

【实践训练】

课目:用破圈法找出关键线路

(一)背景资料

某工程网络图如图4-65所示。

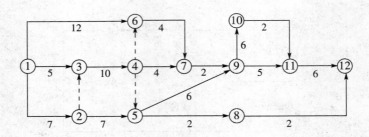

图4-65

(二)问题

试利用破圈法找出关键线路。

(三)分析与解答

解:按上述原理从起点节点①开始,逐个破圈。

第一个圈:图4-66,破掉短的①→③。

第二个圈:图4-67,破掉短的②→⑤。

第三个圈:图4-68,破掉短的①→⑥。

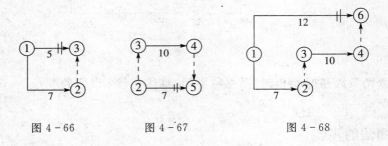

图4-66   图4-67   图4-68

依此类推,直到终点节点⑫止。

关键线路共有三条:

① →②→③→④→⑥→⑦→⑨→⑩→⑪→⑫;

① →②→③→④→⑦→⑨→⑩→⑪→⑫;

① →②→③→④→⑤→⑨→⑩→⑪→⑫。

总工期 $T=37$ 天,图4-69。

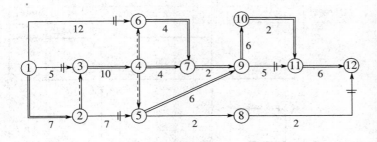

图 4-69

第五节　双代号时标网络计划

一、双代号时标网络计划的概念

双代号时标网络计划是时间坐标为尺度编制的网络计划。

双代号时标网络计划是一般网络计划与横道计划的有机结合，是一种带时间坐标的网络计划，它采用在横道图的基础上引进网络计划中各施工过程之间逻辑关系的表达方法。在无时标网络图中，箭线长短并不表明工序工作时间长短，而在时标网络图中，箭线长表示该工序工作时间长，箭线短表明该工序工作时间短。

时标网络计划的形式同横道计划，表达清晰醒目，在编制过程中，就能看出前后各工序的逻辑关系，这样既解决了横道计划中各施工过程关系表达不明确，又解决了网络计划时间表达不直观的问题。图 4-70 是一个无时标网络计划，图 4-71 是它的时标网络计划形式。

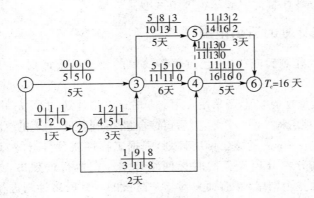

图 4-70

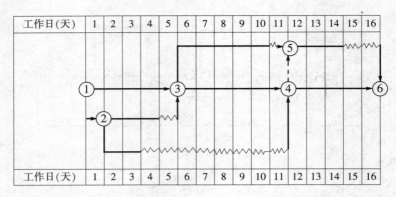

图 4-71

二、时标网络计划的特点

(1)时标网络计划既是一个网络计划,又是一个水平进度计划,时标网络计划中,工作箭线的长度与工作的工作延续时间长短一致。因此,这种网络表达施工过程比较直观,容易理解。

(2)时标网络计划可以直接显示各工作的时间参数并能在图上调整时差,进行网络计划的时间和资源的优化。

(3)时标网络计划在绘制中受到坐标的限制,容易发现"网络回路"之类的逻辑错误。

(4)时标网络计划便于在图上计算劳动力、材料、机具等资源需要量,便于绘制资源消耗动态曲线。

(5)由于箭线的长短受到时间坐标的限制,因此绘图比较麻烦,时标网络计划的修改和调整,不如一般网络计划方便(对一般网络计划,若改变某一工作的工作时间,只要更动箭线上标注的时间数字就行了,十分简便。但时标网络计划是用箭线的长短来表示某工作的工作时间,若改变工作持续时间就需改变箭线的长度和位置,这样就会引起整个网络图的变动)。

[问一问]
时标网络计划有何优缺点?

三、时标网络计划的适用范围

(1)编制工作项目较少,工艺过程较简单的建筑施工计划,能迅速地边绘边计算、边调整。

(2)对于大型复杂工程,可采用常用的非时标网络计划,也可先用时标网络计划绘制各分部、分项工程的网络计划,然后再综合起来绘制出较简明的总网络计划。

也可先编制一个总的施工网络计划,根据工程性质、所需详细程度和工程的复杂性,再绘制分部分项工程的时标网络计划。在执行过程中,如果时间有变化,则不必改动整个网络计划,而只对这一阶段的时标网络计划进行修改。

四、时标网络计划的绘制方法

时标网络计划一般按工作的最早开始时间编制。其绘制方法和步骤如下:

（1）先绘制无时标双代号网络图,计算时间参数,确定关键工作及关键线路。

（2）根据需要确定时间单位并绘制时标横轴。

（3）根据工作最早开始时间确定各节点的位置。从起点节点开始,逐个画出各节点。

［想一想］
　如何按工作的最早开始时间编制时标网络计划?

（4）依次在各节点间绘出箭线及时差。箭线最好画成水平方向,以直接表示其工作延续时间。如箭线画成斜线、折线等,则以水平投影长度为工作延续时间。如箭线的长度不能与后面节点相连,则用水平波形线从箭杆端部画至后面节点处,水平波形线的水平投影长度,即为该工作的自由时差。绘制时宜先画关键工作、关键线路,再画非关键工作。

（5）用虚箭线连接各有关节点,虚工作一般以垂直虚箭线表示,在时标网络图中,有时会出现虚箭线有时间长度情况,其水平投影长度为该虚工作的自由时差。

（6）把时差为 0 的箭线,从起点节点到终点节点连接起来并加粗,即为该网络计划的关键线路。

【实践训练】

课目:绘制时标网络图

（一）背景资料

某工程网络图如图 4-70 所示。

（二）问题

试绘制其时标网络图。

（三）分析与解答

（1）绘制无时标双代号网络图,计算时间参数,确定关键工作及关键线路,如图 4-70 所示。

（2）根据需要确定时间单位并绘制时标横轴,如图 4-72。

（3）根据工作最早开始时间确定各节点的位置。

首先确定关键线路上的各节点,工作①→③最早开始时间为 0,工作③→④最早开始时间为 5,工作④→⑤最早开始时间为 11,如图 4-72。

然后确定非关键线路的各节点,工作②→③最早开始时间为 1,工作②→⑥最早开始时间为 11,如图 4-72。

（4）依次在各节点间绘出箭线及时差。

各节点间箭线的水平长度等于工作持续时间,如箭线的长度不能与后面节点相连,则用水平波形线从箭杆端部画至后面节点处,水平波形线的水平投影长度,即为该工作的自由时差,如图 4-72。

（5）用虚箭线连接各有关节点,虚工作一般以垂直虚箭线表示,如图 4-72。

(6)把时差为 0 的箭线,从起点节点到终点节点连接起来并加粗,即为该网络计划的关键线路。图 4-72 中①→③→④→⑥为关键线路。

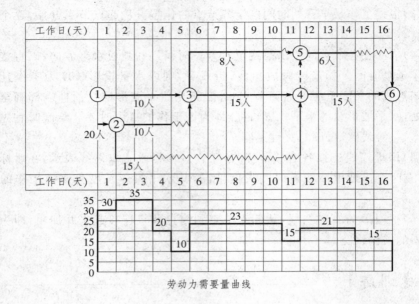

劳动力需要量曲线

图 4-72

五、时间参数的判读

1. 最早时间参数

按最早时间绘制的时标网络计划,每条箭线箭尾和箭头所对应的时标值应为该工作的最早开始时间和最早完成时间。

图 4-72 中,工作①→③的最早开始时间为 0,最早完成时间为 5;工作①→②的最早开始时间为 0,最早完成时间为 1;工作②→③的最早开始时间为 1,最早完成时间为 4;工作②→④的最早开始时间为 1,最早完成时间为 3;工作③→④的最早开始时间为 5,最早完成时间为 11;工作③→⑤的最早开始时间为 5,最早完成时间为 10;工作④→⑥的最早开始时间为 11,最早完成时间为 16;工作⑤→⑥的最早开始时间为 11,最早完成时间为 14;

2. 自由时差

波形线的水平投影长度即为该工作的自由时差。

图 4-72 中,工作②→③的自由时差为 1,工作②→④的自由时差为 8,工作③→⑤的自由时差为 1,工作⑤→⑥的自由时差为 2。

3. 总时差

自右向左进行,其值等于诸紧后工作的自由时差之和的最小值与本工作的自由时差之和。即 $TF_{i-j} = \min\{\sum FF_{j-k}\} + FF_{i-j}$

图 4-72 中,工作⑤→⑥无紧后工作,$TF_{5-6} = 2$;

工作③→⑤有一个紧后工作⑤→⑥,$TF_{3-5} = FF_{5-6} + FF_{3-5} = 2 + 1 = 3$

工作②→③有二个紧后工作③→④、③→⑤,

$$TF_{2-3}=\min\{1+2,0+0,0+0+2\}+1=1;$$

工作②→④有二个紧后工作④→⑤、④→⑥,$TF_{2-4}=\min\{0+2,0\}+8=8;$

4. 最迟时间参数

最迟开始时间 LS_{i-j} 和最迟完成时间 LF_{i-j} 应按下式计算:

$$LS_{i-j}=ES_{i-j}+TF_{i-j}$$

$$LF_{i-j}=EF_{i-j}+TF_{i-j}$$

ES_{i-j}——最早开始时间;

EF_{i-j}——最早完成时间;

TF_{i-j}——总时差。

如图 4-72 所示的关键线路及各时间参数的判读结果见图中标注。

工作③→④,$LS_{3-4}=ES_{3-4}+TF_{3-4}=5+0=5$

$\qquad\qquad LF_{3-4}=EF_{3-4}+TF_{3-4}=11+0=11$

工作②→③,$LS_{2-3}=ES_{2-3}+TF_{2-3}=1+1=2$

$\qquad\qquad LF_{2-3}=EF_{2-3}+TF_{2-3}=4+1=5$

工作②→④,$LS_{2-4}=ES_{2-4}+TF_{2-4}=1+8=9$

$\qquad\qquad LF_{2-4}=EF_{2-4}+TF_{2-4}=3+8=11$

工作③→⑤,$LS_{3-5}=ES_{3-5}+TF_{3-5}=5+3=8$

$\qquad\qquad LF_{3-5}=EF_{3-5}+TF_{3-5}=10+3=13$

工作⑤→⑥,$LS_{5-6}=ES_{5-6}+TF_{5-6}=11+2=13$

$\qquad\qquad LF_{2-4}=EF_{5-6}+TF_{5-6}=14+2=16$

第六节　双代号网络计划的具体应用

一、分部工程网络计划

按照房屋的部位不同,将其分为几个分部工程,分别绘制各分部工程的施工网络计划。绘制过程中,既要考虑各施工过程之间的工艺关系,又要考虑其组织关系,同时还应注意网络图的构图。

(一)基础工程施工网络计划

1. 砖基础

若将砖基础划分为挖土、垫层、砖基、回填土等四个施工过程,划分两个施工段组织流水施工,按施工过程排列的网络计划如图 4-73 所示。

若将砖基础划分为四个施工过程,划分三个施工段组织流水施工,按施工段排列的网络计划如图 4-74 所示。

2. 钢筋混凝土条形基础

若该基础分为挖土、垫层、模板与钢筋、浇混凝土、砌砖基、浇防水带、回填土等施工过程,划分两个施工段组织流水施工,按施工段排列的网络计划如图

4-75所示。

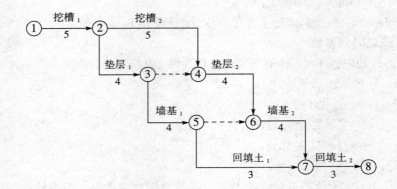

图 4-73　砖基础分部工程施工网络计划（2 个施工段）

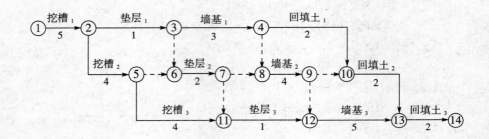

图 4-74　砖基础分部工程施工网络计划（3 个施工段）

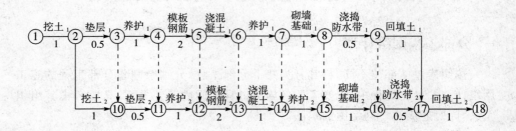

图 4-75　钢筋混凝土条形基础分部工程施工网络计划

（二）主体工程网络计划

1. 砖混结构

当主体工程划分为砌砖墙、楼盖两个施工过程时，每层楼分两个施工段组织施工，其施工网络计划如图 4-76 所示。

当主体工程划分砌砖墙、现浇圈梁、安装楼板三个施工过程时，每层楼分三个施工段组织施工，其标准层流水施工网络图如图 4-77 所示。

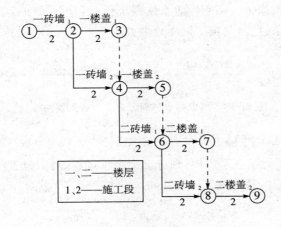

图 4-76

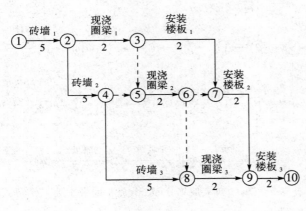

图 4-77

2. 框架结构

现浇框架结构划分为支模板、扎钢筋、浇混凝土三个施工过程，每层三个施工段组织流水施工，其标准层施工网络计划如图 4-78 所示。

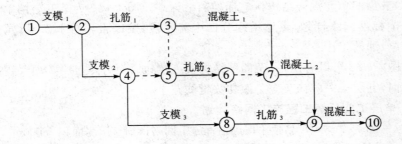

图 4-78 框架结构主体分部工程施工网络计划

(三)屋面工程施工网络计划

没有高低层，且没有设置变形缝的屋面工程，一般不分段施工，即只能采用依次施工方式组织施工。某刚性防水屋面工程，划分屋面细石混凝土、屋面嵌缝与分仓缝两个施工过程，其施工网络计划如图4-79所示。

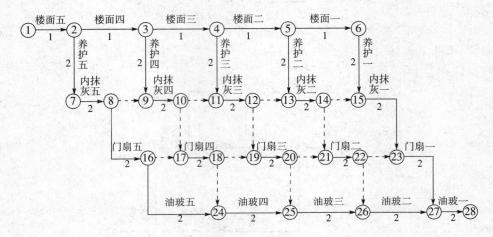

图4-79 刚性防水屋面分部工程施工网络计划

（四）装饰工程施工网络计划

图4-80所示为某五层房屋，划分五个施工过程，五个施工段组织流水施工，按施工过程排列的内装饰施工网络计划。

图4-80 装饰分部工程施工网络计划

二、单位工程施工网络计划

1. 混合结构房屋施工网络计划

（1）某宿舍工程，砖混结构，六层，面积2060m²，现浇钢筋混凝土楼板，施工网络如图4-81所示。

（2）五层四单元混合结构住宅标准网络计划。图4-82为某五层四单元混合结构住宅标准网络计划，主体结构分四个流水段，装修工程自上而下，同时插入水、暖、电、油的工作。

由图4-82可以看出，一至四层结构及五层砌墙处于关键线路上，装修阶段五层地面，五层至一层抹灰等工序在关键线路上。

2. 单层工业厂房工程施工网络计划

图4-83是某纺织厂新建主厂房工程施工网络计划。厂房面积18000m²，呈锯齿形，共13跨，柱网9×13.8m，厂房全长123m，宽109m，高9m。预制T形梁长13.8m，空心风道梁和∧形三角架，预应力空心屋面板，上铺沥青矿渣棉保温，轻钢檩条，石棉瓦屋面，天窗为双层钢窗，地下设有风道，地面在混凝土或钢筋混凝土垫层上做水磨石或抹水泥或菱苦土，天棚、墙面，梁、柱一律刮腻子，并有大量油漆墙裙。

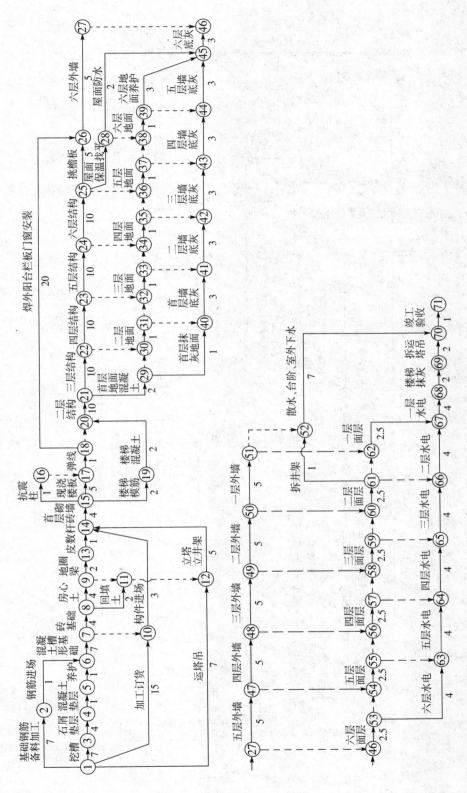

图 4-81　宿舍工程施工网络计划

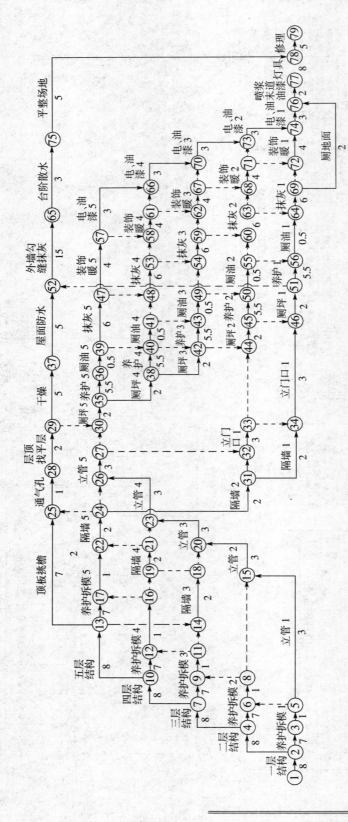

图 4-82　五层四单元混合结构住宅标准网络计划

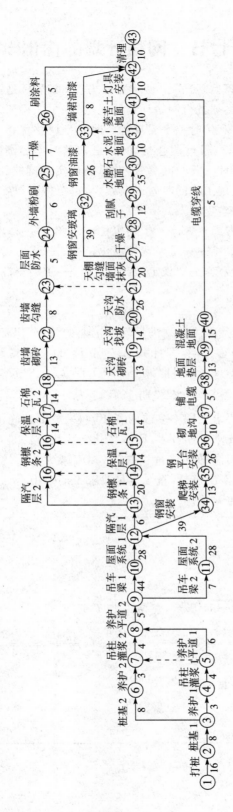

图 4-83 某纺织厂单层工业厂房工程施工网络计划

第七节　网络计划的优化

　　网络计划经绘制计算后,可得出最初方案,这个方案只是一种可行方案,但不是最佳方案,为此,还必须进行网络计划的优化。

　　网络计划的优化,是利用时差来实现的。时差是调整优化的基础,调整与优化只能在时差范围内进行,通过调整与优化,最初的时差逐渐减少,甚至全部消失,每次优化后又要重新计算各时间参数,并重新确定关键线路,随着逐步优化,关键工作逐渐增加,非关键工作的时差逐渐减少,直至达到需要的目标为止。

　　网络计划优化的内容:

　　(1)保证工期,暂不考虑资源——工期优化;

　　(2)工期较短,费用最小——工期费用优化;

　　(3)资源有限,工期最短;工期规定,资源最少——工期资源优化。

[想一想]

　　网络计划的优化目标有哪几种,它们的优化原理相同吗?

一、工期优化

　　工期优化的目的,是使网络计划满足规定工期的要求,保证按期完成工程任务,网络计划最初方案的总工期,即计算总工期 T_c,也即关键线路的延续时间。可能小于或等于要求工期 T_r,也可能大于要求工期 T_r。

(一)计算工期小于或等于要求工期　$T_c \leqslant T_r$

　　如果计算工期小于要求工期不多或两者相等,一般不必优化。

　　如果计算工期小于要求工期较多,则宜优化。优化方法是:延长关键工作中资源占用量大或直接费用高的工作持续时间(相应减少其资源需用量),重新计算各工作时间参数,反复多次进行,直至满足要求工期为止。

【实践训练】

课目:调整网络计划

(一)背景资料

　　已知网络计划如图 4-84 所示,规定工期 $T_r = 28$ 天。

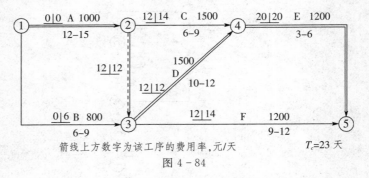

箭线上方数字为该工序的费用率,元/天　　　　$T_c = 23$ 天

图 4-84

（二）问题

试进行调整。

（三）分析与解答

(1)按极限时间计算工作的最早开始时间 ES_{i-j} 和最迟开始时间 LS_{i-j}，确定关键线路。该网络计划的关键线路为：①→②→③→④→⑤计算工期 $T_c=23$ 天，如图 4-84。

(2)对网络计划进行调整。由于规定工期 $T_r=28$ 天，所以需延长计算工期 $T_r-T_c=28-23=5$ 天，为此增加关键工作的工作持续时间。本例关键线路上有 3 项工作，①→②、③→④、④→⑤，工作③→④费用率最高，延长 2 天，则持续时间为 10 天；工作④→⑤费用率次之，延长 3 天，则持续时间为 6 天。延长后的网络计划见图 4-85。

(3)重新计算网络计划各参数（图 4-85），满足要求。

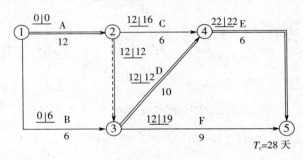

图 4-85

（二）计算工期大于要求工期

当计算工期大于要求工期时，可通过压缩关键工作的持续时间来达到优化目标。由于关键线路的缩短，次关键线路可能转化为关键线路。当优化过程中出现多条关键线路时，必须同时压缩各条关键线路的持续时间，才能有效地将工期缩短。

1. 优化步骤

工期优化计算，应按下述步骤进行：

(1)计算并找出初始网络计划的计算工期、关键线路及关键工作。

(2)按要求工期计算应缩短的时间 ΔT；$\Delta T=T_c-T_r$。

(3)确定各关键工作能缩短的时间。

(4)选择关键工作、压缩其持续时间，并重新计算网络计划的工期。

(5)若计算工期仍超过要求工期，则重复以上步骤，直到满足工期要求或工期已不能再缩短为止。

(6)当所有关键工作或部分关键工作已达到最短持续时间而寻求不到持续压缩工期的方案，但工期仍不满足要求工期时，应对计划的原技术、组织方案进行调整，或对要求工期重新审定。

2. 选择应缩短持续时间的关键工作考虑因素

(1)缩短持续时间对质量和安全影响不大。

(2)备用资源充足。

(3)缩短持续时间所需增加的费用最少。

【实践训练】

课目:调整网络计划

(一)背景资料

已知双代号网络计划如图 4-86 所示,假定要求工期为 40 天。

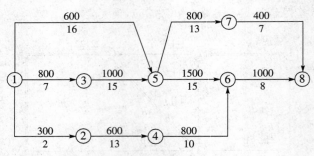

箭线上方数字为该工序的费用率,元/天

图 4-86

(二)问题

试进行工期优化。

(三)分析与解答

(1)计算网络计划的时间参数,确定关键线路。

如图 4-87 所示,关键线路为:①→③→⑤→⑥→⑧计算工期为 45 天;

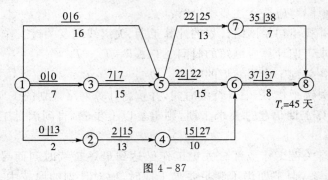

图 4-87

该网络计划应缩短的时间 $\Delta T = 45 - 40 = 5$ 天。

(2)分析线路长度。

①→⑤→⑦→⑧　　　　　　36 天

①→③→⑤→⑦→⑧　　　　　42 天

①→③→⑤→⑥→⑧　　　　　45 天

①→⑤→⑥→⑧　　　　　　39 天

①→②→④→⑥→⑧　　　　　33 天

关键线路 45 天,次关键线路 42 天,如果只缩短关键线路 5 天,则次关键线路 42 天成为关键线路,仍不能满足要求,所以还须同时将次关键线路缩短 2 天。

(3)调整工作工作延续时间。

如将工作⑤→⑥缩短 3 天,即由 15 天缩短至 12 天,关键线路就缩短了 3 天时间,再将工作③→⑤缩短 2 天,即由 15 天缩短至 13 天,则不仅关键线路缩短 2 天,而且次关键线路①→③→⑤→⑦→⑧也缩短了 2 天。

(4)绘制调整后的网络计划,重新计算各参数。

计算结果见图 4-88,其关键线路为:

①→③→⑤→⑦→⑧和①→③→⑤→⑥→⑧计算工期为 40 天,满足规定工期要求。

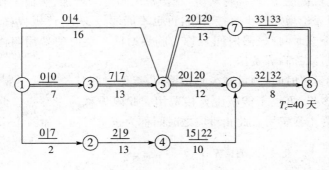

图 4-88

二、工期-费用优化

在网络计划中,时间与费用的均衡是一个重要的课题。怎样使计划以最短的时间和最少的费用完成,这就必须研究时间与费用问题,寻求最优工期。

最优工期,是指完成计划的时间较短而费用最小的工期。寻求最优工期是从完成任务的最短时间和费用与正常时间和费用出发,找出时间较短,费用最少的合理方案。

工期与费用有着密切的关系,一般来说为缩短工期要增加费用,延长工期可节省费用。工程的成本由直接费用和间接费用两部分组成:直接费是建筑工程所需的人工费、材料费和施工机械使用费等;间接费由施工管理费等项目组成。

由于工程所采用的施工方案不同,对直接费影响较大,对间接费也有影响,与施工工期、施工方案及工程成本更有密切的关系。

一般说来,工程的直接费是随着工期缩短而增加,如工程采取缩短工期的措施,往往会增加工程成本。例如增加工人数,增加工作班次,增加施工机械和设备数量及更换大功率的施工机械,混凝土采用早强剂,混凝土的加热养护,以上这些措施,都会增加工程成本。

[想一想]
任何一个网络计划都有最优工期吗?

工程的间接费包括管理人员、后勤人员工资,全工地性设施的租赁费,现场一切临时设施,公用福利事业费及利息等,一般说来,缩短工期会引起直接费用的增加和间接费用的减少,延长工期会引起直接费用的减少和间接费用的增加,我们要求的是直接费用和间接费用总和最小,即费用最小的工期为最优工期,如图 4－89 所示,从图 4－89工期-费用曲线中可以看出:任何一个工程都有一个最优工期,即费用总和的最低点 B。

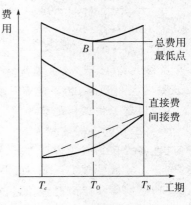

图 4－89 工期-费用曲线

一般来说,直接费随着工作时间的改变而变化,其变化情况如图 4－90 所示的虚线曲线,欲缩短时间,即加快速度,通常要增加工人、机械设备,增加材料等,直接费用则跟着增加,然而工作时间缩短至某一限度,即无论增加多少直接费用,再也不能缩短工期,此限界称为临界点,此时的时间为最短时间(极限时间),称为临界时间。此时的费用叫做最短时间费用(极限费用)或称临界费用。

反之,若延长时间,则可减少直接费用,然而时间延长至某一界限,即无论将工期延长至多长,再也不能减少直接费用。此限界称为正常点。此限界的最小直接费用称为正常费用。此相对应之时间称为正常时间。如图 4－90 所示。

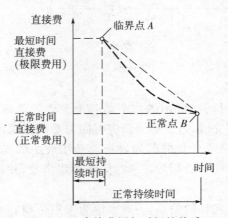

图 4－90 直接费用与时间的关系

连接正常点与临界点之曲线,称为费用曲线,事实上此曲线并非光滑的曲线,而为一折线,为计算方便,假定 A 点与 B 点为直接连接的直线,如图 4－90 所示。

由于假定 A 点与 B 点是直线连接,这样单位时间内费用的变化是固定的,我们把单位时间内费用的变化称为费用率,用 ΔC_{i-j} 表示。

$$\Delta C_{i-j} = \frac{CC_{i-j} - CN_{i-j}}{DN_{i-j} - DC_{i-j}} \qquad (4-10)$$

式中　CC_{i-j}——将工作 $i-j$ 持续时间缩短为最短持续时间后,完成该工作所需的直接费用,又叫极限费用;

CN_{i-j}——在正常条件下完成工作 $i-j$ 所需的直接费用,又叫正常费用;

DN_{i-j}——工作 $i-j$ 的正常持续时间,又叫正常时间;

DC_{i-j}——工作 $i-j$ 的最短持续时间,又叫极限时间。

如图 4-91 所示,当根据工程量和有关定额,工作面的大小,合理劳动组织等条件确定的正常时间为 14 天,相应的正常费用为 60 元,倘若考虑增加劳动人数、机械台数及工作班数等措施后可能采用的极限时间(最短时间)为 4 天,相应的极限费用为 180 元,所以单位时间费用率(ΔC_{i-j})

$$\Delta C_{i-j} = \frac{CC_{i-j} - CN_{i-j}}{DN_{i-j} - DC_{i-j}} = \frac{180-60}{14-4} = 12 \text{ 元/天}$$

时间缩短一天,费用增加 12 元,反之,时间增加一天,费用降低 12 元。

不同工作(或工作)的费用率是不同的,费用率愈大,表示施工的时间缩短一天,所增加的费用愈大或时间增加一天,所减少的费用愈大。因此,要缩短时间,首先要缩短位于关键线路的 ΔC_{i-j} 值最小的某一工作的持续时间,这样,直接费用增加最少。

工期-费用的优化,是以工作时差为基础,费用率为依据,通过计算,寻求最优工期。

现举例说明,工期-费用优化的方法和步骤。

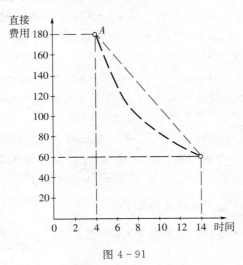

图 4-91

【实践训练】

课目：探求工期短、费用少的方案

(一)背景资料

某生产任务的网络计划,如图 4－92 所示。

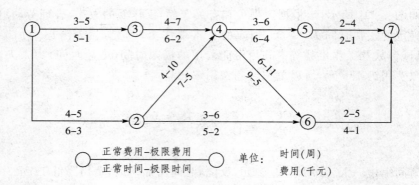

图 4－92

(二)问题

试研究并求出工期较短而费用最少的最优方案。

(三)分析与解答

(1)计算各工作的费用率

工作①→②　　$\Delta C_{1-2}=(5-4)/(6-3)=0.333$ 千元

　　①→③　　$\Delta C_{1-3}=(5-3)/(5-1)=0.5$ 千元

　　③→④　　$\Delta C_{3-4}=(7-4)/(6-2)=0.75$ 千元

　　②→④　　$\Delta C_{2-4}=(10-4)/(7-5)=3$ 千元

同理算出其他各工作的费用率,计算结果填入表 4－9 内第三栏。

(2)求得正常时间、正常费用计划表

计算工作的最早开始时间 ES_{i-j}、最迟开始时间 LS_{i-j} 及工作总时差 TF_{i-j},计算结果填入表 4－9 内第一栏。由计算结果可知,计划工期 $T=26$ 周,正常总费用 31000 元,关键线路①→②→④→⑥→⑦,非关键工作总时差:

①→③　③→④　总时差为 2

④→⑤　⑤→⑦　总时差为 5

②→⑥　　　　　总时差为 11

表 4-9 工期-费用优化示例

工序	(一) 正常情况下					(二) 极限情况下				
	DN_{ij}	CN_{ij}	ES_{ij}	LS_{ij}	TF_{ij}	DC_{ij}	CC_{ij}	ES_{ij}	LS_{ij}	TF_{ij}
①→②	6	4	0	0	0	3	5	0	0	0
①→③	5	3	0	2	2	1	5	0	5	5
②→④	7	4	6	6	0	5	10	3	3	0
②→⑥	5	3	6	17	11	2	6	3	11	8
③→④	6	4	5	7	2	2	7	1	6	5
④→⑤	6	3	13	18	5	4	6	8	9	1
④→⑥	9	6	13	13	0	5	11	8	8	0
⑤→⑦	2	2	19	24	5	1	4	12	13	1
⑥→⑦	4	2	22	22	0	1	5	13	13	0
T			26	26				14	14	
合计		31					59			

(续表)

工序	(三) 费用率 元/周	(四) $DN_{ij}-DC_{ij}$	(五) 时间不变调整后计划表				
			调整数	t	费用	Es_{ij}	Ls_{ij}	TF_{ij}
①→②	333	3		3	5	0	0	0
①→③	500	4	1	2	4.5	0	0	0
②→④	3000	2		5	10	3	3	0
②→⑥	1000	3	3	5	3	3	8	5
③→④	750	4	4	6	4	2	2	0
④→⑤	1500	2		4	6	8	8	0
④→⑥	1250	4		5	11	8	8	0
⑤→⑦	2000	1	1	2	2	12	12	0
⑥→⑦	1000	3		1	5	15	13	0
T						14		
合计					50.5			

工序	（六） 中间时间费用计划表					（七） 中间时间最小费用计划表				
	调整数	t	费用	Es_{ij}	Ls_{ij}	TF_{ij}	调整数	t	费用	Es_{ij}	Ls_{ij}	TF_{ij}
①→②		3	5	0	0	0		3	5	0	0	0
①→③		2	4.5	0	2	2	2	4	3.5	0	0	0
②→④	2	7	4	3	3	0		7	4	3	3	0
②→⑥		5	3	3	11	8		5	3	4	11	8
③→④		6	4	2	4	2		6	4	4	4	0
④→⑤	1	5	4.5	10	10	0		5	4.5	10	10	0
④→⑥		5	11	10	11	1	1	6	9.75	10	10	0
⑤→⑦		2	2	15	15	0		2	2	15	15	0
⑥→⑦		1	5	15	16	1		1	5	16	16	0
T				17	17					17	17	
合计			43						40.75			

（3）求得极限时间、极限费用计划表

计算工作的最早开始时间 ES_{i-j}、最迟开始时间 LS_{i-j} 及工作总时差 TF_{i-j}，计算结果填入表 4—9 内第二栏。由计算结果可知，计划工期 T＝14 周，极限总费用 59000 元，关键线路①→②→④→⑥→⑦，非关键工作总时差：

    ①→③   ③→④   总时差为 5

    ④→⑤   ⑤→⑦   总时差为 1

    ②→⑥   总时差为 8

由表 4—9 可以看出：极限时间（费用）与正常（费用）比较，时间相差 26－14＝12 周，费用增加 59000－31000＝28000 元。如果所有工作时间，都按极限时间进行，则工程费用很大，如果将非关键线路上的工作时间延长，并不影响整个计划的完工时间，但费用可显著降低。

（4）延长非关键线路上的工作时间

如延长表 4—9 第二栏中总时差为 1 的工作④→⑤和⑤→⑦，它们的费用率分别是 1500 元/周、2000 元/周，故延长⑤→⑦1 周，可节约费用 2000 元；总时差为 5 的工作①→③、③→④，它们的费用率分别是 500 元/周、750 元/周，故延长③→④4 周（延长到正常时间），可节约费用 750×4＝3000 元；延长①→③1 周，节约费用 500 元；延长②→⑥3 周，节约费用 3000 元。

根据以上调整，列出极限时间——最小费用计划表，见表 4—9 第五栏。

由表4-9第五栏可知,总时间14周,总费用50500元,在总工期不变的情况下,可节约费用59000－50500＝8500元,非关键工作②→⑥(总时差为5),其余都是关键工作(虽然工作②→⑥有时差$TF_{2-6}＝5$,但②→⑥工作时间,已达正常时间,无法再延长)。

(5)中间时间和费用计划

在极限时间最小费用计划表(表4-9第五栏)的基础上,将时间适当延长,使费用相应的下降。

从表4-9第三栏可以看出,②→④的费用率最高(3000元/周),正常时间为7周,而极限时间为5周,将②→④延长2周,可减少费用$2×3000＝6000$元,再将②→④同一线路上费用率最高的工作④→⑤延长1周,可节约1500元。

此时,总时间已延长到17周,费用节约$6000＋1500＝7500$元,调整后的计划表见表4-9第六栏。由表4-9第六栏可知,总工期17周,总费用43000元。

关键线路:　①→②→④→⑤→⑦　　　　$T＝17$周

非关键工作:④→⑥　⑥→⑦　　　　　　总时差为1

　　　　　　①→③　③→④　　　　　　总时差为2

　　　　　　②→⑥　　　　　　　　　　总时差为8

(6)中间时间——最小费用计划表

表4-9第六栏的基础上延长非关键线路上工作的时间,可使工程费用减少,

工作④→⑥延长1周,可节约费用1250元;

工作①→③延长2周,可节约费用$2×500＝1000$元;

工作②→⑥不能延长,已达正常时间。

此时,总工期17周,总费用40750元。

(7)绘制时间费用曲线

如图4-93,正常时间、费用a(26,31),极限时间、费用d(14,59),极限时间、最小费用c(14,50.5),a、c之间确定b点,即中间时间最小费用b(17,40.75),将a、b、c三点连一平滑曲线,即可近似地决定直接费用曲线。对于间接费用,大致与时间成正比,故可绘一直线,设每周的间接费为1000元,故14周的间接费为14000元,26周的间接费为26000元。

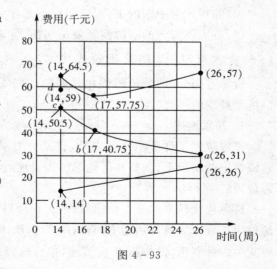

图 4-93

把直接费用曲线与间接费用曲线合成为总费用曲线(图4-93)。

由曲线最低点,即可决定最小费用的时间—费用计划,该点所对应的工期为最优工期,其费用是最少费用。

三、资源优化

资源是指为完成工程任务所需的人力、材料、机械设备和资金等的统称。一项工程任务的完成。所需资源量基本是不变的,不可能通过资源优化将其减少。但是,一般情况下,资源供应受各种条件限制,这些资源也是有一定限量的。资源优化是通过改变工作的开始时间,保证资源需要量在其限量之内,使资源按时间的分布符合优化目标。

资源优化中常用术语:

(1)资源强度

一项工作在单位时间内所需的某种资源数量,工作 $i \rightarrow j$ 的资源强度用 $r_{(i-j)}^{k}$ 表示。

(2)资源需用量

网络计划中各项工作在某一单位时间内所需某种资源数量之和。第 t 天资源需用量用 Rt 表示。

(3)资源限量

单位时间内可供使用的某种资源的最大数量,用 R_a 表示。

资源优化通常有两种不同的情况:一是在资源供应有限制的条件下,寻求计划的最短工期,即资源有限、工期最短问题;二是在工期规定的条件下,力求资源消耗的均衡,即规定工期的资源均衡问题。

优化的前提条件:

(1)优化过程中,原网络计划的逻辑关系不改变;

(2)优化过程中,网络计划的各工作持续时间不改变;

(3)除规定可中断的工作外,一般不允许中断工作,应保持其连续性;

(4)各工作每天的资源需要量是均衡、合理的,在优化过程中不予变更。

(一)资源有限-工期最短的优化

资源有限-工期最短的优化是调整计划安排,以满足资源限制条件,并使工期拖延最少的过程。

1. 基本原理

资源限制条件下的资源安排,就是针对项目可得的资源是有限的且不能超过该约束的情况下,调整和优化原施工进度计划,使其产生的施工工期延长时间为最短。

[试一试]

举例说明资源有限-工期最短优化的基本原理?

资源优化模型的基本假定:设某工程项目需要 S 种不同的资源,已知每天可能供应的资源数量分别为 $R_{a1}(t)$,$R_{a2}(t)$,$R_{a3}(t)$,$\cdots$,$R_{as}(t)$。完成每项工作只需要其中一种资源,设为第 K 种资源,单位时间资源需要量(即强度)以 r^{k} 表示,并假定 r^{k} 为常数。在资源供应满足 r^{k} 的条件下,完成工作$(i \rightarrow j)$所需持续的时间为 D_{i-j}。网络计划资源动态曲线中任何资源时段$[t_a,t_b]$内每天的资源消耗量总和 R_k 均应小于或等于该计划每天的资源限定量 R_a,即满足:

$$R_k \leqslant R_a \tag{4-11}$$

其中：$R_k = \sum r_{(i-j)}^k \in [t_a, t_b], K = 1, 2, 3 \cdots S$

整个网络计划第 K 种资源的总需要量为 $\sum R_k$

$$\sum R_k = \sum (r^k \times D_{(i-j)}) \tag{4-12}$$

那么在满足物资供应限制的条件下，施工计划的最短工期的下界为

$$\min(T_k) = \max \left[\frac{1}{R_a} \sum r^k \times D_{(i-j)} \right]$$

如果在不考虑物资资源供应的限制条件下，算得网络计划关键路线的长度为 L_{cp}，那么施工进度计划工期必然满足下式：

$$T \geqslant \max \{L_{cp}, \min(T_k)\} = \max \left\{ L_{cp}, \min \left[\frac{1}{R_a} \sum r_{(i-j)}^k \times D_{(i-j)} \right] \right\}$$

为了把问题简化起见，假定所有工作都需同样的一种资源，即 $S=1$。在实际工程中，一个网络计划往往涉及多种资源，但在多数场合下只需考虑一种主要资源。

2. "资源有限-工期最短"的优化方法

某五层混合结构房屋，该房屋建筑面积为 $1336m^2$。砌墙劳动量 $P=1508.8$ 工日，分 3 个施工段，拟安排 40 人砌墙，一班制施工，该住宅楼层高 2.8m，砌墙时沿高度划分 2 个砌筑层，每个砌筑层施工持续时间为：

$$t_砌 = \frac{1508.8}{5 \times 3 \times 2 \times 40 \times 1} \approx 1 \text{ 天。}$$

吊楼板：劳动量 $P=1011.6$ 工日，拟安排 30 人吊装，一班制施工，施工持续时间为：

$$t_吊 = \frac{1011.6}{5 \times 3 \times 30 \times 1} \approx 2 \text{ 天。主体工程劳动力需要量曲线见图 4-94。}$$

砌墙如果只有 30 名瓦工，则施工时间 $t_砌 = \frac{1508.8}{5 \times 3 \times 30 \times 1} \approx 2$ 天，每一施工段延长了 2 天。

吊楼板如果只有 20 名起重工，则施工时间 $t_吊 = \frac{1011.6}{5 \times 3 \times 2 \times 20 \times 1} \approx 3$ 天，

每一施工段延长了 3 天。主体工程工期延长后劳动力需要量曲线见图 4-94。

由于砌墙和吊装时间延长，可能会影响整个项目的施工工期，为了使资源压缩对工期影响最小，就必须利用施工网络计划的工作总时差，对工作的优先分配顺序作统一安排，按优先原则依次将资源分配到各项工作中去。

一般利用的优先准则有：

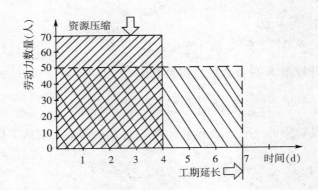

图 4-94　资源压缩、工期延长示意图

(1)将资源分配给具有较小时差的工作;

(2)将资源分配给最早开工时间值较小的工作;

(3)将资源分配给每单位时间资源需要量较大的工作;

(4)将资源分配给工作代号$(i-j)$较小的作业,即顺序较前的工作;

(5)如果工作$(i-j)$的结束节点j距离网络图的终点节点较远,则该项工作提前或推迟完工对总工期会产生的影响较大,因而应给予足够的重视;

(6)工作$(i-j)$的紧后工作愈多,则网络构成就愈复杂,该工作对总工期的制约就更不可低估。目前通常采用的方法有备用库法、资源调配法(RSM)。

3. 备用库法

(1)备用库法基本原理

备用库法分配有限资源的基本原理是:设可供分配的资源储存在备用库中,任务开始后,从库中取出资源,按工作的"优先安排准则"给即将开始的工作分配资源,并考虑到尽可能的最优组合,分配不到资源的工作就推迟开始。备用库法资源分配的优先安排准则为:

① 优先安排机动时间小的工作;

② 当数项工作的机动时间相同时,优先安排资源需要量较大的工作,以提高资源的利用率。

随着时间的推移和工作的结束,资源陆续返回到备用库中。当库中的资源达到能满足即将开始的一项或数项工作的资源需求时,再从备用库中取出资源,按这些工作优先安排准则进行分配,这样循环反复,一直到所有工作都分配到资源为止。

(2)备用库法优化步骤

① 根据工作的最早开始时间绘制时标网络图,并计算各单位时间的资源需要量,绘制资源需要量动态曲线。

② 从网络图的起点节点开始,依次自左向右调整。若在某一时间段内资源需要量没有超过限定额,则所有的工作均可按原计划进行;若资源需要量超过限定额,就需要对原计划进行调整。

③ 对调整时段内的各项工作,按照优先安排准则进行编号。方法是:

a. 对位于关键线路上的工作进行编号,其编号为 $1,2\cdots N_1$;

b. 对位于非关键线路上的工作按其总时差递增的顺序进行编号,其编号为 $N_{1+1},N_{1+2}\cdots$ 如果总时差相等,则按工作每单位时间资源需要量递减的顺序进行编号。

④ 将位于本时段内的工作,按编号由小到大的顺序,以不超过资源限定额为准,依次分配所需的资源,余下的工作推迟到下一个时段重新参加排队。

在这一安排过程中,若安排了 N 项工作后,剩下的资源不够安排第 N+1 项工作,还需判断能否安排 N+1 后的工作。即某项工作编号虽小,但剩余资源量不能满足该工作需求时,应考虑安排该时段内编号虽大,但资源需求量小的工作,这样做有利于缩短工程工期。

⑤ 假定计算至 $[t_k,t_{k+1}]$ 时段,其资源总需要量超过了限定额,则对 $[t_k,t_{k+1}]$ 时段内的工作(即在 t_k 之前或就在 t_k 开始,而在 t_{k+1} 之后或就在 t_{k+1} 结束的工作)根据以下原则进行安排。

对于内部不允许中断的工作:先对 t_k 之前开始而在 t_k 之后结束的工作,根据新的总时差与其开始时间至 t_{k+1} 的距离之差 $[TF_{ij}-(t_k+1-ES_{ij})]$ 的递增顺序编号,其编号为 $1,2\cdots N_1$;对上述差值相等的工作,按其每单位时间资源需要量递减的顺序编号。然后对 $[t_k,t_{k+1}]$ 时段内余下的工作,按步骤 3) 的原则进行编号,其编号为 $N+1,N+2\cdots\cdots$。

对于内部允许中断的工作:在 t_k 之前开始而在 t_k 之后结束的工作,把其在 t_k 之前和之后部分当作两个独立的工作处理。t_k 之后部分按步骤 3) 的原则进行编号。

最后按编号顺序依次对各工作分配每单位时间所需资源,分配不到资源的工作右移至 t_{k+1} 开始。

⑥ 按照上述步骤和原则从左至右顺次进行调整,直至全部工作满足要求为止。

【实践训练】

课目:用备用库法对原计划进行优化

(一)背景资料

某工程项目网络计划如图 4-95 所示,图中箭线下方数字为工作持续时间,箭线上方括号内数字为工作资源需要量。各工作所需资源可相互通用,每项工作开始后不得中断。

(二)问题

试用备用库法在资源限量不超过 8 的条件下,对原计划进行资源有限、工期最短优化。

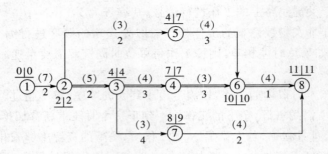

图 4-95

(三)分析与解答

(1)计算节点时间参数,结果如图 4-95 所示。

(2)按节点最早时间绘制时标网络图,如图 4-96 所示。图中箭线上数字为该工作的资源需要量,并在时标网络图的下方绘制出资源需要量动态曲线。

(3)从图 4-96 可知,第一个超过资源供应限额的时段为[4,7]时段,需进行调整。该时段内有工作 3→4、3→7 和 5→6。根据资源分配规则进行排序并分配资源,结果见表 4-10。

表 4-10 [4,7]时段工作排序及资源分配表

排序编号	工作名称	排序依据	资源分配	
			$R_{(i-j)}$	$R_a - R_k$
1	3→4	$TF_{3-4}=0$	4	8−4=4
2	3→7	$TF_{3-7}=1$	3	8−(4+3)=1
3	5→6	$TF_{5-6}=3$	4	右移 3d

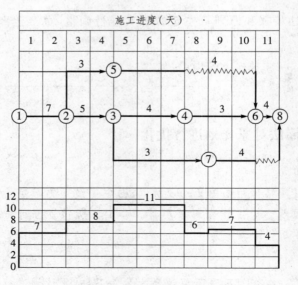

图 4-96 优化前时标网络图

(4)绘制工作5→6右移3d后的时标网络图和资源需要量动态曲线,如图4-97所示。

(5)从图4-97可知,此时第一个超过资源供应的时段为[7,8],需进行调整。该时段内有工作5→6、4→6和3→7,根据资源分配规则进行排序并分配资源,结果见表4-11。

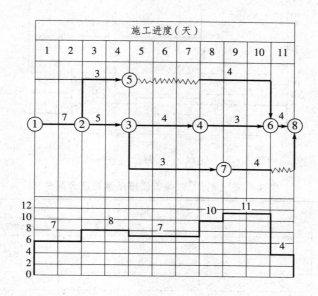

图4-97 时段[7,8]调整后时标网络图

表4-11 [7,8]时段工作排序及资源分配表

排序编号	工作名称	排序依据	资源分配	
			$\dot{R}_{(i-j)}$	$R_a - R_k$
1	3→7	$TF_{3-7}=1$(本时段前开始,优先)	3	8−3=5
2	4→6	$TF_{4-6}=0$	3	8−(3+3)=2
3	5→6	$TF_{5-6}=0$	4	右移 1d

(6)绘制工作5→6再右移1d后的时标网络图和资源需要量动态曲线,如图4-98所示。

(7)从图4-98可知,此时第一个超过资源供应限额的时段为[8,10],需进行调整。该时段内有工作5→6、4→6和7→8,根据资源分配规则进行排序并分配资源,结果见表4-12。

(8)绘制工作7→8右移2d后的时标网络图和资源需要量动态曲线,如图4-99所示。

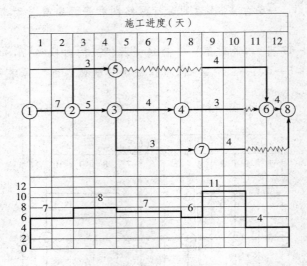

图 4 - 98　时段[7,8]调整后时标网络图

表 4 - 12　[8,10]时段工作排序及资源分配表

排序编号	工作名称	排序依据	资源分配	
			$R_{(i-j)}$	$R_a - R_k$
1	5→6	$TF_{5-6}=0$ （本时段开始，优先）	4	$8-4=4$
2	4→6	$TF_{4-6}=1$	4	$8-(4+3)=1$
3	7→8	$TF_{7-8}=2$	4	右移 2d

（9）从图 4 - 99 可看出，整个计划的资源日需要量均已满足资源供应量 8 的要求。但由于工作 5→6 和工作 4→6 的右移超出了其总机动时间，导致总工期延长了 1d。

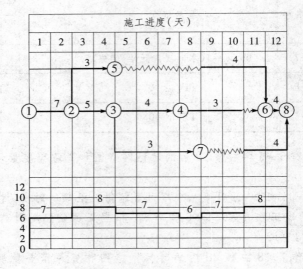

图 4 - 99　优化后的时标网络图

4. 资源调配法(RSM)

资源调配法是研究两个发生资源冲突的工作,解除资源冲突后,能使总工期最短的最优决策方法。RSM 法只适用于解决一种资源问题。它可以用于手工计算,但更宜于编写程序用计算机计算。

(1)RSM 方法的基本模式

RSM 方法的基本模式可用下列示例说明。假定 3→4、3→7、5→6 三项工作都需要一台挖土机,它们的最早开始时间、最迟开始时间、最早完成时间、最迟完成时间表 4-13 所示。将其绘制成横道图,如图 4-100 所示。

表 4-13　网络图部分时间参数计算

工作名称	持续时间	网络图部分时间参数计算结果			
		ES	EF	LS	LF
3→4	3	4	7	4	7
3→7	4	4	8	6	10
5→6	3	4	7	7	10

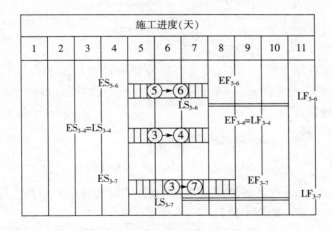

图 4-100

图 4-100 绘出了各工作按最早时间安排的进度线,并列出 ES、EF、LS、LF。工作③→④的总时差为零,因此它是关键工作。现只有两台挖土机可供使用,因此当三项工作均按最早开始时间开工时,在第 5 天到第 7 天就发生了资源冲突。从图 4-100 中显然可以看到,任何两项工作顺序的调整都能解除这一冲突。问题在于选择哪两项工作,又如何安排。

为了确定最优安排法则,现假定把工作③→⑦移接在工作③→④之后进行,则其工期增加值 $\Delta T_{(3-4,3-7)}$ 为:

$$\Delta T_{(3-4,3-7)} = EF_{3-4} + D_{3-7} - LF_{3-7}$$

由于
$$LF_{3-7} = LS_{3-7} + D_{3-7}$$

所以
$$\Delta T_{(3-4,3-7)} = EF_{3-4} + D_{3-7} - (LS_{3-7} + D_{3-7})$$
$$= EF_{3-4} - LS_{3-7} = 7 - 6 = 1$$

工作③→⑦移动后的进度线见图4-101。由图4-101可知,工期延长了1天。

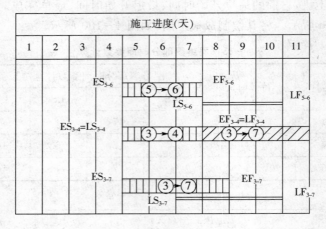

图 4 - 101

根据以上推导结果可以得出,发生资源冲突的任意两项工作 $i \to j$ 和 $m \to n$,当将工作 $i \to j$ 安排在工作 $m \to n$ 后面进行时工期延长时间最短的计算公式。

对双代号网络计划:

$$\Delta T_{m'-n',i'-j'} = \min\{\Delta D_{m-n,i-j}\} \tag{4-13}$$

$$\Delta D_{m-n,i-j} = EF_{m-n} - LS_{i-j} \tag{4-14}$$

式中 $\Delta T_{m'-n',i'-j'}$——在各种顺序安排中,最佳顺序安排所对应的工期延长时间的最小值;

$\Delta D_{m-n,i-j}$——在资源冲突的诸工作中,工作 $i \to j$ 安排在工作 $m \to n$ 之后进行工期所延长的时间。

分析式(4-13)和式(4-14),可以得出一个重要的一般结论:当两工作由原来的平行施工改变为顺序衔接施工时,只有把最迟开始时间最迟(LS 值最大)的工作接在最早完成时间最早(EF 值最小)的工作之后,才能使工期增加值最小。如果工期增加值为负数,那就表明利用后面工作的时差就可以解除冲突,工期可不延长。

从表4-13查到 EF 的最小值为7,属于工作③→④、⑤→⑥,LS 的最大值为7,属于工作⑤→⑥。因此将工作⑤→⑥安排在③→④后面进行时,工期增加值为最小,即:

$$\Delta T_{(3-4,5-6)} = EF_{3-4} - LS_{5-6} = 7 - 7 = 0$$

由此可知：把工作⑤→⑥安排在③→④后面进行，工期并不增加，且解除了资源冲突。

在多项工作发生资源冲突时，虽然按上法将某工作移接到另一工作之后，但冲突可能仍未获得解决，这时就要在剩余的（不包括已移开的）工作中继续选择增加工期最短的工作移到其他工作之后进行，如此继续进行，直至全部解决资源冲突为止。

（2）RSM 方法解题步骤

① 绘制无时标网络图，计算各项时间参数。

② 绘制时标网络图，计算每"时间单位"的资源需要量。

③ 从计划开始日期起，逐个检查每个"时间单位"的资源需要量是否超过资源限量，如果在整个工期内每个"时间单位"均能满足资源限量的要求，可行优化方案就编制完成，否则必须进行计划调整。

④ 分析超过资源限量的时段，按式（4-13）计算 $\Delta T_{m'-n',i'-j'}$，依据它确定新的安排顺序。

⑤ 当最早完成时间 EF_{m-n} 最小值和最迟开始时间 LS_{i-j} 最大值同属一个工作时，应找出最早完成时间 EF_{m-n} 值为次小，最迟开始时间 LS_{i-j} 为次大的工作，分别组成两个顺序方案，再从中选取较小者进行调整。

⑥ 绘制调整后的网络计划，重复步骤①～④，直到满足要求。

【实践训练】

课目：用资源调配法进行资源、工期优化

（一）背景资料

在实践训练课目图 4-51 的网络图中加入资源需要量（见图 4-102 箭杆上括号内数字）。资源限量为 15。

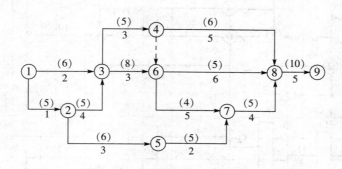

图 4-102　初始网络图

（二）问题

进行资源有限、工期最短优化。

（三）分析与解答

（1）计算时间参数，计算结果见表4-14。

表4-14 时间参数计算表

工作编号	工作时间 D_{i-j}	资源需要量 R_{i-j}	最早开始时间 ES_{i-j}	最早结束时间 EF_{i-j}	最迟开始时间 LS_{i-j}	最迟结束时间 LF_{i-j}	总时差 TF_{i-j}	关键线路 CP
1→2	1	5	0	1	0	1	0	√
1→3	2	6	0	2	3	5	3	
2→3	4	5	1	5	1	5	0	√
2→5	3	6	1	4	8	11	7	
3→4	3	5	5	8	5	8	0	√
3→6	3	8	5	8	5	8	0	√
4→6	0	0	8	8	8	8	0	√
4→8	5	6	8	13	12	17	4	
5→7	2	5	4	6	11	13	7	
6→7	5	4	8	13	8	13	0	√
6→8	6	5	8	14	11	17	3	
7→8	4	5	13	17	13	17	0	√
8→9	5	10	17	22	17	22	0	√
				$T_c=22$				

（2）绘制时标网络图及资源需要量曲线，如图4-103所示。

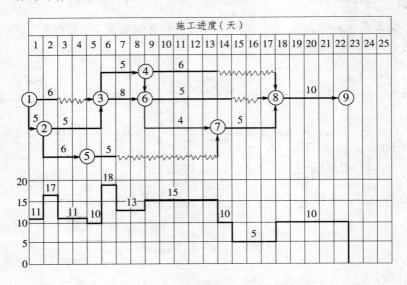

图4-103 初始时标网络图及资源需要量曲线

（3）逐日由前往后检查。

① 第一天未超过限量，故不需调整。

② 第二天超过了限量，17＞15，需要调整。在这一天共有3项工作1→3、2→3和2→5同时施工。查时间参数计算表4-14，工作2→5的最迟开始时间最晚，$LS_{2-5}=8$；工作1→3的最早完成时间最早，$EF_{1-3}=2$。因此，将工作2→5移至工作1→3后进行。修正后的时标网络图和资源需要量曲线如图4-104所示。

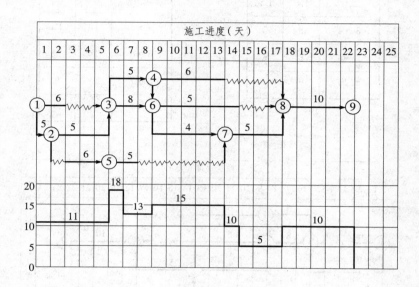

图4-104　工作2→5右移1d后时标网络图

③ 在图4-104中，第六天资源需要量超过了限量，18＞15，需要调整。在这一天共有3项工作3→4、3→6和5→7同时施工，各工作最早完成及最迟开始时间见表4-15。

这里最早的EF和最晚的LS都是工作5→7，根据步骤⑤，可以选四组数字，然后取较小的一组。

$$
\Delta T = \min
\begin{cases}
EF_{5-7}-LS_{3-4}=7-5=2 \\[2mm]
EF_{3-4}-LS_{5-7}=8-11=-3 \\[2mm]
EF_{5-7}-LS_{3-6}=7-5=2 \\[2mm]
EF_{3-6}-LS_{5-7}=8-11=-3
\end{cases}
=-3
$$

所以选工作5-7接在工作3-4之后，或接在3-6之后进行。修正后的资源需要量曲线见图 4-105。

在图 4-105 中，第 9、10 天资源需要量超过了限量，20＞15，需要调整。在这 2 天共有 4 项工作 4→8、6→8、6→7 和 5→7 同时施工。各工作最早完成及最迟开始时间见表 4-16。

表 4-15

工作	EF	LS
3→4	8	5
3→6	8	5
5→7	7	11

表 4-16

工作	EF	LS
4→8	13	12
6→8	14	11
6→7	13	8
5→7	10	11

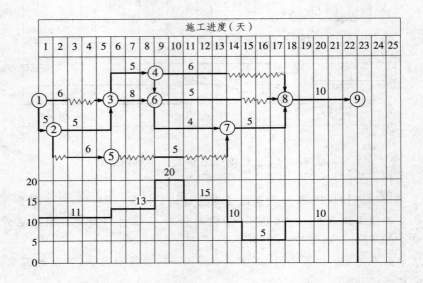

图 4-105　工作 5→7 右移 3d 后时标网络图

这里最早的 EF 是工作 5→7 和最晚的 LS 工作 4→8。因此，将工作 4→8 移至工作 5→7 后进行，修正后的时标网络图和资源需要量曲线如图 4-106 所示。

在图 4-106 中，第 14 天资源需要量超过了限量，16＞15，需要调整。在这 1 天共有 3 项工作 4→8、6→8、7→8 同时施工。各工作最早完成及最迟开始时间见表 4-17。

这里最早的 EF 是工作 6→8 和最晚的 LS 工作 7→8。因此，将工作 7→8 移至工作 6→8 后进行。修正后的时标网络图和资源需要量曲线如图 4-107 所示。到此为止，资源已满足供应要求，总工期延长 1 天。

建筑施工组织

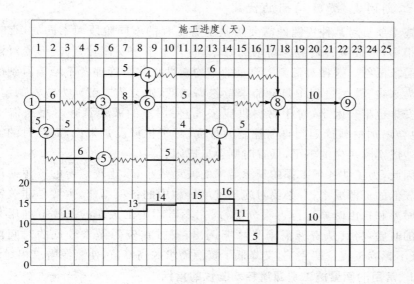

图 4-106　工作 4→8 右移 2d 后时标网络图

表 4-17

工作	EF	LS
4→8	15	12
6→8	14	11
7→8	17	13

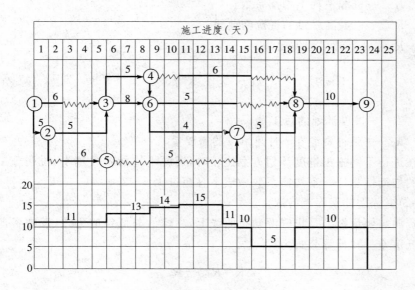

图 4-107　工作 7→8 右移 1d 后时标网络图

(二)工期固定-资源均衡的优化

施工项目对某种资源的需要量是随着工程的不同阶段而不同的,有时需要量会很多,形成某种资源的需求高峰;有时几乎不需要该种资源,形成对该种资源的需求低谷。这种对资源需要量的不均衡性往往是管理者不希望看到的。对劳动力来说,施工过程中每日需求量忽高忽低,则会造成劳动力成本的增加,给工作安排也带来困难;对于材料供应来说,使用量的波动意味着短缺需求的增加,也会增加材料计划制订与控制的难度;对于机械设备来说,高峰时的需求量就会造成实际供应的不足,低谷时则会造成闲置。

因此,为了使各项工作的资源需求的波动最小,以比较稳定的资源使用率保持比较低的资源成本,有必要对施工进度计划中的各项工作,主要是非关键工作的总时差和自由时差进行再次分配,即在不影响施工工期的条件下利用非关键工作的时差,将其从资源需求高峰期调出,安排在资源需求较低的时间段。这样,既不影响工程按期完工,又降低了资源需求的高峰值,使资源需求相对均衡。

1. 常用的衡量施工资源消耗均衡性的指标

常用的衡量施工资源消耗均衡性的指标有 3 种,可以根据资源需要量曲线来计算:

(1)资源消耗不均衡系数(K)

资源消耗不均衡系数用资源最高峰时的需要量与平均需要量的比值表示。其计算公式为:

$$K = \frac{R_{\max}}{R_m} \tag{4-15}$$

式中　K——资源消耗不均衡系数;

$R_{\max}$——最高峰时的资源需要量;

R_m——资源平均需要量。

$$R_m = \frac{1}{T} \sum_{t=1}^{T} R_t \tag{4-16}$$

T——进度计划的总工期;

R_t——某种资源在 t 时间单位的需要量。

在进行不同施工进度计划方案比较时,资源不均衡系数越小,说明施工资源安排的均衡性越好。不均衡系数一般不宜超过 1.5～2.0。

(2)资源需要量极差(ΔR)

资源需要量极差是指资源动态曲线上,高峰值与低谷值之差,反映资源分布的高低落差。其计算公式为:

$$\Delta R = R_{\max} - R_{\min} \tag{4-17}$$

式中　ΔR——资源需要量极差;

$R_{\max}$——高峰时资源需要量;

R_{min}——低谷时资源需要量。

ΔR 越小,资源均衡越好。

(3)资源需要量均方差(σ^2)

资源需要量均方差是指在资源需要量曲线上,各时段内需要量与平均需要量之差的平方和的平均值。其计算公式为:

$$\sigma^2 = \frac{1}{T}\sum_{i=1}^{T}[R_t - R_m]^2 \qquad (4-18)$$

式中　　T——施工工期;

　　　　R_m——资源平均需要量;

　　　　R_t——某种资源在 t 时间单位的需要量。

方差 σ^2 值越小,资源的均衡性就越好。

2. 缩方差法

(1)优化原理

如果所有工作都需要同样一种资源,即单位时间资源需要量(强度)r^k 为常数,则资源动态曲线的方差表达式可展开为:

$$\sigma^2 = \frac{1}{T}\sum_{i=1}^{T}[R_t - R_m]^2 = \frac{1}{T}\left[\sum_{i=1}^{T}R_t^2 - \sum_{i=1}^{T}2R_tR_m + \sum_{i=1}^{T}R_m^2\right]$$

因为:$R_m = \frac{1}{T}\sum_{t=1}^{T}R_t$

则,
$$\sigma^2 = \frac{1}{T}\sum_{i=1}^{T}R_t^2 - R_m^2 \qquad (4-19)$$

在式(4-19)中,总工期 T 和资源的单位平均需要量 R_m 在给定的计划中是不变的常数,所以要缩小方差 σ^2,就必须让 $\sum_{i=1}^{T}R_t^2$ 达到最小,故将这个变量作为均衡性指标来加以评价。设 $W = \sum_{i=1}^{T}R_t^2$,则 W 为不同时段中各工作使用同一种资源的平方和,并且 W 为一种网络计划中各工作在某种开工条件下的结果,当改变这种网络计划中某项工作的开工、完工时间时,同样得出一个新的 W_1。这种网络计划中工作状态的改变就是将某些工作(特别是非关键工作)的开工时间向后移动,从而改变资源需要量的分布,求解目标就是使各种资源均衡分布。怎样达到均衡目标,由 W 越小越均衡推出:

$W_1 > W$　　　　趋向更不均衡

$W_1 < W$　　　　趋向更均衡

令　$\Delta W = W_1 - W$

则　$\Delta W < 0$　　　　趋向均衡

（2）资源均衡优化的前提条件

为了使目标函数 σ^2 减少，可以利用网络图中有时差的各项工作进行计划调整。调整应当满足以下条件：

① 为了不改变总工期，每项工作的调整只能在工作持续时间许可的范围内进行；

② 调整的结果应使 σ^2 减少，资源计划较为均衡。

（3）优化方法

资源越均衡，均衡性指标 W 就越小。在资源均衡优化过程中，如果调整某些非关键工作，促使 W 单调下降，就能保证资源需要量逐渐趋于平衡。

如图 4-108 所示，假设被调整的非关键工作为 $(i \rightarrow j)$，它的自由时差为 EF_{i-j}，每日需要某一资源的数量为 R_{i-j}，最早开始时间为 a，最早结束时间为 b，将该工作推迟 1 个时间单位（例如：天）开工，即向后（向右）移动 1 个时间单位，则对整个计划而言：

第 $(a+1)$ 天资源需要量减少为　$R_{(a+1)} - R_{i-j}$；

第 $(b+1)$ 天资源需要量增加为　$R_{(b+1)} + R_{i-j}$。

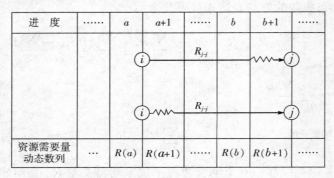

图 4-108　资源均衡优化条件分析图

则工作 $(i-j)$ 右移 1 个时间单位，资源需要量平方和 $\sum\limits_{i=1}^{T} R_t^2$ 值的变化量 ΔW 为：

$$\Delta W = \{[R_{(b+1)} + R_{i-j}]^2 + [R_{(a+1)} - R_{i-j}]^2\} - [R_{(b+1)}^2 + R_{(a+1)}^2]$$
$$= 2R_{i-j}[R_{(b+1)} - R_{(a+1)} + R_{i-j}] \qquad (4-20)$$

若 $\Delta W < 0$，则均衡性指标 W 下降，可调整该工作，直至时差用完为止。

若 $\Delta W = 0$，则均衡性指标 W 无变化，这时若移动该工作，不会使原来的均衡状态改变，但能为其紧前工作的后移创造条件，所以也是有利的，可调整该工作，直至时差用完为止。

若 $\Delta W > 0$，则均衡性指标 W 增加，不可调整该工作。

所以，要使工作右移一个时间单位，缩小 W 值，则必须使 $\Delta W < 0$，即：

$$\Delta W = 2R_{i-j}[R_{(b+1)} - R_{(a+1)} + R_{i-j}] \leqslant 0$$

因为　　　　$R_{i-j} > 0$

所以求出单资源优化的收敛条件为：

$$\Delta = R_{(b+1)} - R_{(a+1)} + R_{i-j} \leqslant 0 \qquad (4-21)$$

调整工作时，若能满足式(4-21)，则可将该工作右移 1 个时间单位，否则，不右移。

式(4-21)是工作推迟 1 个时间单位时，均衡性指标 W 的变动公式，当移动 1 个时间单位不符合式(4-21)的要求时，并不一定表明该工作不能移动 2 个单位、3 个单位…T_1 个单位，所以必须逐一试算 T_1 个时间单位(当然在时差范围内)的资源变化。从而可由式(4-20)推出，一次右移了 T_1 个时间单位时，优化收敛条件为：

$$\Delta W = 2R_{i-j} \left\{ \sum_{P=1}^{T_1} \left[R_{(b+P)} - R_{(a+P)} + R_{i-j} \right] \right\} \qquad (4-22)$$

$$\Delta = \sum_{P=1}^{T_1} \left[R_{(b+P)} - R_{(a+P)} + R_{i-j} \right] \leqslant 0 \qquad (4-23)$$

式中　　P——一次移动的时间单位数。

即当工作开始时间右移了 T_1 个时间单位时，满足式(4-23)要求，则是可以右移的，否则，不右移。

调整的顺序是从右向左(逆箭线方向)进行，遇到有时差的工作，按式(4-21)进行检查，符合该式要求则将工作右移 1 个时间单位；不符合式(4-21)时，再用式(4-23)检查是否能一次移动 2 个单位、3 个单位……符合式(4-23)要求则将工作右移；然后继续移动该工作，直到时差用完或不符合判别式(4-21)或式(4-23)为止。

需要强调的是，进行优化时，必须是先试算能否右移 1 个时间单位，若不能，再考虑一次右移 2 个单位、3 个单位……即每次只能增加 1 个时间单位。否则，得到的就不是最优的资源均衡计划。

(4)优先推迟规则

在工期固定的条件下对资源计划进行调整优化，是在按最早开始时间绘制的时标网络图的基础上，通过非关键工作在其时差范围内的向后移动(推迟)来实现的。因为在按最早开始时间绘制的时标网络图中，时差总是存在于非关键线路最后面的工作中，因此利用时差进行调整，必须按工作的逻辑关系自右向左逆序进行，即按节点编号由大到小的顺序调整。

当以某一节点为结束节点的工作有多个拥有时差的紧后工作时，各工作向后移动的先后次序即推迟规则是：

① 按 Δ 绝对值由大到小的顺序调整；

② 按总时差由大到小的顺序调整；

③ 按单位时间资源需要量由小到大的顺序调整；

④ 按工作持续时间由小到大的顺序调整。

(5)工期规定、资源均衡优化的步骤

① 根据施工进度计划,绘制时标双代号网络图及资源需要量曲线,确定关键工作、非关键工作及各工作的总时差,计算初始资源需要量的均方差。

② 从双代号时标网络图的最后一个节点开始,按节点从右向左顺序依次调整以该节点为结束节点的所有非关键工作的开始时间和结束时间,并使均方差逐步减小。

对于具有相同结束节点的非关键工作,按其开始时间从迟到早的顺序进行调整。

③ 经过一轮的调整后,能使施工计划的资源需要量均方差有所减小。但是,由于该工期规定、资源均衡的优化方法仍属一种近似方法,每一步调整只考虑了计划局部最优,而没有考虑计划整体最优,经过一轮的调整后,并不一定能保证得到最优方案。因此,还有必要经过几轮的调整,直到所有工作都不能再移动为止。

【实践训练】

课目:进行工期固定-资源均衡的优化

(一)背景资料

已知某工程施工进度计划,如图 4-109 所示。图中箭杆上方 △ 内的数字表示工作每天资源需要量,箭杆下方为工作的持续时间。

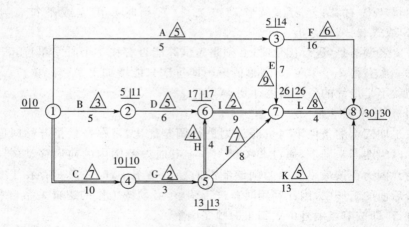

图 4-109 工期规定、资源均衡优化示例

(二)问题

试进行工期固定-资源均衡的优化

(三)分析与解答

(1)根据图 4-109 所示资料,计算节点最早开始时间,最迟开始时间,找出关

键线路,计算结果见图 4-109。

(2)绘制双代号时标网络图及资源需要量曲线,如图 4-110 所示。

关键线路为 C→G→H→I→L,资源需要量曲线中高峰值 $R_{max}=27$,低谷值 $R_{min}=7$。

(3)计算资源平均需要量和均方差:

工期 $T=30$,资源平均需要量:

$$R_m = \frac{1}{T}\sum_{i=1}^{T} R_t$$

$$= \frac{1}{30}\left[15\times5+27\times5+22\times1+17\times1+8\times1+22\times4+20\times4+7\times5+8\times4\right]$$

$$= 16.4$$

$$\sum_{i=1}^{T} R_t^2 = 15^2\times5+27^2\times5+22^2\times1+17^2\times1+8^2\times1+22^2\times4+20^2\times4$$

$$+7^2\times5+8^2\times4=9644$$

均方差

$$\sigma^2 = \frac{1}{T}\sum_{i=1}^{T} R_m^2 - R_t^2$$

$$\sigma^2 = \frac{1}{30}\times9644-16.4^2=52.51$$

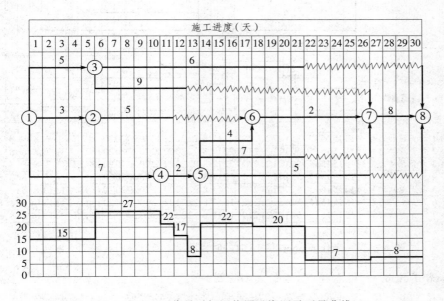

图 4-110 双代号时标网络图及资源需要量曲线

(4)优化的目标是在工期不变的情况下,调整非关键工作的时间安排,从而减少资源需要量的均方差。

① 第一次调整

终点节点⑧。以节点⑧为结束节点的非关键工作有 3→8 和 5→8。

根据式 4-21，判断 Δ。

工作 5→8：

$a=13,b=26,TF_{5-8}=4,R_{5-8}=5$

$\Delta_{5-8}=R_{(b+1)}-R_{(a+1)}+R_{i-j}=R_{(26+1)}-R_{(13+1)}+R_{5-8}=8-22+5=-9$。

工作 3→8：

$a=5,b=21,TF_{3-8}=9,R_{3-8}=6$

$\Delta_{3-8}=R_{(b+1)}-R_{(a+1)}+R_{i-j}=R_{(21+1)}-R_{(5+1)}+R_{3-8}=7-27+6=-14$

$|\Delta_{3-8}|>|\Delta_{5-8}|$，根据优先推迟规则，先考虑工作 3→8。

对于工作 3→8：以图 4-110 为基础，应用式（4-21）：

$\Delta_{3-8}=R_{(b+1)}-R_{(a+1)}+R_{i-j}=R_{(21+1)}-R_{(5+1)}+R_{3-8}=7-27+6=-14<0$，

可右移 1 天。

工作 3→8 右移 1d 的时标网络图及资源需要量动态数列见图 4-111。

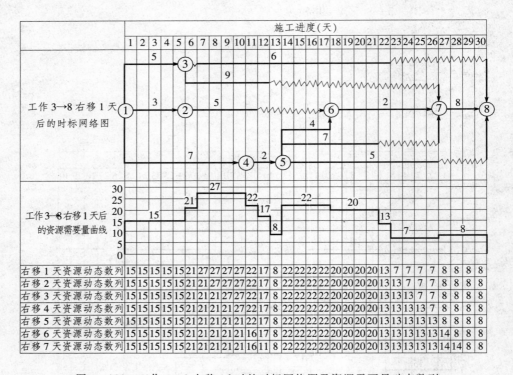

图 4-111　工作 3→8 右移 1d 时的时标网络图及资源需要量动态数列

若工作 3→8 再右移 1d，根据式（4-21）有：

$R_{(21+2)}-R_{(5+2)}+R_{3-8}=7-27+6=-14<0$，可右移 1 天。

$R_{(21+3)}-R_{(5+3)}+R_{3-8}=7-27+6=-14<0$，可右移 1 天。

$R_{(21+4)}-R_{(5+4)}+R_{3-8}=7-27+6=-14<0$，可右移 1 天。

$R_{(21+5)}-R_{(5+5)}+R_{3-8}=7-27+6=-14<0$，可右移 1 天。

$R_{(21+6)}-R_{(5+6)}+R_{3-8}=8-22+6=-8<0$，可右移 1 天。

$R_{(21+7)}-R_{(5+7)}+R_{3-8}=8-17+6=-3<0$，可右移 1 天。

$R_{(21+8)}-R_{(5+8)}+R_{3-8}=8-8+6=+6>0$，不能右移。

工作 3→8 右移 7d 时标网络图及资源需要量曲线见图 4-112。

计算工作 3→8 右移 7d 后资源平均需要量和均方差：

$T=30$，资源平均需要量：

$$R_m=\frac{1}{T}\sum_{i=1}^{T}R_t$$

$$=\frac{1}{30}[15\times5+21\times5+16\times1+11\times1+8\times1+22\times4+20\times4$$

$$+13\times5+14\times2+8\times2]=16.4$$

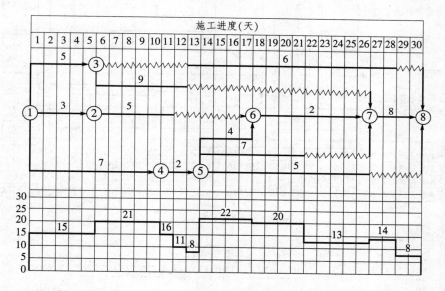

图 4-112　工作 3→8 右移 7d 时的时标网络图及资源需要量曲线

$$\sum_{i=1}^{T}R_t^2=15^2\times5+21^2\times5+16^2\times1+11^2\times1+8^2\times1+22^2\times4$$

$$+20^2\times4+13^2\times5+14^2\times2+8^2\times2=8672$$

均方差：$\sigma^2=\frac{1}{30}\times8672-16.4^2=289.06-268.96=20.1$

对于工作 5→8：以图 4-112 为基础，应用式(4-21)：

$\Delta_{5-8}=R_{(b+1)}-R_{(a+1)}+R_{i-j}=R_{(26+1)}-R_{(13+1)}+R_{5-8}=14-22+5=-3<$
0，可右移 1 天。

工作 5→8 右移 1d 的时标网络图及资源需要量动态数列见图 4-113。

若工作 5→8 再右移 ld，根据式(4-21)有：

$$R_{(26+2)} - R_{(13+2)} + R_{5-8} = 14 - 22 + 5 = -3 < 0, 可右移 1 天。$$

$$R_{(26+3)} - R_{(13+3)} + R_{5-8} = 8 - 22 + 5 = -9 < 0, 可右移 1 天。$$

$$R_{(26+4)} - R_{(13+4)} + R_{5-8} = 8 - 22 + 5 = -9 < 0, 可右移 1 天。$$

图 4-113 工作 5→8 右移 1d 时的时标网络图及资源需要量动态数列由于总时差已用完,故工作 5→8 不能再右移。工作 5→8 右移 4d 时标网络图及资源需要量曲线见图 4-114。

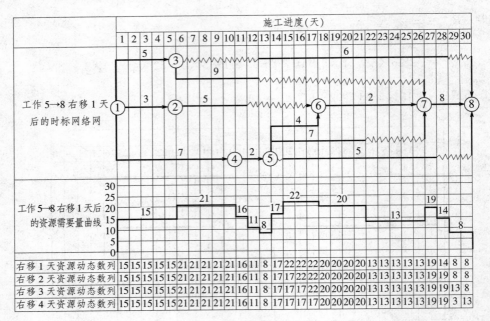

图 4-113

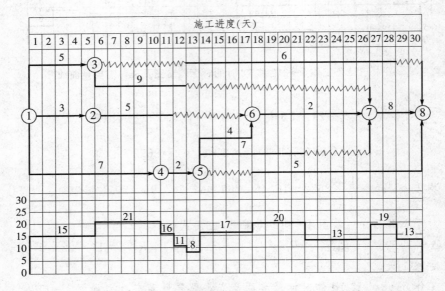

图 4-114 工作 5→8 右移 4d 时的时标网络图及资源需要量曲线

计算工作 5→8 右移 4d 后资源平均需要量和均方差：

资源平均需要量：$T=30$

$$R_m = \frac{1}{T} \sum_{i=1}^{T} R_t$$

$$= \frac{1}{30} [15 \times 5 + 21 \times 5 + 16 \times 1 + 11 \times 1 + 8 \times 1 + 17 \times 4 + 20 \times 4 + 13 \times 5$$

$$+ 19 \times 2 + 13 \times 2] = 16.4$$

均方差：

$$\sigma^2 = \frac{1}{T} \sum_{i=1}^{T} R_t^2 - R_m^2$$

$$\sum_{i=1}^{T} R_t^2 = 15^2 \times 5 + 21^2 \times 5 + 16^2 \times 1 + 11^2 \times 1 + 8^2 \times 1 + 17^2 \times 4$$

$$+ 20^2 \times 4 + 13^2 \times 5 + 19^2 \times 2 + 13^2 \times 2$$

$$= 1125 + 2205 + 256 + 121 + 64 + 1156 + 1600 + 845 + 722 + 338$$

$$= 8432$$

$$\sigma^2 = \frac{1}{30} \times 8432 - 16.4^2 = 281.07 - 268.96 = 12.11$$

② 第二次调整

以节点⑦为结束节点的非关键工作有 3→7 和 5→7。

根据式 4-21，判断 Δ。

工作 5→7：

$a=13, b=21, TF_{5-7}=5, R_{5-7}=7$

$\Delta_{5-7} = R_{(b+1)} - R_{(a+1)} + R_{i-j} = R_{(21+1)} - R_{(13+1)} + R_{5-7} = 13 - 17 + 7 = 3 > 0$，不能右移 1d。

根据式（4-23）有：

$R_{(21+1)} - R_{(13+1)} + R_{5-7} + R_{(21+2)} - R_{(13+2)} + R_{5-7}$

$= 13 - 17 + 7 + 13 - 17 + 7 = 6 > 0$，不能右移 2d。

$R_{(21+1)} - R_{(13+1)} + R_{5-7} + R_{(21+2)} - R_{(13+2)} + R_{5-7} + R_{(21+3)} - R_{(13+3)} + R_{5-7}$

$= 13 - 17 + 7 + 13 - 17 + 7 + 13 - 17 + 7 = 6 > 0$，不能右移 3d。

$R_{(21+1)} - R_{(13+1)} + R_{5-7} + R_{(21+2)} - R_{(13+2)} + R_{5-7} + R_{(21+3)} - R_{(13+3)} + R_{5-7} +$

$R_{(21+4)} - R_{(13+4)} + R_{5-7} = 13 - 17 + 7 + 13 - 17 + 7 + 13 - 17 + 7 + 13 - 17 + 7 = 9 > 0$，不能右移 4d。

$R_{(21+1)} - R_{(13+1)} + R_{5-7} + R_{(21+2)} - R_{(13+2)} + R_{5-7} + R_{(21+3)} - R_{(13+3)}$

$+ R_{5-7} + R_{(21+4)} - R_{(13+4)} + R_{5-7} + R_{(21+5)} - R_{(13+5)} + R_{5-7}$

$= 13 - 17 + 7 + 13 - 17 + 7 + 13 - 17 + 7 + 13 - 17 + 7 + 13 - 20 + 7 = 6 > 0$，不能右移 5d。

由于工作 5→7 的总时差=5，所以工作 5→7 不能右移。

工作 3→7：

$a=5, b=12, TF_{3-7}=14, R_{3-7}=9$

$\Delta_{3-7}=R_{(b+1)}-R_{(a+1)}+R_{i-j}=R_{(12+1)}-R_{(5+1)}+R_{3-7}=8-21+9=-4<0$，可右移 1 天。

工作 3→7 右移 1d 的时标网络图及资源需要量动态数列见图 4-115。

若工作 3→7 再右移 1d，根据式(4-21)有：

$R_{(12+2)}-R_{(5+2)}+R_{3-7}=17-21+9=5>0$，不能右移 2d。

根据式(4-23)有：

$R_{(12+2)}-R_{(5+2)}+R_{3-7}+R_{(12+3)}-R_{(5+3)}+R_{3-7}$
$=17-21+9+17-21+9=10>0$，不能右移 3d。

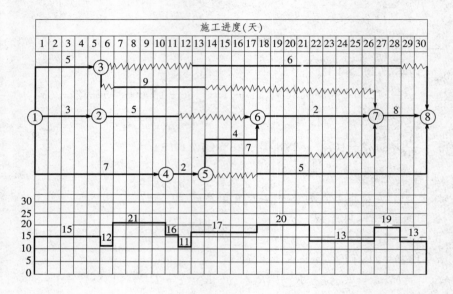

图 4-115

$R_{(12+2)}-R_{(5+2)}+R_{3-7}+R_{(12+3)}-R_{(5+3)}+R_{3-7}+R_{(12+4)}-R_{(5+4)}+R_{3-7}$
$=17-21+9+17-21+9+17-21+9=15>0$，不能右移 4d。

$R_{(12+2)}-R_{(5+2)}+R_{3-7}+R_{(12+3)}-R_{(5+3)}+R_{3-7}+R_{(12+4)}-R_{(5+4)}+R_{3-7}+$
$R_{(12+5)}-R_{(5+5)}+R_{3-7}=17-21+9+17-21+9+17-21+9+17-21+9=$
$20>0$，不能右移 5d。

$R_{(12+2)}-R_{(5+2)}+R_{3-7}+R_{(12+3)}-R_{(5+3)}+R_{3-7}+R_{(12+4)}-R_{(5+4)}+R_{3-7}+$
$R_{(12+5)}-R_{(5+5)}+R_{3-7}+R_{(12+6)}-R_{(5+6)}+R_{3-7}$
$=17-21+9+17-21+9+17-21+9+17-21+9+20-16+9=33>0$，不能右移 6d。

依此类推，结果是工作 3→7 右移 1d 后，再不能右移。

计算工作 3→7 右移 1d 后资源平均需要量和均方差：

$T=30$。

资源平均需要量：

$$R_m = \frac{1}{T} \sum_{i=1}^{T} R_t$$

$$= \frac{1}{30} [15 \times 5 + 12 \times 1 + 21 \times 4 + 16 \times 1 + 11 \times 1 + 17 \times 5 + 20 \times 4 + 13 \times 5$$

$$+ 19 \times 2 + 13 \times 2] = 16.4$$

$$\sum_{i=1}^{T} R_t^2 = 15^2 \times 5 + 12^2 \times 1 + 21^2 \times 4 + 16^2 \times 1 + 11^2 \times 1 + 17^2 \times 5$$

$$+ 20^2 \times 4 + 13^2 \times 5 + 19^2 \times 2 + 13^2 \times 2$$

$$= 1125 + 144 + 1764 + 256 + 121 + 1445 + 1600 + 845 + 722 + 338$$

$$= 8360$$

均方差

$$\sigma^2 = \frac{1}{30} \times 8360 - 16.4^2 = 278.67 - 268.96 = 9.71$$

③ 第三次调整

以节点⑥为结束节点的非关键工作只有 2→6。

根据式 4－21，判断 Δ。

工作 2→6：

$a = 5, b = 11, TF_{5-7} = 6, R_{2-6} = 5$

$\Delta_{2-6} = R_{(b+1)} - R_{(a+1)} + R_{i-j} = R_{(11+1)} - R_{(5+1)} + R_{2-6} = 11 - 12 + 5 = 4 > 0$，不能右移 1d。

根据式(4－23)有：

$R_{(11+1)} - R_{(5+1)} + R_{2-6} + R_{(11+2)} - R_{(5+2)} + R_{2-6}$

$= 11 - 12 + 5 + 17 - 21 + 5 = 5 > 0$，不能右移 2d。

$R_{(11+1)} - R_{(5+1)} + R_{2-6} + R_{(11+2)} - R_{(5+2)} + R_{2-6} + R_{(11+3)} - R_{(5+3)} + R_{2-6}$

$= 11 - 12 + 5 + 17 - 21 + 5 + 17 - 21 + 5 = 6 > 0$，不能右移 3d。

$R_{(11+1)} - R_{(5+1)} + R_{2-6} + R_{(11+2)} - R_{(5+2)} + R_{2-6} + R_{(11+3)} - R_{(5+3)} + R_{2-6} +$
$R_{(11+4)} - R_{(5+4)} + R_{2-6}$

$= 11 - 12 + 5 + 17 - 21 + 5 + 17 - 21 + 5 + 17 - 21 + 5 = 7 > 0$，不能右移 4d。

$R_{(11+1)} - R_{(5+1)} + R_{2-6} + R_{(11+2)} - R_{(5+2)} + R_{2-6} + R_{(11+3)} - R_{(5+3)} + R_{2-6} +$
$R_{(11+4)} - R_{(5+4)} + R_{2-6} + R_{(11+5)} - R_{(5+5)} + R_{2-6}$

$= 11 - 12 + 5 + 17 - 21 + 5 + 17 - 21 + 5 + 17 - 21 + 5 + 17 - 21 + 5 = 8 > 0$，不能右移 5d。

$R_{(11+1)} - R_{(5+1)} + R_{2-6} + R_{(11+2)} - R_{(5+2)} + R_{2-6} + R_{(11+3)} - R_{(5+3)} + R_{2-6} +$
$R_{(11+4)} - R_{(5+4)} + R_{2-6} + R_{(11+5)} - R_{(5+5)} + R_{2-6} + R_{(11+6)} - R_{(5+6)} + R_{2-6}$

$= 11 - 12 + 5 + 17 - 21 + 5 + 17 - 21 + 5 + 17 - 21 + 5 + 17 - 21 + 5 + 17 - 16$
$+ 5 = 14 > 0$，不能右移 6d。

由于工作 2→6 的总时差＝6，所以工作 2→6 不能右移。

④ 第四次调整

以节点③为结束节点的非关键工作只有1→3。

根据式4-21,判断Δ。

工作1→3:

$a=0, b=5, TF_{5-7}=0, R_{1-3}=5$

$\Delta_{1-3}=R_{(b+1)}-R_{(a+1)}+R_{i-j}=R_{(5+1)}-R_{(0+1)}+R_{1-3}=12-15+5=2>0$,不能右移1d。

经过调整后资源平均需要量和均方差分别为:

$R_m=16.4, \sigma^2=9.71$

本章思考与实训

一、思考题

1. 什么叫双代号网络图?

2. 什么叫虚工序?

3. 至少指出下面网络图(图4-116)中的5种错误。

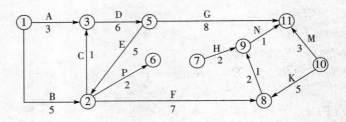

图4-116

4. 用破圈法找出图4-117中关键线路,确定总工期。

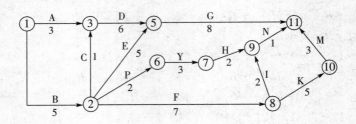

图4-117

二、实训题

1. 某工程资料见表4-18。

问题:绘制双代号网络图。

表 4-18　某工程工序代号、工作时间表

工序代号	持续时间（天）	工序代号	持续时间（天）
①→②	2	④→⑤	5
②→③	6	④→⑥	7
②→④	4	⑤→⑥	0
③→④	0	⑤→⑦	10
③→⑤	8	⑥→⑦	9

2. 某工程资料见表 4-19。

问题：绘制双代号网络图。

表 4-19　某工程工序代号、工作时间表

工序代号	紧前工序	持续时间（天）	工序代号	紧前工序	持续时间（天）
A	/	2	K	J	0
B	A	10	L	B	16
C	B	22	M	L	3
D	C、L	10	N	M	20
E	D、N	20	O	N	20
F	E、S	3	P	O	10
G	F	4	Q	F、P	3
H	G、P	2	R	M	5
I	H、Q	1	S	CR	37
J	I	4			

3. 某工程网络计划见图 4-118。

问题：用图上计算法计算工作的最早开始时间 ES_{i-j} 和最迟开始时间 LS_{i-j}，并确定关键线路及总工期。

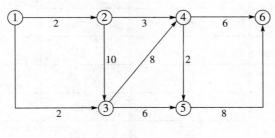

图 4-118

第四章　网络计划技术　　　　　　　　　　　　　　　　　　　　　　　• 185 •

4. 要建一无线电发射实验基地,工程的主要活动及其所需时间如下:

(1)清理场地——1天,(2)基础工程——8天,(3)建造房屋——6天,(4)建发射塔——10天,(5)安电缆——5天,(6)安装发射设备——3天,(7)调试——1天。

施工顺序如下:清理现场后,基础工程与安装电缆同时开始,基础完工后,建房与建发射塔同时进行,安装设备应在建房与装电缆完成之后开始,最后进行调试。

问题:

(1)简述网络计划的应用程序;

(2)试问整个建塔工程需要多少天?哪些活动处在关键线路上?

5. 根据表4-20中资料绘制双代号网络图,计算网络计划各工序的最早开始时间,最早完成时间,最迟开始时间,最迟完成时间,工序总时差及自由时差,并确定关键线路及总工期。

表4-20 某工程工序代号、工作时间表

工序代号	A	B	C	D	E	F	G	H
紧前工序	/	A	B	B	B	C、D	C、E	F、G
持续时间(天)	1	3	1	6	2	4	2	4

6. 某工程工序代号、工作时间见表4-21。

问题:用表上计算法计算各工序的最早开始时间,最早完成时间,最迟开始时间,最迟完成时间,并确定关键线路及总工期。

表4-21 某工程工序代号、工作时间表

工序代号	持续时间(天)	工序代号	持续时间(天)
①→②	5	⑤→⑦	17
①→③	10	⑤→⑨	9
①→④	12	⑥→⑦	0
②→④	0	⑥→⑧	8
②→⑤	14	⑦→⑧	5
③→④	6	⑦→⑨	13
③→⑥	13	⑦→⑩	8
④→⑤	7	⑧→⑩	14
④→⑦	11	⑨→⑩	6

7. 某工程工序代号、工作时间见表4-22。

问题:用表上计算法计算各工序的最早开始时间,最早完成时间,最迟开始时间,最迟完成时间,工序总时差及自由时差,并确定关键线路及总工期。

表4-22　某工程工序代号、工作时间表

工序代号	持续时间(天)	工序代号	持续时间(天)
①→②	10	⑥→⑧	24
②→③	20	⑦→⑨	0
②→④	40	⑧→⑨	12
②→⑦	28	⑨→⑩	0
③→⑤	8	⑨→⑪	10
④→⑥	0	⑨→⑫	6
④→⑦	10	⑩→⑪	6
⑤→⑥	30	⑪→⑫	4
⑥→⑦	0	⑫→⑬	4

8. 第4题若各工序的施工人数见表4-23。

问题:试绘制双代号时标网络计划和劳动力需要量曲线。

表4-23　某工程工序代号、逻辑关系、工作时间表

工序名称	工序代号	紧前工序	工序时间(天)	施工人数
清理场地	A	/	1	15
基础工程	B	A	8	20
建造房屋	C	B	6	20
建发射塔	D	B	10	25
装电缆	E	A	5	15
安装发射设备	F	C、E	3	15
调试	G	F、D	1	5

9. 某三层全现浇钢筋混凝土结构主体工程,分5个施工段,各施工过程在各施工段上的持续时间为:支模板6天,扎钢筋3天,浇混凝土3天,层间技术间歇3天(即浇筑混凝土后在其上支模的技术要求)。

问题:

(1)绘制双代号网络图。

(2)用图上计算法计算各工序的最早开始时间,最迟开始时间。

(3)用图上计算法计算各节点的最早开始时间,最迟开始时间。

(4)简述双代号网络图关键线路的确定方法,并确定该网络计划的关键线路及工期用双线在图上标出。

(5)用破圈法核对找出的关键线路和工期是否正确。

10. 某工程双代号网络图如图4-119所示,箭线下方为工作的正常时间和极限时间(天),箭线上方为工作的正常费用和极限费用(元)。已知间接费为200元/天。

问题:试研究并求出工期较短而费用最少的最优方案。

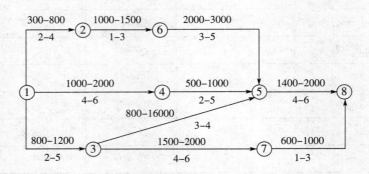

图 4-119

11. 某工程双代号网络图如图4-120所示,箭线下方为工作时间(天),箭线上方为工作的资源用量,现每天可能供应的资源数量为10个单位。

问题:试进行资源有限-工期最短的优化,以满足资源限制条件。

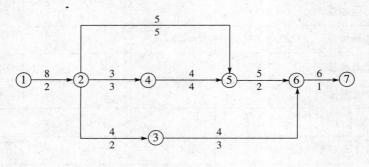

图 4-120

第五章　施工组织总设计

【内容要点】

1. 施工组织总设计编制的程序及依据；
2. 施工部署的主要内容；
3. 施工总进度计划编制的原则、步骤和方法；
4. 暂设工程的组织；
5. 施工总平面图设计的原则步骤和方法；
6. 施工组织总设计的评价方法。

【知识链接】

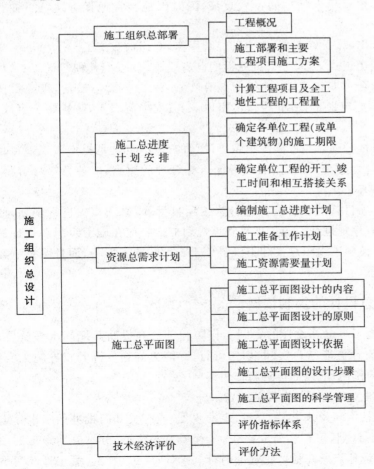

第一节　编制原则、依据及内容

一、施工组织总设计的编制原则

编制施工组织总设计应遵照以下基本原则：

(1)严格遵守工期定额和合同规定的工程竣工及交付使用期限。总工期较长的大型建设项目，应根据生产的需要，安排分期分批建设，配套投产或交付使用，从实质上缩短工期，尽早地发挥建设投资的经济效益。

在确定分期分批施工的项目时，必须注意使每期交工的一套项目可以独立地发挥效用，使主要的项目同有关的附属辅助项目同时完工，以便完工后可以立即交付使用。

(2)合理安排施工程序与顺序。建筑施工有其本身的客观规律，按照反映这种规律的程序组织施工，能够保证各项施工活动相互促进、紧密衔接，避免不必要的重复工作，加快施工进度，缩短工期。

(3)贯彻多层次技术结构的技术政策，因时因地制宜地促进建筑工业化的发展。

(4)从实际出发，做好人力、物力的综合平衡，组织均衡施工。

(5)尽量利用正式工程、原有或就近的已有设施，以减少各种暂设工程；尽量利用当地资源，合理安排运输、装卸与储存作业，减少物资运输量，避免二次搬运；精心进行场地规划布置，节约施工用地，不占或少占农田，防止施工事故，做到文明施工。

(6)实施目标管理。编制施工组织总设计的过程，也就是提出施工项目目标及实现办法的规划过程。因此，必须遵循目标管理的原则，应使目标分解得当，决策科学，实施有法。

(7)与施工项目管理相结合。进行施工项目管理，必须事先进行规划，使管理工作按规划有序地进行。施工项目管理规划的内容应在施工组织总设计的基础上进行扩展，使施工组织总设计不仅服务于施工和施工准备，而且服务于经营管理和施工管理。

二、施工组织总设计的编制依据

[练一练]
1. 查看工程承包合同文件原本。
2. 查看现行的规范、规程和有关技术标准。

为了保证施工组织总设计的编制工作顺利进行和提高其编制水平及质量，使施工组织总设计更能结合实际、切实可行，并能更好地发挥其指导施工安排、控制施工进度的作用，应以如下资料作为编制依据：

1. 计划批准文件及有关合同的规定

如国家(包括国家发改委及部、省、市发改委)或有关部门批准的基本建设或技术改造项目的计划、可行性研究报告、工程项目一览表、分批分期施工的项目和投资计划；建设地点所在地区主管部门有关批件；施工单位上级主管部门下达的施工任务计划；招投标文件及签订的工程承包合同中的有关施工要求的规定；工程所需材料、设备的订货合同等。

2. 设计文件及有关规定

如批准的初步设计或扩大初步设计，设计说明书，总概算或修正总概算和已批准的计划任务书等。

3. 建设地区的工程勘察资料和调查资料

勘察资料主要有：地形、地貌、水文、地质、气象等自然条件；调查资料主要有：可能为建设项目服务的建筑安装企业、预制加工企业的人力、设备、技术与管理水平等情况，工程材料的来源与供应情况、交通运输情况以及水电供应情况等建设地区的技术经济条件和当地政治、经济、文化、科技、宗教等社会调查资料。

4. 现行的规范、规程和有关技术标准

主要有施工及验收规范、质量标准、工艺操作规程、HSE 强制标准、概算指标、概预算定额、技术规定和技术经济指标等。

5. 类似资料

如类似、相似或近似建设项目的施工组织总设计实例、施工经验的总结资料及有关的参考数据等。

三、施工组织总设计的编制程序

施工组织总设计是整个工程项目或群体建筑全面性和全局性的指导施工准备和组织施工的技术文件，通常应该遵循如图 5-1 所示的编制程序。

四、施工组织总设计的内容

《建筑施工组织设计规范》GB/T 50502—2009 规定，施工组织总设计主要包括以下主要内容：

（1）工程概况
（2）总体施工部署
（3）施工总进度计划
（4）总体施工准备与主要资源配置计划
（5）主要施工方法
（6）施工总平面布置

[练一练]
查看工程施工组织总设计文件原本，了解施工组织总设计包括哪些内容。

第二节　工程概况

施工组织设计中的工程概况，实际上是一个总的说明，是对拟建项目或建筑群体工程所作的一个简明扼要、重点突出的文字介绍。工程概况应包括项目主要情况和项目主要施工条件等。

一、项目主要情况

项目主要情况应包括下列内容：

(1)项目名称、性质、地理位置和建设规模；

(2)项目的建设、勘察、设计和监理等相关单位的情况；

(3)项目设计概况；

(4)项目承包范围及主要分包工程范围；

(5)施工合同或招标文件对项目施工的重点要求；

(6)其他应说明的情况。

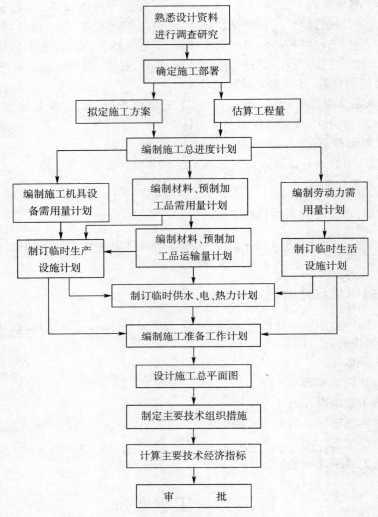

图 5-1　施工组织总设计编制程序框图

[想一想]

施工条件是指什么？

二、项目主要施工条件

项目主要施工条件应包括下列内容：

(1)项目建设地点气象状况；

(2)项目施工区域地形和工程水文地质状况；

(3)项目施工区域地上、地下管线及相邻的地上、地下建(构)筑物情况；

（4）与项目施工有关的道路、河流等状况；

（5）当地建筑材料、设备供应和交通运输等服务能力状况；

（6）当地供电、供水、供热和通信能力状况；

（7）其他与施工有关的主要因素。

第三节　总体施工部署

施工部署是在充分了解工程情况、施工条件和建设要求的基础上，对项目实施过程做出的统筹规划和全面安排。包括项目施工主要目标、施工顺序及空间组织、施工组织安排等。

1. 施工组织总设计应对项目总体施工做出下列宏观部署

（1）确定项目施工总目标，包括进度、质量、安全、环境和成本等目标；

（2）根据项目施工总目标的要求，确定项目分阶段（期）交付的计划；

（3）明确项目分阶段（期）施工的合理顺序及空间组织。

2. 对于项目施工的重点和难点应进行简要分析

3. 总承包单位应明确项目管理组织机构形式，并宜采用框图的形式表示

（1）组织机构

分公司（项目经理部）领导班子由项目经理、书记、主任工程师及三名副经理组成，主管技术、质量、生产、安全、经营、成本和行政管理工作，并负责对工程的领导、指挥、协调、决策等重大事宜。具体安排详见图5-2"施工现场组织机构框图"。

[问一问]

　什么叫施工部署？举例说明之。

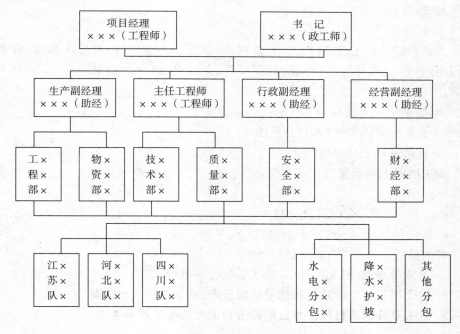

图5-2　施工现场组织机构框图

项目经理对公司负责,其余人员对项目经理负责,经理部下设六个工作部室,各部室职能如下。

① 工程部

负责制定落实生产计划,完成工程量的统计,组织实施现场各阶段的平面布置、生产计划、安全文明施工及劳动力、工程质量等各种施工因素的日常管理。由部长、调度员、统计员及电工、机械人员、安全员组成,对生产副经理负责。

② 技术部

负责编制和贯彻施工组织设计、施工方案,进行技术交底,组织技术培训,办理工程变更洽商、汇集整理工程技术资料,组织物资检验和施工试验,检查监督工程质量,调整工序矛盾,并及时解决施工中出现的一切技术问题,由部长、技术员、资料员、试验员、测量员、计量员组成,对主任工程师负责。

③ 质量部

负责施工质量程序的管理工作,监督检查工程施工质量,编制、收集、整理工程施工质量记录等施工资料,由部长、质检员组成,对主任工程师负责。

④ 物资部

负责工程物资和施工机具购置、搬运、贮存,编制并实施物资使用计划,监督控制现场各种物资使用情况,维修保养施工机具等。由部长、计划员、采购员、保管员、会计员组成,对项目经理负责。

⑤ 安全部

负责安全防护、消防保卫、环保环卫等工作。由部长、管理员、安全员、保卫干事组成,对行政副经理负责。

⑥ 财经部

负责编制工程报价、决算、工程款回收、日常财务管理、工程成本核算、资金管理、分包合同理等工作,由部长、预算员、会计员、出纳员组成,对经营副经理负责。

(2)质量管理体系及分工

① 质量管理体系组织结构,见图5-3。

② 质量管理领导小组

为了确保工程质量目标的实现,现场成立了质量管理领导小组,其组长和成员如下:

组　　长:×××(项目经理)

副组长:×××(生产副经理)　×××(主任工程师)

成　　员:×××　×××　×××　×××　×××　×××

③ 质量管理系统(见图5-4施工质量管理系统框图)

4. 对于项目施工中开发和使用的新技术、新工艺应做出部署

5. 对主要分包项目施工单位的资质和能力应提出明确要求

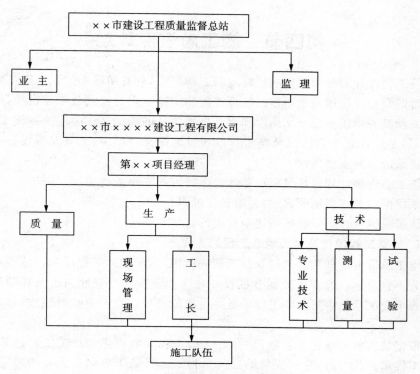

图 5-3　质量管理体系组织结构框图

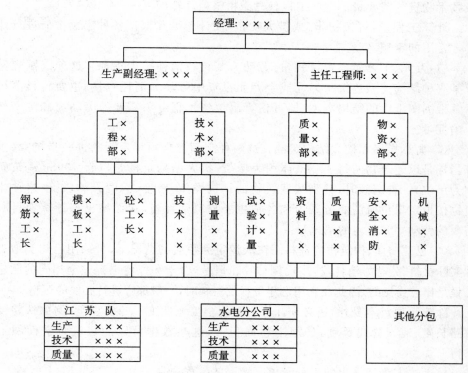

图 5-4　施工质量管理系统框图

第四节 施工总进度计划

施工进度计划是为实现项目设定的工期目标,对各项施工过程的施工顺序、起止时间和相互衔接关系所作的统筹策划和安排。它是控制整个建设项目的施工工期及其各单位工程施工期限和相互搭接关系的依据。正确地编制施工总进度计划,是保证各个系统以及整个建设项目如期交付使用、充分发挥投资效果、降低建筑成本的重要条件。

施工总进度计划应按照项目总体施工部署的安排进度编制。施工总进度计划可采用网络图或横道图表示,并附必要说明。

施工总进度计划一般按下述步骤进行:

1. 计算工程项目及全工地性工程的工程量

施工总进度计划主要起控制总工期的作用,因此在列工程项目一览表时,项目划分不宜过细。通常按分期分批投产顺序和工程开展顺序列出工程项目,并突出每个交工系统中的主要工程项目。一些附属项目及一些临时设施可以合并列出。

根据批准的总承建工程项目一览表,按工程开展程序和单位工程计算主要实物工程量。此时,计算工程量的目的是为了选择施工方案和主要的施工运输机械;初步规划主要施工过程和流水施工;估算各项目的完成时间;计算劳动力及技术物资的需要量。这些工程量只需粗略地计算即可。

计算工程量,可按初步(或扩大初步)设计图纸并根据各种定额手册进行计算。常用的定额、资料有:

(1)万元、十万元投资工程量,劳动力及材料消耗扩大指标。这种定额规定了某一种结构类型建筑每万元或十万元投资中劳动力消耗数量、主要材料消耗量。根据图纸中的结构类型,即可估算出拟建工程分项需要的劳动力和主要材料消耗量。

(2)概算指标和扩大结构定额。这两种定额都是预算定额的进一步扩大(概算指标是以建筑物的每 100m^3 体积为单位;扩大结构定额是以每 100m^2 建筑面积为单位)。查定额时,分别按建筑物的结构类型、跨度、高度分类,查出这种建筑物按拟定单位所需的劳动力和各项主要材料消耗量,从而推出拟计算项目所需要的劳动力和材料的消耗量。

(3)已建房屋、构筑物的资料。在缺少定额手册的情况下,可采用已建类似工程实际材料、劳动力消耗量,按比例估算。但是,由于和拟建工程完全相同的已建工程是比较少见的,因此在利用已建工程的资料时,一般都应进行必要的调整。

除建设项目本身外,还必须计算主要的全工地性工程的工程量,例如铁路及道路长度、地下管线长度、场地平整面积等,这些数据可以从建筑总平面图上求得。

按上述方法计算出的工程量填入统一的工程项目一览表,如表 5-1 所示。

表 5-1 工程项目一览表

工程分类	工程项目名称	结构类型	建筑面积 km²	栋数 个	概算投资 万元	主要实物工程量							
						场地平整 km²	土方工程 km³	铁路铺设 km	……	砖石工程 km³	钢筋混凝土工程 km³	……	装饰工程 km²
全工地性工程													
主体项目													
辅助项目													
永久住宅													
临时建筑													
合计													

2. 确定各单位工程(或单个建筑物)的施工期限

单位工程的工期可参阅工期定额(指标)予以确定。工期定额是根据我国各部门多年来的经验,经分析汇总而成。单位工程的施工期限与建筑类型、结构特征、施工方法、施工技术和管理水平以及现场的施工条件等因素有关,故确定工期时应予以综合考虑。

3. 确定单位工程的开工、竣工时间和相互搭接关系

在施工部署中已确定了总的施工程序和各系统的控制期限及搭接时间,但对每一建筑物何时开工、何时竣工尚未确定。在解决这一问题时,主要考虑下述诸因素:

(1)同一时期的开工项目不宜过多,以免人力物力的分散;

(2)尽量使劳动力和技术物资消耗量在全工程上均衡;

(3)做到土建施工、设备安装和试生产之间在时间的综合安排上以及每个项目和整个建设项目的安排上比较合理;

(4)确定一些次要工程作为后备项目,用以调剂主要项目的施工进度。

4. 编制施工总进度计划

施工总进度计划可以用横道图表达,也可以用网络图表达。用网络图表达时,应优先采用时标网络图。

采用时标网络图比横道计划更加直观、易懂、一目了然、逻辑关系明确,并能利用电子计算机进行编制、调整、优化、统计资源消耗数量、绘制并输出各种图表,因此应广泛推广使用。

由于施工总进度计划只是起控制各单位工程或各分部工程的开工、竣工时间的作用,因此不必搞得过细,以单位工程或分部工程作为施工项目名称即可,否则会给计划的编制和调整带来不便。

施工总进度计划的绘制步骤是:

(1)根据施工项目的工期和相互搭接时间,编制施工总进度计划的初步方案;

(2)在进度计划的下面绘制投资、工作量、劳动力等主要资源消耗动态曲线图,并对施工总进度计划进行综合平衡、调整,使之趋于均衡;

(3)绘制成正式的施工总进度计划。

表 5-2、表 5-3 是某群体工程施工总进度计划,可参照。

表 5 - 2 施工总进度计划

序号	施工项目	建筑指标		设备安装指标（t）	总劳动量（工日）	施工总进度							
		单位	数量			第一年				第二年			
						1	2	3	4	1	2	3	4

表 5-3　某群体工程施工总进度计划

区域及单位工程		第一年 1	2	3	4	第二年 1	2	3	4	第三年 1	2	3	4	第四年 1	2	3	4
A区 会议厅	土方、基础、结构		■	■	■	■	■	■									
	机电、管线安装								■	■	■	■	■	■	■	■	
	装修											■	■	■	■	■	
B区 宾馆	地下室、结构	■	■	■	■	■	■										
	机电、管线安装								■	■	■	■	■	■	■	■	
	装修												■	■	■	■	
C区 中展厅	土方、基础、结构	■	■	■	■	■	■	■									
	机电、管线安装							■	■	■	■	■	■				
	装修								■	■	■	■	■				
D区 办公塔楼	钢结构、防火喷涂		■	■	■	■	■										
	玻璃幕墙								■	■	■	■	■				
	机电、管线安装					■	■	■	■	■	■	■	■				
	装修								■	■	■	■	■	■			

建筑施工组织

第五节　总体施工准备与主要资源配置计划

一、总体施工准备

总体施工准备应包括技术准备、现场准备和资金准备等。

技术准备、现场准备和资金准备应满足项目分阶段（期）施工的需要。

为确保工程按期开工和施工总进度计划的如期完成，应根据建设项目的施工部署、工程施工的展开程序和主要工程项目的施工方案，及时编制好全场性的施工准备工作计划，其形式如表5-4所示。

表5-4　主要施工准备工作计划

序号	施工准备工作内容	负责单位	涉及单位	要求完成日期	备注

二、主要资源配置计划

1. **劳动力配置计划应包括下列内容：**

（1）确定各施工阶段（期）的总用工量；

（2）根据施工总进度计划确定各施工阶段（期）的劳动力配置计划。

根据施工总进度计划，套用概算定额或经验资料分别计算出一年四季（或各月）所需劳动力数量；然后按表汇总成劳动力需要量及使用计划，同时解决劳动力不足的相应措施。劳动力配置计划其形式如表5-5所示。

2. **物资配置计划**

（1）根据施工总进度计划确定主要工程材料和设备的配置计划；

（2）根据总体施工部署和施工总进度计划确定主要周转材料和施工机具的配置计划。

根据工种工程量汇总表和总进度计划的要求，查概算指标即可得出各单位工程所需的物资需要量，从而编制出物资需要量计划。建设项目各种物资需要量计划其形式如表5-6所示。

根据施工进度计划、主要建筑物施工方案和工程量套用机械产量定额，即可得到主要施工机械需要量。辅助机械可根据安装工程概算指标求得，从而编制出机械需要量计划。根据施工部署和主要建筑物的施工方案、技术措施以及总进度计划的要求，即可提出必需的主要施工机具的数量及进场日期。这样，可使所需机具按计划进场，另外可为计算施工用电、选择变压器容量等提供计算依据。主要施工及运输机械需要量汇总表其形式如表5-7所示。

表 5 - 5　劳动力需要量及使用用计划

序号	工种名称	劳动量（工日）	全工地性工程					生活用房			仓库、加工厂等暂设工程	用工时间																	
			主厂房	辅助车间	道路	铁路	给水排水管道	电气工程	永久性住宅	临时性住宅		年										年						
												5	6	7	8	9	10	11	12	1	2	3	4	5	6			
	钢筋工																											
	木工																											
	混凝土工																											
	…																											

表 5 – 6　建设项目各种物资需要量计划

序号	类别	材料名称	单位	全工地性工程						生活设施		其他暂设工程	需要量计划										
				主厂房	辅助车间	道路	铁路	给排水管道工程	电气工程	永久性住宅	临时性住宅		年					年					
													7	8	9	10	11	1	2	3	4	5	6
1	构件类	预制桩																					
		预制梁																					
		多孔板																					
		……																					
2	主要材料	钢筋																					
		水泥																					
		砖																					
		石灰																					
		……																					
3	半成品类	砂浆																					
		混凝土																					
		木门窗																					
		……																					

表 5 - 7　主要施工及运输机械需要量汇总表

序号	机械名称	简要说明(型号、生产率等)	电动机功率 /kW	数量	需要量计划																							
					年												年											
					1	2	3	4	5	6	7	8	9	10	11	12	1	2	3	4	5	6	7	8	9	10	11	12

建筑施工组织

第六节 主要施工方法

(1)施工组织总设计应对项目涉及的单位(子单位)工程和主要分部(分项)工程所采用的施工方法进行简要说明。

(2)对脚手架工程、起重吊装工程、临时用水用电工程、季节性施工等专项工程所采用的施工方法进行简要说明。

第七节 施工总平面布置

一、施工总平面的布置原则

(1)平面布置科学合理,施工场地占用面积少;

(2)合理组织运输,减少二次搬运;

(3)施工区域的划分和场地的临时占用应符合总体施工部署和施工流程的要求,减少相互干扰;

(4)充分利用既有建(构)筑物和既有设施为项目施工服务,降低临时设施的建造费用;

(5)临时设施应方便生产和生活,办公区、生活区和生产区宜分离设置;

(6)符合节能、环保、安全和消防等要求;

(7)遵守当地主管部门和建设单位关于施工现场安全文明施工的相关规定。

二、施工总平面的布置要求

(1)根据项目总体施工部署,绘制现场不同阶段(期)的总平面布置图;

(2)施工总平面布置图的绘制应符合国家相关标准要求并附必要说明。

三、施工总平面的内容

(1)项目施工用地范围内的地形状况;

(2)全部拟建的建(构)筑物和其它设施的位置;

(3)项目施工用地范围内的加工设施、运输设施、存贮设施、供电设施、供水供热设施、排水排污设施、临时施工道路和办公、生活用房等;

(4)施工现场必备的安全、消防、保卫和环境保护等设施;

(5)相邻的地上、地下既有建(构)筑物及相关环境。

四、施工总平面图设计所依据的资料

(1)设计资料

包括建筑总平面图、地形地貌图、区域规划图、建设项目范围内有关的一切已有的和拟建的各种地上、地下设施及位置图。

(2)建设地区资料

包括当地的自然条件和经济技术条件,当地的资源供应状况和运输条件等。

(3)建设项目的建设概况

包括施工方案、施工进度计划,以便了解各施工阶段情况,合理规划施工现场。

(4)物资需求资料

包括建筑材料、构件、加工品、施工机械、运输工具等物资的需要量表,以规划现场内部的运输线路和材料堆场等位置。

(5)各构件加工厂、仓库、临时性建筑的位置和尺寸

五、施工总平面图的设计步骤

1. 运输线路的布置

设计全工地性的施工总平面图,首先应解决大宗材料进入工地的运输方式。比如说铁路运输需将铁轨引入工地,水路运输需考虑增设码头、仓储和转运问题,公路运输需考虑运输路线的布置问题等等。

(1)铁路运输

[想一想]

施工总平面图设计时,首先解决的问题是什么?

一般大型工业企业都设有永久性铁路专用线,通常提前修建,以便为工程项目施工服务。由于铁路的引入,将严重影响场内施工的运输和安全,因此,一般先将铁路引入到工地两侧,当整个工程进展到一定程度,工程可分为若干个独立施工区域时,才可以把铁路引到工地中心区。此时铁路对每个独立的施工区都不应有干扰,位于各施工区的外侧。

(2)水路运输

当大量物资由水路运输时,就应充分利用原有码头的吞吐能力。当原有码头吞吐能力不足时,应考虑增设码头,其码头的数量不应少于两个,且宽度应大于2.5m,一般用石或钢筋混凝土结构建造。

一般码头距工程项目施工现场有一定距离,故应考虑在码头修建仓储库房以及考虑从码头运往工地的运输问题。

(3)公路运输

当大量物资由公路运进现场时,由于公路布置较为灵活,一般将仓库、加工厂等生产性临时设施布置在最方便、最经济合理的地方,而后再布置通向场外的公路线。

2. 仓库与材料堆场的布置

通常考虑设置在运输方便、位置适中、运距较短并且安全防火的地方,并应区别不同材料、设备和运输方式来设置。

仓库和材料堆场的布置应考虑下列因素:

(1)尽量利用永久性仓储库房,以便于节约成本。

(2)仓库和堆场位置,距离使用地应尽量接近,以减少二次搬运的工作。

(3)当有铁路时,尽量布置在铁路线旁边,并且留够装卸前线,而且应设在靠工地一侧,避免内部运输跨越铁路。

（4）根据材料用途设置仓库和材料堆场。

砂、石、水泥等应在搅拌站附近；钢筋、木材、金属结构等在相应加工厂附近；油库、氧气库等布置在相对僻静、安全的地方；设备尤其是笨重设备应尽量在车间附近；砖、瓦和预制构件等直接使用材料应布置在施工现场，吊车控制半径范围之内。

3. 加工厂布置

加工厂一般包括：混凝土搅拌站、构件预制厂、钢筋加工厂、木材加工厂、金属结构加工厂等。布置这些加工厂时主要考虑的问题是：来料加工和成品、半成品运往需要地点的总运输费用最小；加工厂的生产和工程项目的施工互不干扰。

（1）混凝土搅拌站布置

根据工程的具体情况可采用集中、分散或集中与分散相结合三种方式布置。当现浇混凝土量大时，宜在工地设置现场混凝土搅拌站；当运输条件好时，采用集中搅拌最有利；当运输条件较差时，则宜采用分散搅拌。

（2）预制构件加工厂布置

一般建在空闲区域，既能安全生产，又不影响现场施工。

（3）钢筋加工厂

根据不同情况，采用集中或分散布置。对于冷加工、对焊、点焊的钢筋网等宜集中布置；设置中心加工厂，其位置应靠近构件加工厂；对于小型加工件，利用简单机具即可加工的钢筋，可在靠近使用地分散设置加工棚。

（4）木材加工厂

根据木材加工的性质、加工的数量，选择集中或分散布置。一般原木加工、批量生产的产品等加工量大的应集中布置在铁路、公路附近，简单的小型加工件可分散布置在施工现场搭设几个临时加工棚。

（5）金属结构、焊接、机修等车间的布置，由于相互之间生产上联系密切，应尽量集中布置在一起

4. 布置内部运输道路

根据各加工厂、仓库及各施工对象的相对位置，对货物周转运行图进行反复研究，区分主要道路和次要道路，进行道路的整体规划，以保证运输畅通，车辆行驶安全，节省造价。在内部运输道路布置时应考虑：

（1）尽量利用拟建的永久性道路

将它们提前修建，或先修路基，铺设简易路面，项目完成后再铺路面。

（2）保证运输畅通

道路应设两个以上的进出口，避免与铁路交叉，一般厂内主干道应设成环形，其主干道应为双车道，宽度不小于 6m，次要道路为单车道，宽度不小于 3m。

（3）合理规划拟建道路与地下管网的施工顺序

在修建拟建永久性道路时，应考虑道路下的地下管网，避免将来重复开挖，尽量做到一次性到位，节约投资。

5. 消防要求

根据工程防火要求，应设立消防站，一般设置在易燃建筑物（木材、仓库等）

[练一练]
了解厂区内消火栓的布置位置、距离？

附近,并须有通畅的出口和消防车道,其宽度不宜小于 6m,与拟建房屋的距离不得大于 25m,也不得小于 5m;沿道路布置消火栓时,其间距不得大于 10m,消火栓到路边的距离不得大于 2m。

6. 行政与生活临时设施设置

(1)临时性房屋设置原则

临时性房屋一般有:办公室、汽车库、职工休息室、开水房、浴室、食堂、商店、俱乐部等。布置时应考虑:①全工地性管理用房(办公室、门卫等)应设在工地入口处;②工人生活福利设施(商店、俱乐部、浴室等)应设在工人较集中的地方;③食堂可布置在工地内部或工地与生活区之间;④职工住房应布置在工地以外的生活区,一般距工地 500m~1000m 为宜。

(2)办公及福利设施的规划与实施

工程项目建设中,办公及福利设施的规划应根据工程项目建设中的用人情况来确定。

① 确定人员数量

一般情况下,直接生产工人(基本工人)数用下式计算:

$$R = n\frac{T}{t} \times K_2 \tag{5-1}$$

式中　R——需要工人数
　　　n——直接生产的基本工人数;
　　　T——工程项目年(季)度所需总工作日;
　　　t——年(季)度有效工作日;
　　　K_2——年(季)度施工不均衡系数,取 1.1~1.2。

非生产人员参照国家规定的比例计算,可以参考表 5-8 的规定。

表 5-8 　非生产人员比例表

序号	企业类别	非生产人员比例%	其中		折算为占生产人员比例%
			管理人员	服务人员	
1	中央省市自治区属	16~18	9~11	6~8	19~22
2	省辖市、地区属	8~10	8~10	5~7	16.3~19
3	县(市)企业	10~14	7~9	4~6	13.6~16.3

[注](1)工程分散,职工数较大者取上限;(2)新辟地区、当地服务网点尚未建立时应增加服务人员 5%~10%;(3)大城市、大工业区服务人员应减少 2%~4%。(4)家属视工地情况而定:工期短、距离近的家属少安排些;工期长、距离远的家属多安排些。

② 确定办公及福利设施的临时建筑面积

当工地人员确定后,可按实际人数确定建筑面积。

$$S = N \times P \tag{5-2}$$

式中　S——建筑面积(m²);
　　　N——工地人员实际数;

P——建筑面积指标,可参照表5-9取定。

表5-9 临时建筑面积参考指标　　　　　　　　　　(m^2/人)

序号	临时建筑名称	指标使用方法	参考指标	备注
一	办公室	按使用人数	3～4	
二	宿舍			
1	单层通铺	按高峰年(季)平均人数	2.5～3.0	
2	双层床	不包括工地人数	2.0～2.5	
3	单层床	不包括工地人数	3.5～4.0	
三	家属宿舍		$16m^2$/户～$25m^2$/户	
四	食堂	按高峰年平均人数	0.5～0.8	
	食堂兼礼堂	按高峰年平均人数	0.6～0.9	
五	其他合计	按高峰年平均人数	0.5～0.6	
1	医务所	按高峰年平均人数	0.05～0.07	
2	浴室	按高峰年平均人数	0.07～0.1	
3	理发室	按高峰年平均人数	0.01～0.03	
4	俱乐部	按高峰年平均人数	0.1	
5	小卖部	按高峰年平均人数	0.03	
6	招待所	按高峰年平均人数	0.06	
7	托儿所	按高峰年平均人数	0.03～0.06	
8	子弟学校	按高峰年平均人数	0.06～0.08	
9	其他公用	按高峰年平均人数	0.05～0.10	
六	小型	按高峰年平均人数		
1	开水房		10～40	
2	厕所	按工地平均人数	0.02～0.07	
3	工人休息室	按工地平均人数	0.15	

7. 工地临时供水系统的设置

设置临时性水电管网时,应尽量利用可用的水源、电源。一般排水干管和输电线沿主干道布置;水池、水塔等储水设施应设在地势较高处;总变电站应设在高压电入口处;消防站应布置在工地出入口附近,消火栓沿道路布置;过冬的管网要采取保温措施。

工地用水主要有三种类型:生活用水、生产用水和消防用水。

工地供水确定的主要内容有:决定用水量、选择水源、设计配水管网。

(1)确定用水量

① 生产用水包括:施工工程用水和施工机械用水。

a. 施工工程用水量

是指施工生产过程中的用水,如搅拌混凝土、混凝土养护、砌砖墙等,用 q_1

[想一想]
供水设计首先解决的问题是什么?

表示。

$$q_1 = K_1 \sum \frac{Q_1 \times N_1}{T_1 \times b} \times \frac{K_2}{8 \times 3600} \qquad (5-3)$$

式中　q_1—— 施工工程用水量(L/S)；

　　　K_1——未预见的施工用水系数(1.05～1.15)；

　　　Q_1——年(季)度工程量(以实物计量单位表示)；

　　　N_1——施工用水定额,按表 5-10 取定；

　　　T_1——年(季)度有效工作日(天)；

　　　b　——每天工作班数(次)；

　　　K_2——用水不均衡系数,按表 5-11 取定。

表 5-10　施工用水(N_1)参考定额表

序号	用水对象	单位	耗水量 N_1(L)	备　注
1	浇注混凝土全部用水	m³	1700～2400	
2	搅拌普通混凝土	m³	250	实测数据
3	搅拌轻质混凝土	m³	300～350	
4	搅拌泡沫混凝土	m³	300～400	
5	搅拌热混凝土	m³	300～350	
6	混凝土养护(自然养护)	m³	200～400	
7	混凝土养护(蒸汽养护)	m³	500～700	
8	冲洗模板	m²	5	
9	搅拌机清洗	台班	600	实测数据
10	人工冲洗石子	m³	1000	
11	机械冲洗石子	m³	600	
12	洗砂	m³	1000	
13	砌砖工程全部用水	m³	150～250	
14	砌石工程全部用水	m³	50～80	
15	粉刷工程全部用水	m³	30	
16	砌耐火砖砌体	m³	100～150	包括砂浆搅拌
17	洗砖	千块	200～250	
18	洗硅酸盐砌块	m³	300～350	
19	抹面	m²	4～6	不包括调制用水
20	楼地面	m²	190	找平层同
21	搅拌砂浆	m³	300	
22	石灰消化	t	3000	

表 5-11 施工用水不均衡系数表

K	用水名称	系数
K_2	施工工程用水	1.5
	生产企业用水	1.25
K_3	施工机械运输机具	2.00
	动力设备	1.05～1.10
K_4	施工现场生活用水	1.30～1.50
K_5	居民区生活用水	2.00～2.50

b. 施工机械用水量

是指各种施工机械的用水,如挖土机、起重机、打桩机、压路机、汽车等,用 q_2 表示。

$$q_2 = K_1 \sum Q_2 \times N_2 \times \frac{K_3}{8 \times 3600} \qquad (5-4)$$

式中　q_2——施工机械用水量(L/S);

K_1——未预见施工用水系数(1.05～1.15);

Q_2——同种机械台数(台);

N_2——用水定额,参考表 5-12;

K_3——用水不均衡系数,参考表 5-11。

表 5-12 施工机械用水参考定额表

序号	用水对象	单位	耗水量 N_2	备注
1	内燃挖土机	升/台班·m³	200～300	以斗容量立方米计
2	内燃起重机	升/台班·吨	15～18	以起重吨数计
3	蒸汽起重机	升/台班·吨	300～400	以起重吨数计
4	蒸汽打桩机	升/台班·吨	1000～1200	以锤重吨数计
5	蒸汽压路机	升/台班·吨	100～150	以压路机吨数计
6	内燃压路机	升/台班·吨	12～15	以压路机吨数计
7	拖拉机	升/昼夜·台	200～300	
8	汽车	升/昼夜·台	400～700	
9	标准轨蒸汽机车	升/昼夜·台	10000～20000	
10	窄轨蒸汽机车	升/昼夜·台	4000～7000	
11	空气压缩机	升/台班·(m³/分钟)	40～80	以压缩空气机排气量 m³/分计

序号	用水对象	单位	耗水量 N_2	备注
12	内燃机动力装置（直流水）	升/台班·马力	120～300	
13	内燃机动力装置（循环水）	升/台班·马力	25～40	
14	锅炉	升/小时·吨	1000	以小时蒸发量计
15	锅炉	升/小时·m^2	15～30	以受热面积计
16	点焊机 25 型	升/小时	100	实测数据
	点焊机 50 型	升/小时	150～200	实测数据
	75 型	升/小时	250～350	实测数据
	100 型	升/小时	—	
17	冷拔机	升/小时	300	
18	对焊机	升/小时	300	
19	凿岩机 01－30(CM－56)	升/分	3	
	01－45(TN－4)	升/分	5	
	01－38(KⅡM－4)	升/分	8	
	YQ－100	升/分	8～12	

② 生活用水包括：现场生活用水和生活区生活用水

a. 施工现场生活用水量

$$q_3 = \frac{P_1 \times N_3 \times K_4}{b \times 8 \times 3600}$$ (5-5)

式中 q_3——生活用水量（L/S）；

P_1——高峰人数（人）；

N_3——生活用水定额，视当地气候、工种而定，一般取 100～120L/（人·昼夜）；

K_4——生活用水不均衡系数，参考表 5-11；

b——每天工作班数（次）。

b. 生活区生活用水量

$$q_4 = \frac{P_2 \times N_4 \times K_5}{24 \times 3600}$$ (5-6)

式中 q_4——生活区生活用水量（L/S）；

P_2——居民人数（人）；

N_4——生活用水定额，参考表 5-13；

K_5——用水不均衡系数，参考表 5-11。

表 5-13 生活用水量(N_4)参考定额表

序号	用水对象	单位	耗水量 N_4	备 注
1	工地全部生活用水	升/人·日	100~120	
2	生活用水(盥洗生活饮用)	升/人·日	25~30	
3	食堂	升/人·日	15~20	
4	浴室(淋浴)	升/人·次	50	
5	淋浴带大池	升/人·次	30~50	
6	洗衣	升/人	30~35	
7	理发室	升/人·次	15	
8	小学校	升/人·日	12~15	
9	幼儿园托儿所	升/人·日	75~90	
10	医院病房	升/病床·日	100~150	

③ 消防用水量

消防用水量 q_5 包括：居民生活区消防用水和施工现场消防用水,应根据工程项目大小及居住人数的多少来确定,可参考表 5-14 取定。

表 5-14 消防用水量表

用水场所	规 模	火灾同时发生次数	单位	用水量
居民区消防用水	5000 人以内	一次	升/秒	10
	10000 人以内	二次	升/秒	10~15
	25000 人以内	二次	升/秒	15~20
施工现场消防用水	施工现场在 25 公顷以内	一次	升/秒	10~15(每增加25 公顷递增 5)

④ 总用水量

由于生产用水、生活用水和消防用水不同时使用,日常只有生产用水和生活用水,消防用水是在特殊情况下产生的,故总用水量不能简单地将几项相加,而应考虑有效组合,既要满足生产用水和生活用水,又要有消防储备。一般可分为以下三种组合：

当 $q_1+q_2+q_3+q_4 \leqslant q_5$ 时,取 $Q=q_5+\dfrac{1}{2}(q_1+q_2+q_3+q_4)$

当 $q_1+q_2+q_3+q_4 > q_5$ 时,取 $Q=q_1+q_2+q_3+q_4$

当工地面积小于 5 公顷,并且 $q_1+q_2+q_3+q_4 < q_5$ 时,取 $Q=q_5$

当总用水量 Q 确定后,还应增加 10%,以补偿不可避免的水管漏水等损失,即

$$Q_总 = 1.1Q \qquad\qquad (5-7)$$

(2)水源选择和确定供水系统

① 水源选择

工程项目工地临时供水水源的选择,有供水管道供水和天然水源供水两种方式。最好的方式是采用附近居民区现有的供水管道供水,只有当工地附近没有现成的供水管道或现成的给水管道无法使用以及供水量难以满足施工要求时,才使用天然水源供水(如:江、河、湖、井等)。

选择水源应考虑的因素有:水量是否充足、可靠,能否满足最大需求量要求;能否满足生活饮用水、生产用水的水质要求;取水、输水、净水设施是否安全、可靠;施工、运转、管理和维护是否方便。

② 确定供水系统

供水系统由取水设施、净水设施、储水构筑物、输水管道、配水管道等组成。通常情况下,综合工程项目的首建工程应是永久性供水系统,只有在工程项目的工期紧迫时,才修建临时供水系统,如果已有供水系统,可以直接从供水源接输水管道。

③ 确定取水设施

取水设施一般由取水口、进水管和水泵组成。取水口距河底(或井底)一般不小于 0.25m～0.9m,在冰层下部边缘的距离不小于 0.25m。给水工程一般使用离心泵、隔膜泵和活塞泵三种,所用的水泵应具有足够的抽水能力和扬程。

④ 确定贮水构筑物

贮水构筑物一般有水池、水塔和水箱。在临时供水时,如水泵不能连续供水,需设置贮水构筑物。其容量以每小时消防用水决定,但不得少于 $10m^3$～$20m^3$。

贮水构筑物的高度应根据供水范围、供水对象位置及水塔本身位置来确定。

⑤ 确定供水管径

$$D=\sqrt{\frac{4Q_{总}}{\pi \times \nu \times 1000}} \qquad (5-8)$$

式中　D——配水管内径(m);

$Q_{总}$——用水量(L/S);

ν——管网中水流速度(m/s),参考表 5-15。

表 5-15　临时水管经济流速表

管 径	流 速(m/s)	
	正常时间	消防时间
支管 $D<0.10m$	2	
生产消防管道 $D=0.1m～0.3m$	1.3	>3.0
生产消防管道 $D>0.3m$	1.5～1.7	2.5
生产用水管道 $D>0.3m$	1.5～2.5	3

根据已确定的管径和水压的大小,可选择配水管,一般干管为钢管或铸铁管,支管为钢管。

8. 工地临时供电系统的布置

工地临时供电的组织包括:用电量的计算,电源的选择,确定变压器,配电线路设置和导线截面面积的确定。

(1)工地总用电量的计算

施工现场用电一般可分为动力用电和照明用电。在计算用电量时,应考虑以下因素:全工地动力用电功率;全工地照明用电功率;施工高峰用电量。

工地总用电量按下式计算:

$$P = 1.05 \sim 1.10 \left[K_1 \frac{\sum P_1}{\cos \varphi} + K_2 \sum P_2 + K_3 \sum P_3 + K_4 \sum P_4 \right]$$

式中　P——供电设备总需要容量(kVA);

P_1——电动机额定功率(kW);

P_2——电焊机额定功率(kVA);

P_3——室内照明容量(kW);

P_4——室外照明容量(kW);

$\cos \varphi$——电动机的平均功率因数(在施工现场最高为 0.75~0.78,一般为 0.65~0.75);

K_1、K_2、K_3、K_4——需要系数,参考表 5-16。

表 5-16　需要系数(K值)表

用电名称	数量	需要系数				备　注
		K_1	K_2	K_3	K_4	
电动机	3~10 台 11~30 台 30 台以上	0.7 0.6 0.5				如施工上需要电热时,将其用电量计算进去。式中各动力照明用电应根据不同工作性质分类计算。
加工厂动力设备		0.5				
电焊机	3~10 台 10 台以上		0.6 0.5			
室内照明				0.8		
室外照明					1.0	

其他机械动力设备以及工具用电可参考有关定额。

由于照明用电量远小于动力用电量,故当单班施工时,其用电总量可以不考虑照明用电。

(2)电源选择的几种方案

① 完全由工地附近的电力系统供电。

[想一想]
供电设计首先要解决的问题是什么?

② 工地附近的电力系统不够的话，工地需增设临时电站以补充不足部分。

③ 如果工地属于新开发地区，附近没有供电系统，电力则应由工地自备临时动力设施供电。

根据实际情况确定供电方案。一般情况下是将工地附近的高压电网，引入工地的变压器进行调配。其变压器功率可由下式计算：

$$P = K\left[\frac{\sum P_{\max}}{\cos \varphi}\right] \tag{5-10}$$

式中　P——变压器的功率(kVA)；

　　　K——功率损失系数，取 1.05；

　　　$\sum P_{\max}$——各施工区的最大计算负荷(kW)；

　　　$\cos \varphi$——功率因数，一般取 0.75。

根据计算结果，应选取略大于该结果的变压器。

(3)选择导线截面

导线的自身强度必须能防止受拉或机械性损伤而折断，导线还必须耐受因电流通过而产生的温升，导线还应使得电压损失在允许范围之内，这样，导线才能正常传输电流，保证各方用电的需要。

选择导线应考虑如下因素：

① 按机械强度选择

导线在各种敷设方式下，应按其强度需要，保证必需的最小截面，以防拉、折而断，可根据表 5-17 进行选择。

表 5-17　导线按机械强度所允许的最小截面

导　线　用　途		导线最小截面(mm²)	
		铜线	铝线
照明装置用导线	户内用	0.5	2.5
	户外用	1.0	2.5
双芯软电线	用于吊灯	0.35	
	用于移动式生活用电装置	0.5	
多芯软电线及软电缆	用于移动式生产用电设备	1.0	
绝缘导线(固定架设在户内绝缘支持件上)	间距为 2m 及以下	1.0	2.5
	间距为 6m 及以下	2.5	4
	间距为 25m 及以下	4	10
绝缘导线	穿在管内	1.0	2.5
	在槽板内	1.0	2.5
	户外沿墙敷设	2.5	4
	户外其他方式敷设	4	10

② 按照允许电压降选择

导线满足所需要的允许电压,其本身引起的电压降必须限制在一定范围内,导线承受负荷电流长时间通过所引起的温升,其自身电阻越小越好,使电流通畅,温度则会降低,因此,导线的截面是关键因素,可由下式计算:

$$S=\frac{\sum P\times L}{C\times\varepsilon}\qquad(5-11)$$

式中　S——导线截面面积(mm^2);

　　　P——负荷电功率或线路输送的电功率(kW);

　　　L——输送电线路的距离(m);

　　　C——系数,视导线材料,送电电压及调配方式而定,参考表 5-18;

　　　ε——容许的相对电压降(线路的电压损失%),一般为 2.5%~5%。

表 5-18　按允许电压降计算时的 C 值

线路额定电压(V)	线路系统及电流种类	系数 C 值	
		铜线	铝线
380/220	三相四线	77	46.3
220		12.8	7.75
110		3.2	1.9
36		0.34	0.21

其中:照明电路中容许电压降不应超过 2.5%~5%;电动机电压降不应超过 ±5%,临时供电可到 ±8%。

根据以上三个条件选择的导线,取截面面积最大的作为现场使用的导线,通常导线的选取先根据计算负荷电流的大小来确定,而后根据其机械强度和允许电压损失值进行复核。

③ 负荷电流的计算

三相四线制线路上的电流可按下式计算

$$I=\frac{P}{\sqrt{3}\times V\times\cos\varphi}\qquad(5-12)$$

二相线制线路上的电流可按下式计算:

$$I=\frac{P}{V\times\cos\varphi}\qquad(5-13)$$

式中　I——电流值(A);

　　　P——功率(W);

　　　V——电压(V);

　　　$\cos\varphi$——功率因数,一般取 0.70~0.75。

根据以上三个条件选择的导线,取截面面积最大的作为现场使用的导线。通常导线的选取先根据计算负荷电流的大小来确定,而后根据其机械强度和允许电压损失值进行复核。

　　导线制造厂家根据导线的容许温升,制定了各类导线在不同敷设条件下的持续容许电流值,在选择导线时,导线中的电流不得超过此值。

9. 施工总平面图设计方法综述

　　综上所述,外部交通、仓库、加工厂、内部道路、临时房屋、水电管网等布置应系统考虑,多种方案进行比较,当确定之后采用标准图绘制在总平面图上。比例一般为1∶1000或1∶2000。图5-5是某个工程项目的施工总平面图。应该指出,上述各设计步骤不是截然分开各自孤立进行的,而是相互联系,相互制约的,需要综合考虑、反复修正才能确定下来。当有几种方案时,尚应进行方案比较。

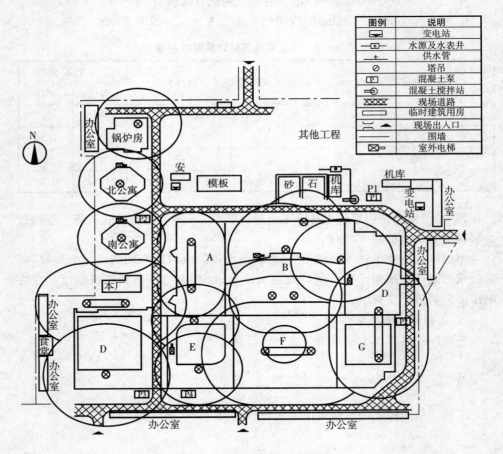

图 5-5　某施工总平面图实例

六、施工总平面图的科学管理

　　施工总平面图设计完成之后,就应认真贯彻其设计意图,发挥其应有作用,因此,现场对总平面图的科学管理是非常重要的,否则就难以保证施工的顺利进行。施工总平面图的管理包括：

（1）建立统一的施工总平面图管理制度。划分总平面图的使用管理范围，做到责任到人，严格控制材料、构件、机具等物资占用的位置、时间和面积，不准乱堆乱放。

（2）对水源、电源、交通等公共项目实行统一管理。不得随意挖路断道，不得擅自拆迁建筑物和水电线路，当工程需要断水、断电、断路时要申请，经批准后方可着手进行。

（3）对施工总平面布置实行动态管理。在布置中，由于特殊情况或事先未预测到的情况需要变更原方案时，应根据现场实际情况，统一协调，修正其不合理的地方。

（4）做好现场的清理和维护工作，经常性检修各种临时性设施，明确负责部门和人员。

第八节　施工组织总设计的技术经济评价的指标体系

施工组织总设计是整个建设项目或群体施工的全局性、指导性文件，其编制质量的高低对工程建设的进度、质量和经济效益影响较大。因此，对施工组织总设计应进行技术经济评价。技术经济评价的目的是：对施工组织总设计通过定性及定量的计算分析，论证在技术上是否可行，在经济上是否合理。对照相应的同类型有关工程的技术经济指标，反映所编的施工组织总设计的最后效果，并应反映在施工组织总设计文件中，作为施工组织总设计的考核评价和上级审批的依据。

施工组织总设计中常用的技术经济评价指标有：施工工期、工程质量、劳动生产率、材料使用指标、机械化程度、工厂化程度、成本降低指标等，其体系见表5-19。

主要指标的计算方式如下：

1. 工期指标

（1）总工期：从工程破土动工到竣工的全部日历天数。

（2）施工准备期：从施工准备开始到主要项目开工日止。

（3）部分投产期：从主要项目开工到第一批项目投产使用日止。

2. 质量指标

这是施工组织设计中确定的控制目标。其计算公式为：

$$质量优良品率 = \frac{优良工程个数（或面积）}{施工项目总个数（或总面积）}（\%）　　　　（5-14）$$

3. 劳动指标

（1）劳动力均衡系数（％），它表示整个施工期间使用劳动力的均衡程度。

$$劳动力均衡系数＝\frac{施工高峰人数}{施工期平均人数}（\%）\qquad（5-15）$$

表5-19　施工组织总设计技术经济指标体系

施工组织总设计技术经济指标体系	工期指标	总工期（天）			
		施工准备期（天）			
		部分投产期（天）			
		±0.00以上工期（天）			
		分部工程工期（天）	基础工期		
			结构工期		
			装修工期		
	质量指标	优良品率（%）			
	劳动指标	劳动力均衡系数			
		用工	总工日		
			各分部工程用工日		
			单方用工	工程项目单方用工日（工日/m²）	
				分部工程单方用工日（工日/m²）	基础
					结构
					装修
		劳动生产率（元/工日）	生产工人日产值		
			建安工人日产值		
		节约工日总量（工日）			
	机械化施工程度（%）				
	工厂化施工程度（%）				
	材料使用指标	主要材料节约量	钢材（t）		
			木材（m³）		
			水泥（t）		
		主要材料节约率（%）			
	降低成本指标	降低成本额（元）			
		降低成本率（%）			
	临时工程投资比例（%）				
	其他指标				

(2)单方用工(工日/m²),它反映劳动的使用和消耗水平。

$$单方用工 = \frac{总工数}{建筑面积}(工日/m^2) \tag{5-16}$$

(3)劳动生产率(元/工日),它表示每个生产工人或建安工人每工日所完成的工作量。

$$劳动生产率 = \frac{总工作量}{总工数}(元/工日) \tag{5-17}$$

4. 机械化施工程度(%)

机械化施工程度用机械化施工所完成的工作量与总工作量之比来表示。

$$机械化施工程度 = \frac{机械化施工完成的工作量}{总工作量}(\%) \tag{5-18}$$

5. 工厂化施工程度(%)

工厂化施工程度是指在预制加工厂里施工完成的工作量与总工作量之比。

$$工厂化施工程度 = \frac{预制加工厂完成的工作量}{总工作量}(\%) \tag{5-19}$$

6. 材料使用指标

(1)主要材料节约量:靠施工技术组织措施实现的材料节约量。

$$主要材料节约量 = 预算用量 - 施工组织设计计划用量 \tag{5-20}$$

(2)材料节约率(%)

$$主要材料节约率 = \frac{主要材料节约量}{主要材料预算用量}(\%) \tag{5-21}$$

7. 降低成本指标

(1)降低成本额(元),降低成本额是指靠施工技术组织措施实现的降低成本金额。

(2)降低成本率(%)

$$降低成本率 = \frac{降低成本额}{总工作量}(\%) \tag{5-22}$$

8. 临时工程投资比例

指全部临时工程投资费用与总工程总造价之比,表示临时设施费用的支出情况。

$$临时工程投资比例 = \frac{临时设施费用总和(元)}{工程总造价(元)} \times 100\% \tag{5-23}$$

本章思考与实训

一、思考题

1. 施工组织总设计的编制原则和依据有哪些？
2. 拟定主要项目施工方案的原则是什么？
3. 施工组织总设计需要编制哪些计划？
4. 施工总平面图的设计内容有哪些？
5. 设计施工总平面图的原则是什么？
6. 施工组织总设计中的常用技术评价指标有哪些？
7. 施工组织设计进行技术经济分析方法有哪些？特点是什么？

二、实训题

1. 试述施工总进度计划的绘制步骤。
2. 某集团公司机械总厂平面图如图 5-6 所示。问题：（1）布置厂区道路位置；（2）布置大门位置。

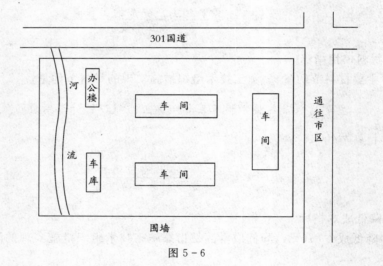

图 5-6

第六章 单位工程施工组织设计

【内容要点】

1. 单位工程施工组织设计的作用；
2. 单位工程施工组织设计的内容及编写方法；
3. 单位工程施工进度计划；
4. 单位工程施工平面布置图。

【知识链接】

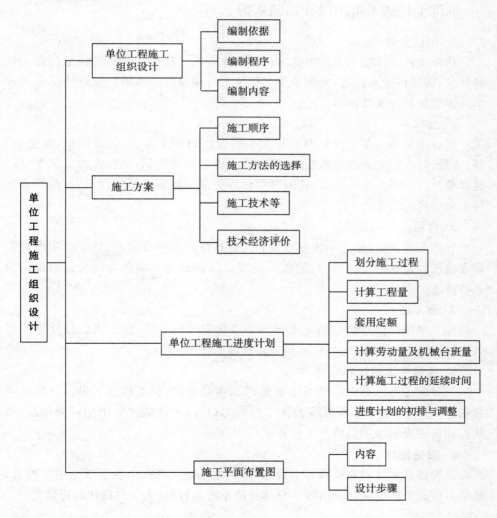

第一节　概　述

[问一问]

假如没有施工组织设计,会对工程有何影响?

单位工程施工组织设计是以单位(子单位)工程为主要对象编制的施工组织设计,对单位(子单位)工程的施工过程起指导和制约作用。

在投标过程中,它是建设单位了解施工单位对工程的施工部署及技术水平的重要手段,也是施工单位、监理单位等各级管理人员了解施工部署的依据,是控制施工过程的指标、方法、要求的重要手段。

单位工程施工组织设计一般由项目技术负责人编制,公司总工程师审批、总监理工程师批准方可实施的技术经济文件。当它同时作为经济文件时,合同中应当规定了它的经济效力及批准程序,我们务必按合同要求履行手续。它分为标前施工组织设计和标后施工组织设计。通常在施工时使用的是标后施工组织设计。

一、单位工程施工组织设计编制依据

1. 招标文件

招标文件是建设单位对拟建项目的具体要求。投标文件必须满足招标文件的要求,否则以废标论处,投标单位工程施工组织设计做为投标文件的重要内容当然要依据招标文件编写。

2. 投标书

投标书是施工单位投标时对拟建工程提出的施工方法,包括质量、安全、工期、造价、环保等方面的具体控制措施,是评标的重要依据,也应作为施工单位对建设单位的一系列承诺,因此在编写中标后单位工程施工组织设计时,基本要按标书为依据。

3. 合同

合同是对建设、施工单位双方权利义务具体明确的要求,是施工组织设计需要完成任务目标的具体指向,编施工组织设计正是为了实现合同目标而提出的具体措施。

4. 施工图

施工单位的任务就是把施工图的要求变成建筑实体,施工组织设计首先要依据图纸要求才会有针对性,才可能实现施工任务。

5. 项目施工组织总设计

项目施工组织总设计是整个项目的总体部署,单位工程施工组织设计是项目的一个环节,它务必服从项目施工组织总设计,才能做到整个项目协调统一,从而和谐完成整个项目的施工任务。

6. 相关定额

在安排进度计划和资源需求计划时,首先按施工图算出各分部分项工程量,然后再按相关的定额计算出各个分部分项工程的材料,人工与机械台班数量。

7. 施工条件

建设单位能提供的条件及周边能够租赁的房屋、给水、供电的位置、市政排水的出口及可供使用的各种房屋。可供使用的场地,市政道路,各类工程用材及施工机械,周转材料,劳动力供应状况,施工组织设计必须满足现实情况。

8. 勘察气象、现场等资料

基坑土质、地下水位、气象,现场障碍物、地下管线、构筑物、平面坐标、高程等相关资料。

9. 规范、规程、标准

现行使用的《施工验收规范》、《技术操作规程》、《施工质量验收统一标准》。

10. 公司对工程施工的目标要求

在满足合同要求的前提下,公司出于对单位声誉、形象、资源、技术发展、科学试验等因素的考虑,可能会提出一些合同以外的要求。施工组织设计也要体现这些要求。

11. 施工组织设计研讨会会议记录

[练一练]
实际查看每一依据的文件原本。

项目经理组织各专业行政、技术负责人参加的研讨会所决定的主要方案、方法、措施目标,也是施工组织设计编制的依据之一。

二、单位工程施工组织设计编制程序

编制程序如下:

(1)熟悉图纸及相关资料;

(2)资源状况调查;

(3)确定质量、安全进度、成本目标及质保体系;

(4)相关人员研究确定施工方案;

(5)编写进度、资源计划;

(6)编写质量、安全进度措施;

(7)编写施工准备工作计划;

(8)绘施工现场平面布置图;

(9)工程技术负责人汇总、装订、签名;

(10)公司总工程师审批;

(11)总监理工程师批准;

(12)按合同要求甲方代表批准。

三、单位工程施工组织设计内容

[想一想]
施工组织设计编制程序能否改变顺序?

根据《建筑施工组织设计规范》GB/T 50502—2009,单位工程施工组织设计主要包括以下几点内容:

(1)工程概况;

(2)施工部署;

(3)施工进度计划;

(4)施工准备与资源配置计划；

(5)主要施工方案；

(6)施工现场平面布置。

第二节　工程概况

工程概况应包括工程主要情况、各专业设计简介和工程施工条件等。

一、工程主要情况

工程主要情况应包括下列内容：

(1)工程名称、性质和地理位置；

(2)工程的建设、勘察、设计、监理和总承包等相关单位的情况；

(3)工程承包范围和分包工程范围；

(4)施工合同、招标文件或总承包单位对工程施工的重点要求；

(5)其他应说明的情况。

二、各专业设计简介

[想一想]

什么叫工程概况？了解工程概况有何作用？

各专业设计简介应包括下列内容：

(1)建筑设计简介应依据建设单位提供的建筑设计文件进行描述，包括建筑规模、建筑功能、建筑特点、建筑耐火、防水及节能要求等，并应简单描述工程的主要装修做法；

(2)结构设计简介应依据建设单位提供的结构设计文件进行描述，包括结构形式、地基基础形式、结构安全等级、抗震设防类别、主要结构构件类型及要求等；

(3)机电及设备安装专业设计简介应依据建设单位提供的各相关专业设计文件进行描述，包括给水、排水及采暖系统、通风与空调系统、电气系统、智能化系统、电梯等各个专业系统的做法要求。

三、施工条件

项目主要施工条件应包括下列内容：

(1)项目建设地点气象状况；

(2)项目施工区域地形和工程水文地质状况；

(3)项目施工区域地上、地下管线及相邻的地上、地下建(构)筑物情况；

(4)与项目施工有关的道路、河流等状况；

(5)当地建筑材料、设备供应和交通运输等服务能力状况；

(6)当地供电、供水、供热和通信能力状况；

(7)其他与施工有关的主要因素。

建筑施工组织

第三节　施工部署

一、满足总体目标和具体目标

工程施工目标应根据施工合同、招标文件以及本单位对工程管理目标的要求确定，包括进度、质量、安全、环境和成本等目标。各项目标应满足施工组织总设计中确定的总体目标。

1. 质量目标

确定工程项目的总评质量等级标准及分部分项工程一次验收合格率，单位工程全部达到合格标准。确保优良，争创优质工程。

2. 进度目标

满足施工组织总设计中确定的总体目标。

3. 安全目标

贯彻执行"安全第一，预防为主，综合治理"的方针，加强安全管理，落实安全责任，从源头上预防和减少不安全事故，结合实际，制定安全生产目标，杜绝死亡及重大事故。

4. 环境目标

建筑施工企业制定环境目标、指标主要应考虑的方面：

（1）保持施工场界噪声达标。

（2）现场扬尘达标。

（3）现场遗洒控制。

（4）生产及生活污水排放达标。

（5）避免和减少化学品泄漏。

（6）固体废弃物的分类管理。

（7）能源、资源的利用。

5. 成本目标

项目运行成本控制在预算内。

（1）工程开工前期，项目成本经理组织预核算室员工采用正确方法，对工程项目的总成本水平和降低成本的可能性进行分析预测，制定出项目的目标成本。

① 首先进行施工图预算。根据已有投标、预算资料，确定概算与施工预算的总价格差，确定中标合同价与施工预算的总价格差。

② 对施工预算未能包容的项目，包括与施工有关的项目及其现场经费，参照定额加以估算。

③ 对实际成本可能明显超出或低于定额的主要子项，按实际支出水平估算出其实际支出与定额水平之差。

④ 考虑到不可预见因素，工期制约因素以及风险因素、价格因素，加以测算调整。

⑤ 综合计算整个项目的目标成本

（2）为了确定成本降低目标，项目经理主持召开由项目各科室主管参加的成本工作会议。

① 成本经理向与会人员介绍工程中标合同价与施工预算的总价格差。项目经理组织各主管人员讨论确定项目合理的目标利润。

② 根据目标利润推算出项目成本降低指标。

③ 技术、工程、材料各业务口根据《施工组织设计》，具体分析本专业在节约成本上有多大的潜力。

④ 将成本降低指标分解落实到各业务口。

二、进度安排和空间组织应符合规定

施工部署中的进度安排和空间组织应符合下列规定：

（1）工程主要施工内容及其进度安排应明确说明，施工顺序应符合工序逻辑关系；

（2）施工流水段应结合工程具体情况分阶段进行划分；单位工程施工阶段的划分一般包括地基基础、主体结构、装修装饰和机电设备安装三个阶段。

掌握一般工程的施工程序："先准备、后开工"，"先地下、后地上"，"先主体、后围护"，"先结构、后装饰"，"先土建、后设备"。应注意施工程序并非一成不变。随着科学技术进步，复杂的建筑、结构工程不断出现，同时施工技术也不断发展，有些施工程序会发生变化，但是不管如何变化，施工程序总的原则是，必须满足施工项目目标的要求。

施工部署必须解决施工进度目标的问题、主要工程施工顺序、主要施工方案的选择、主要机械设备的选择、劳动力投入计划、现场总平面布置等问题。

三、注重工程施工的重点和难点

对于工程施工的重点和难点应进行分析，包括组织管理和施工技术两个方面。

如土方开挖、基坑支护与排水、脚手架、模板、高处作业、临时用电、垂直运输等工程的专项施工方案的要点及实施。

工程管理的组织机构形式，并宜采用框图的形式表示。并确定项目经理部的工作岗位设置及其职责划分。

对于工程施工中开发和使用的新技术、新工艺应做出部署，对新材料和新设备的使用应提出技术及管理要求。

对主要分包工程施工单位的选择要求及管理方式应进行简要说明。

第四节　单位工程施工进度计划

单位工程施工进度计划应按照施工部署的安排进行编制。

[想一想]
进度计划的作用?

施工进度计划可采用网络图或横道图表示,并附必要说明;对于工程规模较大或较复杂的工程,宜采用网络图表示。

横道图表的形式(表6-1)由左右两部分组成:左边——基本数据部分,由序号、施工过程名称、工程量、劳动定额、劳动量、机械台班、每天工作班、每班工人数、工作日等;右边——为时间指示图表。斜线图的形式见第三章流水施工。网络图的形式见第四章网络计划技术。

一、划分施工过程

1. 粗细程度的要求

对于总体控制计划,按分部工程划分,便于领导总体了解,如:基础工程,主体工程、装修工程。对于具体指导计划,则按分项或是工序划分,便于班组具体执行。如一层梁模板安装,一层梁钢筋绑扎,一层梁浇混凝土。

2. 适当合并做到简明清晰

在指导计划中施工过程划分的过粗,不利于班组遵照执行;过细则图表繁杂,不利查看,因此要求繁简得当。采取的方法是,主要骨干工作详细划分,但是标准层各工序则可合并一起用整层的时间表示。而许多次要或占工期时间很少的分项,则合并到其他工作中,如基础垫层并入土方工作,框架主体水电预埋并入钢筋工程等。

3. 施工过程划分符合工艺要求

根据施工工种及占用工期情况,钢筋混凝土工程框架施工主要分为钢筋、模板、混凝土三部分,它们在工程中是占据着工期的重要成分的三个专业工作,因而常分开划分,但先后应按工艺和分段情况进行划分。如柱的钢筋在模板之前,而梁板的钢筋则在模板之后,养护这种工作量很小的过程,由于占用工期时间,有时要专门列项,而某些量小或量大却不占工期的工作如雨篷,圈梁、填充墙等则按层合并、列项。抹灰工程内外不同的层次都占用工期,但为同一工种作业,往往也合并为一项。

有些重要项目不占工期,也单独列一项,表达提示作用,如构件预制。建筑的水、电、暖等安装工程是建筑的重要组成部分,应单独列项,但是它们的预埋工作必须与土建协调进行,因此常没有具体起止时间,而是隐含整个土建施工过程中,此时列一总的通长分项。

4. 编制施工进度计划

编制施工进度计划时,首先按图纸和施工顺序把拟建工程的各个施工过程列出,填入施工进度计划表的施工项目栏内,项目应包括从准备工作起到交付使用止,所有一般土建工程、水电工程和设备安装工程。

表 6 - 1　单位工程施工进度计划表

序号	施工过程名称	工程量		劳动定额	劳动量		机械		每天工作班	每天工人数	施工时间	施工进度																
		单位	数量		定额工日	计划工日	机械名称	台班数				月						月						月
												5	10	15	20	25	30	5	10	15	20	25	30	5

(1)施工目录

其方法包括：①参照同类型建筑物的进度表；②根据定额顺序逐项对照列出。

(2)合并工序

把施工时间与施工工艺比较接近的合并在一起。

(3)次要的、零碎的工序合并成一项"其他工程"单独列出

一个建筑物的分部分项工程项目很多，在确定工程项目时，要详细考虑，逐项列出，不能漏项，逐一填入表6-1所示施工进度计划表左边施工项目栏内。在进行此项工作时，要仔细认真，把一个工程从开工到竣工的所有土建工程项目及有关水电安装等专业工程项目全部填入，并应按施工顺序排列。

可采用下面两种方法：①参照同类型建筑物的进度表；②根据定额顺序逐项对照列出。若找不到①可按②进行。

为了重点突出，要把工序进行必要的合并，把施工时间、施工工艺比较接近的合并在一起。

[想一想]

工程量计算的作用?

二、计算工程量

根据划分的施工过程，按图纸和施工方案及定额说明计算每个过程的工程量，在计算时注意以下问题。

(1)计算单位要与定额一致

定额中的单位有 m^2、$100m^2$、m^3、$1000m^3$ 等各种单位，注意计量与之相同。

(2)施工方法会影响工程量

比如土方工程中边坡，工作面的不同挖沟槽或大开挖等，都将造成工程量差别很大。

三、套用定额

根据每一施工过程找到与定额对应的子目，按二者数量的比值就可确定每一过程需用的劳动量和机械台班量。应当注意我国现行的劳动定额有国家、省、企业等不同层次，按企业或当地习惯选用。

四、计算劳动量及机械台班量

根据工程量和劳动定额，即可进行劳动量及机械台班量的计算。

1. 劳动量的计算

劳动量也称劳动工日数。凡是采用手工操作为主的施工过程，其劳动量均可按下式计算：

$$P_i = \frac{Q_i}{S_i} \text{或} P_i = Q_i \times H_i \tag{6-1}$$

式中　P_i——某施工过程所需劳动量，工日；

　　　Q_i——该施工过程的工程量，m^3、m^2、m、t 等；

S_i——该施工过程采用的产量定额,m³/工日、m²/工日、m/工日、
t/工日等;

H_i——该施工过程采用的时间定额,工日/m³、工日/m²、工日/m、工日/t 等。

【实践训练】

课目一:计算基槽挖土的劳动量

(一)背景资料

某砌体结构工程基槽人工挖土量为 600m³,查劳动定额得产量定额为
3.5m³/工日。

(二)问题

计算完成基槽挖土所需的劳动量。

(三)分析与解答

$$P_i = \frac{Q_i}{S_i} = \frac{600}{3.5} = 171 \text{ 工日}$$

当某一施工过程是由两个或两个以上不同分项工程合并而成时,其总劳动
量应按下式计算:

$$P_{总} = \sum_{i=1}^{n} P_i = P_1 + P_2 + \cdots + P_n \tag{6-2}$$

课目二:计算钢筋混凝土基础所需的劳动量

(一)背景资料

某钢筋混凝土基础工程,其支设模板、绑扎钢筋、浇筑混凝土三个施工过程
的工程量分别为 600m²、5t、250m³,查劳动定额得其时间定额分别为 0.253 工
日/m²、5.28 工日/t、0.388 工日/m³。

(二)问题

试计算完成钢筋混凝土基础所需劳动量。

(三)分析与解答

$P_{模} = 600 \times 0.253 = 151.8$ 工日

$P_{筋} = 5 \times 5.28 = 26.4$ 工日

$P_{混凝土} = 250 \times 0.833 = 208.3$ 工日

$P_{杯基} = P_{模} + P_{筋} + P_{混凝土} = 151.8 + 26.4 + 208.3 = 386.5$ 工日

(1)通过综合产量定额求其劳动量

当某一施工过程是由同一工种、但不同做法、不同材料的若干个分项工程合并组成时,应先计算其综合产量定额,再求其劳动量。

综合产量定额——又叫平均产量定额。

例:三道工序　　　　　　A　　　　　　　B　　　　　　　C

劳动量　　　$P_A = Q_A/S_A$　　　$P_B = Q_B/S_B$　　　$P_C = Q_C/S_C$

合并前:

$$P_{前} = \sum_{i=1}^{n} P_i = P_A + P_B + P_C = \frac{Q_A}{S_A} + \frac{Q_B}{S_B} + \frac{Q_C}{S_C}$$

合并后:

$$P_{后} = \frac{Q_{总}}{\overline{S}} = \frac{\sum_{i=1}^{n} Q_i}{\overline{S}}$$

原则:合并前后劳动量相等,即 $P_{前} = P_{后}$

$$\sum_{i=1}^{n} P_i = \frac{\sum_{i=1}^{n} Q_i}{\overline{S}}$$

从而得到:

$$\overline{S} = \frac{\sum_{i=1}^{n} Q_i}{\sum_{i=1}^{n} P} \tag{6-3}$$

$$\overline{H} = \frac{1}{\overline{S}} \tag{6-4}$$

式中　$\overline{S}$——某分部工程的综合产量定额;

　　　$Q_{总}$——合并后的总工程量,$Q_{总} = \sum_{i=1}^{n} Q_i$;

　　　Q_A、Q_B、Q_C——某分项工程的工程量;

　　　S_A、S_B、S_C——某分项工程的产量定额;

　　　P_A、P_B、P_C——某分项工程的劳动量;

　　　$\sum P_i$总劳动量,工日。

(2)求某分部工程的综合产量额$\overline{S}$

求$\overline{S}$又分为两种情况:

① 合并工序单位相同

例如:某住宅贴楼面地砖(水泥砂浆铺贴),地砖规格:卧室、客厅:600×600。厕所、厨房:300×300。计算铺地砖综合产量定额时的方法如下:

600×600　　　　　$Q_A = 120.6\text{m}^2$　　　　　$S_A = 2.46\text{m}^2/\text{工日}$

$$300 \times 300 \qquad Q_B = 18.5 \text{m}^2 \qquad S_B = 3.28 \text{m}^2 / \text{工日}$$

$$Q_{总} = \sum_{i=1}^{n} Q_i = Q_A + Q_B = 120.6 + 18.5 = 139.1 \text{m}^2$$

$$\sum_{i=1}^{n} P_i = \frac{Q_A}{S_A} + \frac{Q_B}{S_B} = \frac{120.6}{2.46} + \frac{18.5}{3.28} = 54.66 \text{ 工日}$$

综合产量定额

$$\overline{S} = \frac{\sum\limits_{i=1}^{n} Q_i}{\sum\limits_{i=1}^{n} P} = \frac{139.1}{54.66} = 2.55 \text{m}^2 / \text{工日}$$

（S_A、S_B 数据出自 2009《安徽省建筑、装饰装修工程计价定额综合单价》）

② 合并工序单位不同，工作内容也不同

例如：某一层框架混凝土，由柱、梁、板、楼梯组成，计算现浇框架钢筋混凝土综合产量定额时的方法如下：

柱： $\qquad Q_A = 57.2 \text{m}^3 \qquad\qquad S_A = 0.487 \text{m}^3 / \text{工日}$

梁： $\qquad Q_B = 31.68 \text{m}^3 \qquad\qquad S_B = 0.326 \text{m}^3 / \text{工日}$

板： $\qquad Q_C = 54 \text{m}^3 \qquad\qquad S_C = 0.345 \text{m}^3 / \text{工日}$

楼梯： $\qquad Q_D = 24 \text{m}^2 \qquad\qquad S_D = 0.763 \text{m}^2 / \text{工日}$

$Q_{总}$ 取与综合产量定额单位一致的这道工序的工程量。本例合并后工程量以 m³ 单位，$\overline{S}$ 的单位取 m³/工日，比较合适，若取 m²/工日，则使用不太方便。此时，取

$$Q_{总} = \sum_{i=1}^{n} Q_i = Q_A + Q_B + Q_C = 57.2 + 31.68 + 54 \text{m}^3 = 142.88 \text{m}^3$$

$$\sum_{i=1}^{n} P_i = \frac{Q_A}{S_A} + \frac{Q_B}{S_B} + \frac{Q_C}{S_C} + \frac{Q_D}{S_D}$$

$$= \frac{57.2}{0.487} + \frac{31.68}{0.326} + \frac{54}{0.345} + \frac{24}{0.763} = 402.605 \text{ 工日}$$

综合产量定额

$$\overline{S} = \frac{\sum\limits_{i=1}^{n} Q_i}{\sum\limits_{i=1}^{n} P} = \frac{142.88}{402.605} = 3.55 \text{m}^3 / \text{工日}$$

【实践训练】

课目:计算综合产量定额及劳动量

(一)背景资料

某工程,其外墙面装饰有外墙涂料、真石漆、面砖三种做法,其工程量分别是 $850.5m^2$、$500.3m^2$、$320.3m^2$;采用的产量定额分别是 $7.56m^2/$工日、$4.35m^2/$工日、$4.05m^2/$工日。

(二)问题

计算它们的综合产量定额及外墙面装饰所需的劳动量。

(三)分析与解答

$$\overline{S} = \frac{Q_1 + Q_2 + \cdots + Q_n}{\dfrac{Q_1}{S_1} + \dfrac{Q_2}{S_2} + \cdots + \dfrac{Q_n}{S_n}} = \frac{850.5 + 500.3 + 320.3}{\dfrac{850.5}{7.56} + \dfrac{500.3}{4.35} + \dfrac{320.3}{4.05}} = 5.45 m^3/\text{工日}$$

$$P_{\text{外墙装饰}} = \frac{\displaystyle\sum_{i=1}^{3} Q_i}{\overline{S}} = \frac{850.5 + 500.3 + 320.3}{5.45} = 306.6 \text{ 工日}$$

2. 机械台班量的计算

凡是采用机械为主的施工过程,可按公式(6-5)计算其所需的机械台班数。

$$P_{\text{机械}} = \frac{Q_{\text{机械}}}{S_{\text{机械}}} \text{或} P_{\text{机械}} = Q_{\text{机械}} \times H_{\text{机械}} \tag{6-5}$$

式中 $P_{\text{机械}}$——某施工过程需要的机械台班数,台班;

       $Q_{\text{机械}}$——机械完成的工程量,m^3、t、件等;

       $S_{\text{机械}}$——机械的产量定额,$m^3/$台班、t/台班等;

       $H_{\text{机械}}$——机械的时间定额,台班/m^3、台班/t 等。

在实际计算中 $S_{\text{机械}}$ 或 $H_{\text{机械}}$ 的采用应根据机械的实际情况、施工条件等因素考虑、确定,以便准确地计算需要的机械台班数。

【实践训练】

课目:计算挖土机的台班量

(一)背景资料

某工程基础挖土采用 W—100 型反铲挖土机,挖方量为 $2099m^3$,经计算采用的机械台班产量为 $120m^3/$台班。

（二）问题

计算挖土机所需台班量。

（三）分析与解答

$$P_{机械} = \frac{Q_{机械}}{S_{机械}} = \frac{2099}{120} = 17.49 \text{ 台班}$$

取 17.5 个台班。

五、计算确定施工过程的延续时间

施工过程延续时间的确定方法：它有三种确定方法，经验估算法、定额计算法和倒排计划法。

1. 经验估算法

经验估算法也称三时估算法，即先估计出完成该施工过程的最乐观时间、最悲观时间和最可能时间三种施工时间，再根据公式（6-6）计算出该施工过程的延续时间。这种方法适用于新结构、新技术、新工艺、新材料等无定额可循的施工过程。

$$t = \frac{a + 4c + b}{6} \qquad (6-6)$$

式中　a——最乐观的时间估算（最短的时间）；

b——最悲观的时间估算（最长的时间）；

c——最可能的时间估算（最正常的时间）。

2. 定额计划算法

这种方法是根据施工过程需要的劳动量或机械台班量，以及配备的劳动人数或机械台数，确定施工过程持续时间。其计算公式如（6-7）、（6-8）：

$$t = \frac{P}{RN} \qquad (6-7)$$

$$t_{机械} = \frac{P_{机械}}{R_{机械} N_{机械}} \qquad (6-8)$$

［想一想］

确定施工过程延续时间有三种方法，它们各自适用什么方式？

式中　t——某手工操作为主的施工过程持续时间，天；

P——该施工过程所需要的劳动量，工日；

R——该施工过程所配备的施工班组人数，人；

N——每天采用的工作班制，班；

$t_{机械}$——某机械施工为主的施工过程的持续时间，天；

$P_{机械}$——该施工过程所需要的机械台班数，台班；

$R_{机械}$——该施工过程所需要的机械台班数，台；

$b_{机械}$——每天采用的工作台班，台班。

以上述公式可知,要计算确定某施工过程持续时间,除已确定的 P 或 $P_{机械}$ 外,还必须先确定 R、$R_{机械}$ 及 N、$N_{机械}$ 的数值。

要确定施工组人数 R 或施工机械台班数 $R_{机械}$,除了考虑必须能获得或能配备的施工班组数(特别是技术工人人数)或施工机械台数之外,在实际工作中,还必须结合施工现场的具体条件、最小工作面与最小劳动组合人数的要求以及机械施工的工作面大小、机械效率、机械必要的停歇维护与保修时间等因素考虑,才能计算确定出符合实际可能和要求的施工班组人数及机械台数。

每天工作班确定:当工作期允许、劳动力和施工机械周转使用不紧迫、施工工艺上无连续施工要求时,通常采用一班制施工,在建筑业中往往采用 1.25 班制即 10 小时。当工期较紧或为了提高施工机械的使用率及加快机械的周转使用,或工艺上要求连续施工时,某些施工过程可考虑二班制甚至三班制施工。采用多班制施工,必然增加有关设施及费用,因此,须慎重研究确定。

【实践训练】

课目:计算施工持续时间

(一)背景资料

　　某工程基础混凝土垫层浇筑所需要劳动量为 536 工日,每天采用三班制,每班安排 20 人施工。

(二)问题

　　试求完成混凝土垫层的施工持续时间。

(三)分析与解答

$$t = \frac{P}{RN} = \frac{536}{20 \times 3} = 8.93 \approx 9 \ \text{天}$$

3. 倒排计划法

　　这种方法是根据施工的工期要求,先确定施工过程的延续时间及工作班制,再确定施工班组人数(R)或机械台数($R_{机械}$)。计算公式如下:

$$R = \frac{P}{Nt} \tag{6-9}$$

$$R_{机械} = \frac{P_{机械}}{N_{机械} t_{机械}} \tag{6-10}$$

式中符号同公式(6-7)、(6-8)。

　　如果按上述两式计算出来的结果,超过了本部门现有的人数或机械台数,则要求有关部门进行平衡,调度及支持。或从技术上、组织上采取措施。如组织平行立体交叉流水施工,提高混凝土早期强度及采用多班组、多班制的施工等。

课目:计算施工人数

(一)背景资料

某工程砌墙所需劳动量为 810 个工日,要求在 20 天内完成,采用一班制施工。

(二)问题

试求每班工人数。

(三)分析与解答

$$R=\frac{P}{Nt}=\frac{810}{1\times20}=40.5 \text{人}$$

取 R 为 41 人。

上例所需施工班组为 41 人,若配备技工 20 人,其比例为 1∶1.05,是否有这些劳动人数,是否有 20 个技工,是否有足够的工作面,这些都需经分析研究才能确定。现按 41 人计算,实际采用的劳动量为 41×20×1=820 工日,比计算劳动量 810 个工日多 10 个工日,相差不大。

六、进度计划的初排与调整

一般要经过初排→检查调整→正式计划等步骤完成。

(1)按经验法或定额法算出各施工过程的施工持续时间,大致排出施工总体进度计划,粗略绘出横道路和网络图。

(2)全面重新衡量每一过程的起止和持续时间,及前后相关连的过程是否合理,并做出相应调整。

(3)对照合同要求,如不满足则采用倒排法缩减计划工期,直到满足合同要求。

(4)绘制正式的横道图和网络图。

第五节　施工准备与资源配置计划

一、施工准备计划

施工准备应包括技术准备、现场准备和资金准备等。

1. 技术准备

应包括施工所需技术资料的准备、施工方案编制计划、试验检验及设备调试工作计划、样板制作计划等;

（1）主要分部（分项）工程和专项工程在施工前应单独编制施工方案，施工方案可根据工程进展情况，分阶段编制完成；对需要编制的主要施工方案应制定编制计划；

（2）试验检验及设备调试工作计划应根据现行规范、标准中的有关要求及工程规模、进度等实际情况制定；

（3）样板制作计划应根据施工合同或招标文件的要求并结合工程特点制定。

2. 现场准备

应根据现场施工条件和工程实际需要，准备现场生产、生活等临时设施。

3. 资金准备

应根据施工进度计划编制资金使用计划。

二、资源配置计划

资源配置计划应包括劳动力配置计划和物资配置计划等。

1. 劳动力配置计划

（1）确定各施工阶段用工量；

（2）根据施工进度计划确定各施工阶段劳动力配置计划。

表6-2反映单位工程施工中所需要的各种技术工人、普工人数。一般要求按月、分旬统计编制计划。主要根据确定的施工进度计划编制，其方法是按进度表上每天需要的施工人数，分工种进行统计，得出每天所需工种及人数，按时间进度要求汇总编出。

表6-2 劳动力需要量计划

序号	工种名称	人数	月			月		
			上旬	中旬	下旬	上旬	中旬	下旬

2. 物资配置计划

（1）主要工程材料和设备的配置计划应根据施工进度计划确定，包括各施工阶段所需主要工程材料、设备的种类和数量；

（2）工程施工主要周转材料和施工机具的配置计划应根据施工部署和施工进度计划确定，包括各施工阶段所需主要周转材料、施工机具的种类和数量。主要材料需要量计划见表6-3，机具名称需要量计划见表6-4，预制构件需要量计划见表6-5。

表 6-3　主要材料需要量计划

序号	材料名称	规格	需要数量		需要时间						备注
			单位	数量	月			月			
					上旬	中旬	下旬	上旬	中旬	下旬	

表 6-4　机具名称需要量计划

序号	机具名称	型号	单位	需用数量	进退场时间	备注

表 6-5　预制构件需要量计划表

序号	构件名称	编号	规格	单位	数量	要求进场	备注

第六节　施工方案

单位工程应按照《建筑工程施工质量验收统一标准》GB50300 中分部、分项工程的划分原则,对主要分部、分项工程制定施工方案。

对脚手架工程、起重吊装工程、临时用水用电工程、季节性施工等专项工程所采用的施工方案应进行必要的验算和说明。

施工方案主要研究四个方面的内容,施工顺序,施工方法、施工机械、技术组织措施。

一、确定施工顺序

(一)确定施工顺序应遵循的基本原则和基本要求

确定合理的施工顺序是选择施工方案首先应考虑的问题。施工顺序是指工程开工后各分部分项工程施工的先后顺序。确定施工顺序既是为了按照客观的施工规律组织施工,也是为了解决工种之间的合理搭接,在保证工程质量和施工安全的前提下,充分利用空间,以达到缩短工期的目的。

在实际工程施工中,施工顺序可以有多种。不仅不同类型建筑物的建造过程有着不同的施工顺序;而且在同一类型的建筑工程施工中,甚至同一幢房屋的施工,也会有不同的施工顺序。因此,本节的基本任务就是如何在众多的施工顺序中,选择出既符合客观规律,又经济合理的施工顺序。

1. 确定施工顺序应遵循的基本原则

(1)先地下,后地上

指的是在地上工程开始之前,把管道、线路等地下设施、土方工程和基础工程全部完成或基本完成。坚固耐用的建筑需要有一个坚实的基础,从工艺的角度考虑,也必须先地下后地上,地下工程施工时应做到先深后浅,这样可以避免对地上部分施工产生干扰,从而带来施工不便,造成浪费,影响工程质量。

(2)先主体、后围护

指的是框架结构建筑和装配式单层工业厂房施工中,先进行主体结构施工,后完成围护工程。同时,框架主体与围护工程在总的施工顺序上要合理搭接,一般来说,多层建筑以少搭接为宜,而高层建筑则应尽量搭接施工,以缩短施工工期;而装配式单层工业厂房主体结构与围护工程一般不搭接。

(3)先结构,后装修

是对一般而言,有时为了缩短施工工期,也可以有部分合理的搭接,即室内装饰与主体结构同时进行施工。

(4)先土建,后设备

指的是不论是民用建筑还是工业建筑都应土建施工先于水、暖、气、卫、电等建筑设备的施工。但它们之间更多的是穿插配合关系,尤其在装修阶段,要从保证施工质量、降低成本的角度,处理好相互之间的关系。

以上原则并不是一成不变的,在特殊情况下,如在冬期施工之前,应尽可能完成土建和围护工程,以利于施工中的防寒和室内作业的开展,从而达到改善工人的劳动环境、缩短工期的目的;又如大板承重结构部分和某些装饰部分宜在加工厂同时完成。因此,随着我国施工技术的发展、企业经营管理水平的提高,以上原则也在进一步完善之中。

2. 确定施工顺序的基本要求

(1)必须符合施工工艺的要求

建筑物在建造过程中,各分部分项之间存在着一定的工艺顺序关系,它随着建筑物结构和构造的不同而变化,应在分析建筑物各分部分项工程之间的工艺关系的基础上确定施工顺序。例如:基础工程未做完,其上部结构就不能进行;垫层在土方开挖后才能施工;采用砌体结构时,下层的墙体砌筑完成后方能施工上层楼面;但在框架结构工程中,墙体作为围护或隔断,则可安排在框架施工全部或部分完成后进行。

(2)必须与施工方法协调一致

例如:在装配式单层工业厂房施工中,如采用分件吊装法,则施工顺序是先吊装柱、再吊装梁、最后吊装各个节间的屋架及屋面板等;如采用综合吊装法,则施工顺序为一个节间全部构件吊装完成后,再依次吊装下个节间,直至构件吊装完。

(3)必须考虑施工组织的要求

例如:有地下室的高层建筑,其地下室地面工程可以安排在地下室顶板施工前进行,也可以安排在地下室顶板施工后进行。从施工组织方面考虑,前者施工较方便,上部空间宽敞,可以利用吊装机械直接将地面施工用的材料运送到地下室;而后者,地面材料运输和施工就比较困难。

(4)必须考虑施工质量的要求

在安排施工顺序时,要以保证和提高工程质量为前提,影响工程质量时,要重新安排施工顺序或采取必要的技术措施。例如:屋面防水层施工,必须等找平层干燥后才能进行,否则将影响防水工程的质量,特别是柔性防水层的施工。

(5)必须考虑当地的气候条件

例如:在冬期和雨期施工到来之前,应尽量先做基础工程、室外工程、门窗玻璃工程,为地上和室内工程施工创造条件。这样有利于改善工人的劳动环境,有利于保证工程质量。

(6)必须考虑安全施工的要求

在立体交叉、平行搭接施工时,一定要注意安全问题。例如:在主体结构施工时,水、暖、气、卫、电的安装与构件、模板、钢筋的吊装和安装不能在同一个工作面上,必要时采取一定的安全保护措施。

(二)基础工程施工顺序

1. 基坑工程

定位放线验线→桩护坡、井点降水→挖土→明排水→修边坡→拉锚支护、挡土墙→修坑底→验槽。

2. 无地下室基础工程

基坑→垫层→基础→回填土。

3. 有地下室的基础工程(外防水)

基坑→垫层→找平层→防水层→地下室底板→地下室墙、柱→地下室顶板→墙防水层及保护层→回填土。

应当注意的是①土方工程要避免在雨季施工;②准备验收的基坑开挖至设

计标高时,宜请勘察人员先观看土质情况,若确定符合设计持力层要求,再细致修整,验收。并做好准备,一旦验收合格,立即浇筑垫层,防止基底土受到雨水、寒冷天气等侵害扰动;③混凝土垫层必须养护到一定强度后再进行下道工序;④回填土前应考虑,土中的管道等构件是先进行预埋,还是将来再挖土埋设;⑤基坑回填土耗工耗时,工程量较大,应慎重选择合理的回填方案及回填时间,为了争取上部主体的施工时间,回填土也可以考虑稍迟一步进行,主体结构施工时外脚手架可以考虑用悬挑架子施工。

[问一问]

挖土、边坡支护、降水三者的先后顺序?

(三)主体工程施工顺序

1. 砖混结构

放线→砌砖墙→构造柱→梁、板、楼梯、阳台(模板→钢筋→浇混凝土)→养护→下一层放线(见图6-1)。

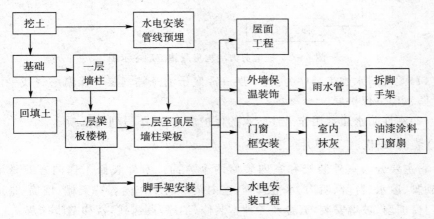

图6-1　砖混结构房屋施工顺序示意图

2. 框架结构

放线→柱(钢筋→模板→混凝土)→梁、板、楼梯、阳台(模板→钢筋→混凝土)→养护→下层放线。

需要说明的是:

(1)上述两种结构都要注意安排流水作业避免工人窝工。

(2)脚手架工作在主体施工至二层时应按规范要求搭设,但一般不占用关键线路的工期。

(3)框架结构的柱可以先单独浇筑,也可以与梁、板、混凝土同时浇筑。填充墙在框架完成后可以不按楼层的顺序组织施工。

3. 框架剪力墙结构

放线→剪力墙、柱(钢筋→模板→混凝土)→梁、板、楼梯、阳台(模板→钢筋→混凝土)→养护→下层放线(见图6-2)。

(四)屋面工程施工顺序

屋面结构完成后,即可进行屋面施工,它一般不占用关键线路工期,但注意避免在严冬施工,工艺要求决定了屋面施工从下至上分层进行。

[练一练]

参观屋面施工顺序。

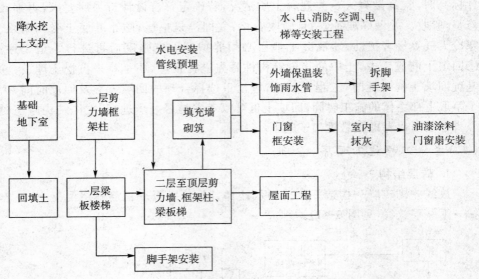

图 6-2 框架剪力结构房屋施工顺序示图

(1)柔性防水施工顺序为:找平层→冷底子油→隔气层→保温层→找平层→柔性防水层→保护层。

(2)刚性防水通常用作柔性防水的保护层,因此不另列施工顺序。

(五)装修工程施工顺序

它主要分为室外装修和室内装修两个方面。室外装修工作内容有外墙抹灰、勒脚、散水、台阶、明沟、水落管等;室内装修的工作内容有天棚、墙面、地面抹灰,门窗框扇、玻璃安装,五金及各种木装修、油漆,踢脚线,楼梯踏步抹灰。

1. 室外装修工程

[想一想]

冬季装修要注意什么?

室外装修因其受天气影响较大,尤其是进入冬天后,室外装修直接受冷空气侵害,又难以保温,工程质量受到严重威胁,因此尽可能避开冬季进行外装修。如果工期原因必须在冬天进行外装时,也应选择气温较高的日子,以及上午日光直接照射后,傍晚日落前时间段内施工。把最好的时间用来突击完成北面及西面二个较少受光面的外装任务。

外装应当在主体到顶后,从顶到底依次施工,最后一道面层施工的同时逐层拆除脚手架,同时补好脚手眼,外装修时要专人进行安全监督检查。

2. 室内装修工程

(1)室内装修的特点是工作量大,相互影响的因素较多,但在主体没有到顶时就可以进行装修施工,以缩短工期,并且装修时不分楼上楼下的先后顺序,因此可多投队伍共同进行施工。

(2)室内装修工程施工顺序通常为两种:

① 楼地面→顶棚→墙面

这种安排便于清理落地灰,地面不易空鼓起壳,装修结束时不易污染墙面,但地面易受损伤。

② 顶棚→墙面→楼地面

这种安排地面不受损害,但难清落地灰污染墙面等缺点。

（3）楼梯因人流量集中,踏步粉刷易受损坏,因此多楼梯相通时,可封闭某梯进行装修并养护到一定强度后,再封其他楼梯进行装修。如仅为单独楼梯,则考虑室内工作完成后,再从上向下粉刷楼梯踏步

（4）其他注意事项:门窗框在找平层前要首先安装,窗扇一般在油漆涂料结束后再安装,但是冬天装修时为了室内保温也先可以安装窗扇。粉刷前要求先安装接线盒并穿通线路,以避免粉刷后,再凿盒、槽、线管等,还易造成工作矛盾。有防水要求的房间应先做防水层,水磨石地面也应当先施工,防止因施工用水损坏已完成的粉刷面。墙边管道宜在粉刷后再进行安装。

[问一问]
完成室内装修再开始室外装修行吗?

（六）装配式钢筋混凝土单层工业厂房施工顺序

装配式钢筋混凝土单层工业厂房,通常分为基础工程,预制工程、吊装工程,其他工程四个阶段(见图6-3)。

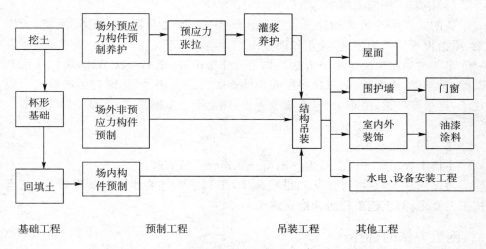

图6-3 装配式单层工业厂房施工顺序示意图

1. 基础工程

单层厂房多为杯形基础,其施工顺序为:

挖土→垫层→基础(绑钢筋→支模→浇混凝土→养护→拆模)→回填土

厂房内往往有许多设备基础,根据设备基础深浅,施工场地大小,工期要求快慢,有两种施工顺序方案,即封闭式和敞开式施工。封闭式是指先施工厂房,后施工设备基础,它的优点是不妨碍厂房的施工过程,便于厂房施工时构件布置,吊车行走,而且设备基础施工是在室内进行,受气候影响较小,应为首先方案。但是当设备基础深度,超过厂房基础,或者工期很紧,以及设备基础土方量很大,封闭施工不能用机械挖土而影响工期时,可考虑选择敞开式施工,敞开施工就是厂房基础与设备基础同时施工或者设备基础优先施工。

2. 预制工程施工顺序

装配式厂房构件一般包括:柱子、基础梁、连系梁、吊车梁、支撑、屋架、天窗

架、屋面板、天沟等,通常采用预制厂预制和现场预制相结合的方式。对于重量大,尺寸大,不便运输的构件采用现场预制,如柱、吊车梁、屋架等,其他在预制厂预制。

(1)非预应力构件制作的施工顺序

支模→绑钢筋→预埋件→浇混凝土→养护→拆模。

(2)后张法预应力构件制作的施工顺序

支模→绑钢筋→预埋件→留孔道→浇混凝土→养护→拆模→预应力筋张拉、锚固→孔道灌浆→养护。

现场预制与工作面关系很大,一般基础回填平整后即可制作构件。

如果用分件吊装法,可将柱与吊车梁预制在车间内,屋架在车间旁边预制,若场地狭小而工期允许,则可先做柱及吊车梁,吊装完成后再预制屋架。

如果是综合吊装法,构件必需一次制作,那么构件制作位置当视现场情况决定。

(3)吊装工程施工顺序

装配式厂房的吊装顺序依次为:柱子、基础梁、吊车梁、连续梁、屋架、天窗架、屋面板等构件的吊装,校正和固定。

吊装的顺序取决于吊装方法。如用分件法吊装,则第一次吊柱,第二次吊基础梁、吊车梁、连系梁,第三次吊屋盖构体。如用综合法吊装,则先吊四根或六根柱子,再吊基础梁、吊车梁、连系梁及屋盖,如此逐个节间吊装,直至全部完成。

(4)其他工程施工顺序

这一顺序通常为:

主体工程吊装→围护结构→屋面→装修→设备安装。

为加快进度,也可以交叉和搭接施工,工程中可能有水、电、暖等设施,应当按工艺要求,与土建工程协调配合施工。

二、施工方法的选择

合理的施工方法是工程施工的关键环节。每一分部分项工程都有各自多种不同的施工方法,而每一施工方法的正确选择是保证质量、安全,加快进度,降低成本的决定性因素。

(一)施工方法选择的基本原则

1. 满足施工组织总设计的要求;

2. 满足施工安全质量的要求;

3. 满足总进度安排的要求;

4. 选择当地比较成熟的施工方法;

5. 经济合理与环境相适应。

(二)主要分部分项工程施工方法的选择

主要分部分项工程的施工方法,在建筑施工技术教材中做了详细表述,这里仅做要点归纳。

1. 土方工程

根据基坑深浅场地大小，土质状况，确定边坡及防护形式，降水、开挖，回填的方法。

2. 基础工程

（1）桩基通常由专业队伍施工。

（2）地下室的关键是防水工程，宜选择封闭式外防水，注意防水层与基层要粘结牢固，施工缝按规范和施工图的要求设置，大体积混凝土要计算上下层混凝土接头时间，确保在初凝时间以内完成，并选择适应的浇筑方法，严防内外温差超过 25℃。开盘前联系气象、供电、混凝土供应部门，确保混凝土连续浇筑，不得留施工缝。选择合适的模板形式和支撑方法。

3. 砌筑工程

砌筑工程的关键是控制墙面裂缝、渗水及墙体轴线和标高，为此要选择不易变形，宜于防水的砌筑材料，框架梁下填充墙砌筑时，应留二皮不砌，1 周后再待沉实斜砌密实，框架柱与墙接缝处做加强措施。轴线和标高要有交底，有复核，有验收。

4. 钢筋混凝土工程

（1）钢筋混凝土工程中，变数较多且易出安全质量事故的分项是模板工程，而模板工程又分为材料与构造的选择。尤其要注意的是在方案设计时要坚持两条：一是规范的施工方法；二是浇混凝土时上下工作面都要派人看守。

（2）选择钢筋加工，接头的方法。

（3）选择混凝土生产、运输、浇筑、振捣、养护的方法，施工缝的位置。

5. 结构吊装工程

（1）确定吊装方法及设备选择。

（2）确定构件的预制地点，运输及堆放要求。

6. 屋面工程

按照设计图纸及建设单位具体使用要求，确定找平层、找坡保温材料，防水材料、保护层及其具体施工方法，排气孔的位置造型。

7. 装修工程

装修工程分项众多，但施工前应先做样板间，对其选材、工艺、色彩、造型施工方法和效果等予以明确。

8. 场内垂直、水平运输及脚手架

（1）按照楼房的高度和长度选择龙门架、塔吊、施工电梯、混凝土输送泵以及各自的平面位置。

（2）确定脚手架的构造形式，悬挑与否，爬升与否，搭拆时间、主体进行时有无脚手架，装修及刷涂料时各用什么脚手架，并编写各种情况下的安全方案。

三、主要的施工技术、质量、安全及降低成本措施

质量、安全、成本降低措施：对于质量、安全、成本降低都应当从技术措施、组织措施、合同措施、经济措施四个方面进行。

1. 保证工程质量措施

(1)尺寸标高有文字交接并建立复核验收制度；

(2)降水、土方、基础、地下室及防水措施；

(3)主体结构关键部位质量措施，如防裂缝、渗水措施；

(4)屋面、装修质量措施；

(5)新材料、新结构、新工艺、新技术质量措施；

2. 安全保障措施

(1)边坡稳定措施；

(2)架子工程与安全网及临边、洞口安全措施；

(3)提升设备的固定拉接、防倒塌措施；

(4)安全用电措施；

(5)易燃、易爆、有毒作业的安全措施；

(6)季节性安全措施；

(7)工程周边的安全防护及隔离措施；

3. 成本降低措施

(1)合理分配土方挖、存、运、回填的方案与数量；

(2)加快施工进度，提高机械、周转材料、人员的工作效率；

(3)积极用新技术以达到节约的目的；

(4)尽量使用焊接以节省钢材；

(5)制定节约奖励的制度提高全员节约的主动性。

四、技术经济评价

施工方案的技术经济评价是在众多的施工方案中选择出快、好、省、安全的施工方案。

施工方案的技术经济评价涉及的因素多而复杂，一般来说施工方案的技术经济评价有定性分析和定量分析两种。

主要的评价指标有以下几种：

1. 工期指标

当要求工程尽快完成以便尽早投入生产或使用时，选择施工方案就要在确保工程质量、安全和成本较低的条件下，优先考虑缩短工期，在钢筋混凝土工程主体施工时，往往采用增加模板的套数来缩短主体工程的施工工期。

2. 机械化程度指标

在考虑施工方案时应尽量提高施工机械化程度，降低工人的劳动强度。积极扩大机械化施工的范围，把机械化施工程度的高低，作为衡量施工方案优劣的重要指标。

3. 主要材料消耗指标

反映若干施工方案的主要材料节约情况。

4. 降低成本指标

它综合反映工程项目或分项工程由于采用不同的施工方案而产生不同的经

[问一问]

保证质量、安全的措施有哪几类？

济效果,其指标可以用降低成本额和降低成本率来表示。

各指标的计算参见第五章。

第七节　单位工程施工现场平面布置图

施工现场平面布置图应参照施工总平面布置原则和布置要求,并结合施工组织总设计,按不同施工阶段分别绘制。

一、施工现场平面布置图的内容

施工现场平面布置图应包括下列内容:

(1)工程施工场地状况;

(2)拟建建(构)筑物的位置、轮廓尺寸、层数等;

(3)工程施工现场的加工设施、存贮设施、办公和生活用房等的位置和面积;

(4)布置在工程施工现场的垂直运输设施、供电设施、供水供热设施、排水排污设施和临时施工道路等;

(5)施工现场必备的安全、消防、保卫和环境保护等设施;

(6)相邻的地上、地下既有建(构)筑物及相关环境。

二、施工现场平面布置图设计步骤

单位工程施工现场平面布置图设计的一般步骤是:

熟悉、分析、研究有关资料→确定起重机械的位置→确定搅拌站、加工棚、仓库、材料及构件堆场的位置和尺寸→布置运输道路→布置临时设施→布置水电管线→布置安全消防设施→评价、调整、优化→绘图。

1. 熟悉、分析、研究有关资料

熟悉、了解设计图纸及施工方案和施工进度计划的要求,研究分析有关原始资料,从而掌握现场情况。

2. 起重机的位置

起重机械的位置,直接影响仓库、材料、构件、道路、搅拌站、水电线路的布置,故应首先予以考虑。

塔吊位置首先要求臂长范围能兼顾工程全部范围,再则与原材料、搅拌站在工程的同一侧,以便装卸材料时司机直视,另外要贴近建筑物以便安装附着。

(1)对轨道式塔吊的平面布置

① 塔吊的平面布置

塔式起重机的平面布置主要取决于建筑物的平面形状和四周场地条件,一般应在场地较宽的一面沿建筑物的长度方向布置,以充分发挥其效率。单侧布置的平面和立面如图6-4所示。此外,有时还有双侧布置或在跨内布置。

塔式起重机的路基必须坚实可靠,两旁应设排水沟。在满足使用要求的条件下,要缩短塔轨铺设长度。采用两台塔吊或一台塔吊另配一台井架施工时,每台塔吊的回转半径及服务范围应明确,塔吊回转时不能碰撞井架及其缆风绳。

② 塔吊的起重参数

塔吊一般有三个起重参数:起重量(Q)、起重高度(H)和回转半径(R),如图6-4(b)所示。有些塔吊还设起重力矩(起重量与回转半径的乘积)参数。

塔吊的平面位置确定后,应使其所有参数均满足吊装要求。起重量应满足最重、最远的材料或构件的吊装要求;起重高度应满足安装最高构件的高度要求。塔吊高度取决于建筑物高度及起重高度。单侧布置时,如图6-4(a)所示,塔吊的回转半径应满足下式要求:

$$R \geqslant B + D \tag{6-11}$$

式中　　R——塔吊的最大回转半径(m);

　　　　B——建筑物平面的最大宽度(m);

　　　　D——轨道中心线与外墙边线的距离(m)。

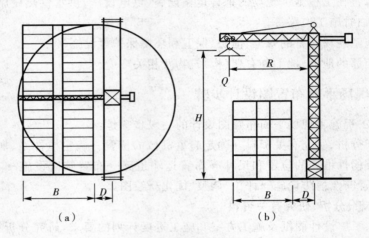

（a）　　　　　　　　　　　　（b）

图6-4　塔吊的单侧布置示意

轨道中心线与外墙边线的距离D取决于凸出墙面的雨篷、阳台以及脚手架的尺寸,还取决于塔吊的型号、性能、轨距及构件重量和位置,这与现场地形及施工用地范围大小有关。如公式$R \geqslant B + D$得不到满足,则可适当减小D的尺寸。如D已经是最小安全距离时,则应采取其他技术措施,如采用双侧布置、结合井架布置等。

[问一问]

施工过程中施工平面布置图需要变化吗?

③ 塔吊的服务范围

以塔吊轨道两端有效行驶端点的轨距中心为圆心,最大回转半径为半径划出两个半圆形,再连接两个半圆,即为塔吊服务范围,如图6-5所示。

建筑物处在塔吊范围以外的阴影部分,称为"死角",塔吊布置的最佳状况是使建筑物平面均处在塔吊的服务范围以内,避免"死角"如果做不到这一点,也应使"死角"越小越好,或使最高最大的构件不出现在"死角"内。如果塔吊吊装最远构件,需将构件做水平推移时,则推移距离一般不得超过1m,并应有严格的技术安全措施。否则,需采取其他辅助措施,如布置井架或在楼面进行水平转运等,使施工顺利进行。

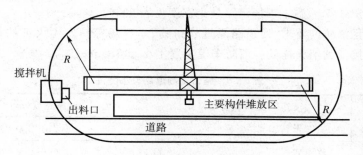

图 6-5　塔吊的服务范围及布置

(2)固定式垂直起重运输设备对(如固定式塔吊、井架、龙门架、桅杆式起重机等)的布置

这类起重机的布置,主要根据机械性能、建筑物的平面和大小、施工段的划分、材料进场方向和道路情况而定。其目的是充分发挥起重机械的能力并使地面和楼面上的水平运距最小。一般说来,当建筑群各部位的高度相同时,布置在施工段的分界线附近,当建筑物各部位的高度不同时,布置在高低分界线处(图6-6井架布置位置示意图)。这样布置的优点是楼面上各施工段水平运输互不干扰。若有可能,井架、龙门架的位置,以布置在有窗口处为宜,以避免砌墙留槎和减少井架拆除后的修补工作。固定式起重运输设备的卷扬机位置不应距离起重机过近,以便司机的视线能够看到起重机的整个升降过程。

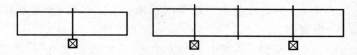

图 6-6　井架布置位置示意图

3. 材料、仓库、构件堆场,搅拌站的位置

砂、石、水泥库与搅拌站必须在工程一侧较近处,便于拌制混凝土,并且与钢筋加工棚、塔吊在同一侧,场地过于狭小时可以将模板堆场,放在塔吊的不同侧面。

木材、钢筋、水电等加工棚可离建筑物稍远处布置;并应有相应的材料及成品堆场。特殊情况下,如现场场地狭窄,个别加工棚可考虑场外布置。

石灰淋灰池的位置,要接近砂浆搅拌机布置并处在下风向;沥青堆场及熬制地点要离开易燃、易爆仓库,并布置在下风向。在城市内施工时,一般不准现场淋灰或熬制沥青。

水泥仓库应选择地势较高、排水方便、靠近搅拌机的地方。各种易燃、易爆品仓库的布置应符合防火、防爆安全距离的要求。

4. 运输道路的布置

运输道路的布置主要解决运输和消防两个问题。现场主要道路应尽可能利用永久性道路的路面或路基,以节约费用。现场道路布置时要保证行驶畅通,使运输工具有回转的可能性。因此,运输线路最好绕建筑物布置成环形道路。道路宽度大于3.5m,施工现场道路最小宽度见表6-6。

应满足消防的要求,使道路靠近建筑物、木料场等易发生火灾的地方,以便车辆能直接开到消火栓处。消防车道宽度不小于3.5m。

[问一问]
道路布置要注意哪些消防因素?

表6-6　施工现场道路最小宽度

序号	车辆类型及要求	道路宽度(m)
1	汽车单行道	不小于3.0
2	汽车双行道	不小于6.0
3	平板拖车单行道	不小于4.0
4	平板拖车双行道	不小于8.0

5. 临时设施的布置

施工现场的临时设施可分为生产性与非生产性两大类。

生产性临时设施内容包括:在现场加工制作的作业棚,如木工棚、钢筋加工棚;各种机械操作棚,如搅拌机棚、卷扬机棚、电焊机棚;各种材料库,如水泥库、五金库;其他设施,如变压器等。生活性临时设施主要包括行政管理、文化、生活、福利用房等。布置生活性临时设施时,应遵循使用方便、有利施工、合并搭建、保证安全的原则。

门卫、收发室等应设在现场出入口处;办公室应靠近施工现场;工人休息室应设在工作地点附近;生活性与生产性临时设施应有所区分,不要互相干扰。

6. 布置水、电管网

(1)施工用临时给水管,一般由建设单位的干管或施工用干管接到用水地点。有枝状、环状和混合状等布置方式,如图6-7所示。应根据工程实际情况,从经济和保证供水两个方面去考虑其布置方式。管径的大小、龙头数目根据工程规模通过计算确定。管道可埋置于地下,也可铺设在地面上,视气温情况和使用期限而定。

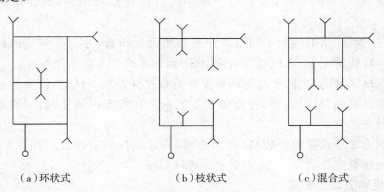

(a)环状式　　　　(b)枝状式　　　　(c)混合式

图6-7　供水管网布置方式示意图

工地内要设置消火栓,消火栓距离建筑物不应小于 5m,也不应大于 25m,距离路边不大于 2m。条件允许时,可利用城市或建设单位的永久消防设施。为了防止水的意外中断,可在建筑物附近设置临时蓄水池,储备一定数量的生产和消防用水。

(2)为了便于排除地面水和地下水,要及时修通永久性下水道,并结合现场地形,在建筑物四周设置排泄地面水和地下水的沟渠。

(3)施工中的临时供电,应在全工地性施工总平面图中一并考虑。只有独立的单位工程施工时,才根据计算出的现场用电量选用变压器或由建设单位原有变压器供电。变压器的位置应布置在现场边缘高压线接入处,离地应大于 3m,四周设有高度大于 1.7m 的铁丝网防护栏,并设有明显的标志。但不宜布置在交通要道出入口处,现场导线宜采用绝缘线架空或电缆布置。

(4)线路应架设在道路一侧,距建筑物应大于 1.5m,垂直距离应在 2m 以上。

7. 施工平面图的绘制

施工平面图的内容,应根据工程特点、工期长短、现场情况等确定。因为建筑施工是一个复杂多变的生产过程,各种施工机械、材料、构件等是随着工程的进展而逐渐进场的,而且是逐渐变动、消耗的。因此,工程进展过程中,工地上的实际布置情况是随时在改变的。一般对中小型工程只需绘制出主体施工阶段的平面布置图即可,而对工期较长或受场地限制的大中型工程,则应分阶段绘制施工平面图。在布置各阶段的施工平面图时,对整个施工期间使用的一些道路、水电管线、垂直运输机械和临时房屋等,不要轻易变动,以节省费用。

施工平面图经初次布置后,应分析比较,调整优化,再绘制成正式施工平面图,在图中应作必要的文字说明,并标上图例、比例、指北针。要求比例正确、图例规范、线条分明、字迹端正、图面整洁美观、满足建筑制图规则要求。

[练一练]

参观现场实际布置与施工平面布置图是否一致。

8. 单位工程施工平面图的评估指标

为评估单位工程施工平面图的设计质量,可以通过计算下列技术经济指标并加以分析比较,有助于其最终合理定案。

(1)施工占地系数

$$施工占地系数 = \frac{施工占地面积(m^2)}{建筑面积(m^2)} \times 100\% \qquad (6-12)$$

(2)施工场地利用率

$$施工场地利用率 = \frac{施工设施占用面积(m^2)}{施工用地面积(m^2)} \times 100\% \qquad (6-13)$$

(3)施工用临时房屋面积、道路面积、临时供水线长度及临时供电线长度。

(4)临时设施投资率

指全部临时工程投资费用与总工程总造价之比,表示临时设施费用的支出情况。

$$临时设施投资率 = \frac{临时设施费用总和(元)}{工程总造价(元)} \times 100\% \qquad (6-14)$$

本章思考与实训

一、思考题

1. 什么叫单位工程施工组织设计？
2. 试述单位工程施工组织设计的编制依据和程序。
3. 单位工程施工组织设计包括哪些内容？
4. 工程概况及施工特点分析包括哪些内容？
5. 施工方案包括哪些内容？
6. 确定施工顺序应遵循的基本原则和基本要求是什么？
7. 选择施工方法和施工机械应满足哪些基本要求？

二、实训题

1. 试述多层砌体结构民用房屋及框架结构的施工顺序。
2. 试述装配式单层工业厂房的施工顺序。
3. 试述技术组织措施的主要内容。
4. 某施工企业承接了某高校的教学楼、图书馆和学生公寓三项工程，经业主认可选择了三个分包商分别施工三项工程。

问题：(1)该总包单位应编制何种施工进度计划？编制的依据和内容是什么？

(2)各分包单位应编制何种施工进度计划？编制的依据和内容是什么？

5. 某六层办公楼，框架结构，墙体采用混凝土小砌块砌筑，总平面图如图6-8所示，采用固定式塔式起重机一台。

问题：(1)在图中布置塔式起重机；

(2)在图中布置石灰淋灰池。

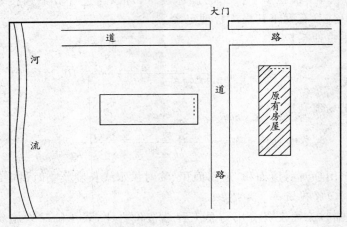

图 6-8

附 录

Ⅰ. 建筑工程分部（子分部）工程划分

一、建筑工程分部（子分部）工程划分层次与代号索引表

分部工程代号	分部工程名称	子分部工程代号	子分部工程	分项工程
01	地基与基础	01	无支护土方	土方开挖、土方回填
		02	有支护土方	排桩，降水、排水，地下连续墙、锚杆、土钉墙、水泥土桩、沉井与沉箱，钢及混凝土支撑
		03	地基处理	灰土地基、砂和砂石地基，碎砖三合土地基，土工合成材料地基，粉煤灰地基，重锤夯实地基，强夯地基，振冲地基，砂桩地基，预压地基，高压喷射注浆地基，土和灰土挤密桩地基，注浆地基，水泥粉煤灰碎石桩地基，夯实水泥土桩地基
		04	桩基	锚杆静压桩及静力压桩，预应力离心管桩，钢筋混凝土预制桩，钢桩，混凝土灌注桩（成孔、钢筋笼、清孔、水下混凝土灌注）
		05	地下防水	防水混凝土，水泥砂浆防水层，卷材防水层，涂料防水层，金属板防水层，塑料板防水层，细部构造，喷锚支护，复合式衬砌，地下连续墙，盾构法隧道：渗排水、盲沟排水，隧道、坑道排水：预注浆、后注浆，衬砌裂缝注浆
		06	混凝土基础	模板、钢筋、混凝土，后浇带混凝土，混凝土结构缝处理
		07	砌体基础	砖砌体，混凝土砌块砌体，配筋砌体、石砌体
		08	劲钢（管）混凝土	劲钢（管）焊接、劲钢（管）与钢筋的连接，混凝土
		09	钢结构	焊接钢结构、栓接钢结构、钢结构制作，钢结构安装，钢结构涂装

分部工程代号	分部工程名称	子分部工程代号	子分部工程	分项工程
02	主体结构	01	混凝土结构	模板,钢筋,混凝土,预应力、现浇结构,装配式结构
		02	劲钢(管)混凝土结构	劲钢(管)焊接、螺栓连接、劲钢(管)与钢筋的连接,劲钢(管)制作、安装,混凝土
		03	砌体结构	砖砌体,混凝上小型空心砌块砌体、石砌体,填充墙砌体,配筋砖砌体
		04	钢结构	钢结构焊接,紧固件连接,钢零部件加工,单层钢结构安装,多层及高层钢结构安装,钢结构涂装、钢构件组装,钢构件预拼装,钢网架结构安装,压型金属板
		05	木结构	方木和原木结构、胶合木结构、轻型木结构,木构件防护
		06	网架和索膜结构	网架制作、网架安装,索膜安装,网架防火、防腐涂料
03	建筑装饰装修	01	地面	整体面层:基层,水泥混凝土面层,水泥砂浆面层,水磨石面层,防油渗面层,水泥钢(铁)屑面层,不发火(防爆的)面层:板块面层:砖面层(陶瓷锦砖、缸砖、陶瓷地砖和水泥花砖面层),大理石面层和花岗岩面层,预制板块面层(预制水泥混凝土、水磨石板块面层),料石面层(条石、块石面层),塑料板面层,活动地板面层,地毯面层:木竹面层:基层、实木地板面层(条材、块材面层),实木复合地板面层(条材、块材面层),中密度(强化)复合地板面层(条材面层),竹地板面层
		02	抹灰	一般抹灰,装饰抹灰,清水砌体勾缝
		03	门窗	木门窗制作与安装,金属门窗安装,塑料门窗安装,特种门安装,门窗玻璃安装
		04	吊顶	暗龙骨吊顶,明龙骨吊顶
		05	轻质隔墙	板材隔墙、骨架隔墙、活动隔墙、玻璃隔墙
		06	饰面板(砖)	饰面板安装,饰面砖粘贴
		07	幕墙	玻璃幕墙,金属幕墙,石材幕墙
		08	涂饰	水性涂料涂饰,溶剂型涂料涂饰,美术涂饰
		09	裱糊与软包	裱糊、软包
		10	细部	橱柜制作与安全,窗帘盒、窗台板和暖气罩制作与安装,门窗套制作与安装,护栏和扶手制作与安装,花饰制作与安装

分部工程代号	分部工程名称	子分部工程代号	子分部工程	分项工程
04	建筑屋面	01	卷材防水屋面	保温层,找平层,卷材防水层,细部构造
		02	涂膜防水屋面	保温层,找平层,涂膜防水层,细部构造
		03	刚性防水屋面	细石混凝土防水层,密封材料嵌缝,细部构造
		04	瓦屋面	平瓦屋面,波瓦屋面,油毡瓦屋面,金属板屋面,细部构造
		05	隔热屋面	架空屋面,蓄水屋面,种植屋面
05	建筑给水排水及采暖	01	室内给水系统	给水管道及配件安装、室内消火栓系统安装、给水设备安装、管道防腐、绝热
		02	室内排水系统	排水管道及配件安装、雨水管道及配件安装
		03	室内热水供应系统	管道及配件安装、辅助设备安装、防腐、绝热
		04	卫生器具安装	卫生器具安装、卫生器具给水配件安装、卫生器具排水管道安装
		05	室内采暖系统	管道及配件安装、辅助设备及散热器安装、金属辐射板安装、低温热水地板辐射采暖系统安装、系统水压试验及调试、防腐、绝热
		06	室内采暖系统	管道及配件安装、辅助设备及散热器安装、金属辐射板安装、低温热水地板辐射采暖系统安装、系统水压试验及调试、防腐、绝热
		07	室外给水管网	给水管道安装、消防水泵接合器及室外消火栓安装、管沟及井室
		08	室外排水管网	排水管道安装、排水管沟与井池
		09	室外供热管网	管道及配件安装、系统水压试验及调试、防腐、绝热
		10	建筑中水系统及游泳池系统	建筑中水系统管道及辅助设备安装、游泳池水系统安装

分部工程代号	分部工程名称	子分部工程代号	子分部工程	分项工程
06	建筑电气	01	室外电气	架空线路及杆上电气设备安装，变压器、箱式变电所安装，成套配电柜、控制柜（屏、台）和动力、照明配电箱（盘）及控制柜安装，电线、电缆导管和线槽敷设，电线、电缆穿管和线槽敷设，电缆头制作、导线连接和线路电气试验，建筑物外部装饰灯具、航空障碍标志灯和庭院路灯安装，建筑照明通电试运行，接地装置安装
		02	变配电室	变压器、箱式变电所安装，成套配电柜、控制柜（屏、台）和动力、照明配电箱（盘）安装，裸母线、封闭母线、插接式母线安装，电缆沟内和电缆竖井内电缆敷设，电缆头制作、导线连接和线路电气试验，接地装置安装，避雷引下线和变配电室接地干线敷设
		03	供电干线	裸母线、封闭母线、插接式母线安装，桥架安装和桥架内电缆敷设，电缆沟内和电缆竖井内电缆敷设，电线、电缆穿管和线槽敷线，电缆头制作、导线连接和线路电气试验
		04	电气动力	成套配电柜、控制柜（屏、台）和动力、照明配电箱（盘）及安装，低压电动机、电加热器及电动执行机构检查、接线，低压电气动力设备检测、试验和空载试运行，桥架安装和桥架内电缆敷设，电线、电缆导管和线槽敷设，电线、电缆穿管和线槽敷线，电缆头制作、导线连接和线路电气试验，插座、开关、风扇安装
		05	电气照明安装	成套配电柜、控制柜（屏、台）和动力、照明配电箱（盘）安装，电线、电缆导管和线槽敷设，电线、电缆导管和线槽敷线，槽板配线，钢索配线，电缆头制作、导线连接和线路电气试验，普通灯具安装，专用灯具安装，插座、开关、风扇安装，建筑照明通电试运行
		06	备用和不间断电源安装	成套配电柜、控制柜（屏、台）和动力、照明配电箱（盘）安装，柴油发电机组安装，不间断电源的其它功能单元安装，裸母线、封闭母线、插接式母线安装，电线、电缆导管和线槽敷设，电线、电缆导管和线槽敷线，电缆头制作、导线连接和线路电气试验，接地装置安装
		07	防雷及接地安装	接地装置安装，避雷引下线和变配电室接地干线敷设，建筑物等电位连接，接闪器安装

分部工程代号	分部工程名称	子分部工程代号	子分部工程	分项工程
07	智能建筑	01	通信网络系统	通信系统,卫星及有线电视系统,公共广播系统
		02	办公自动化系统	计算机网络系统,信息平台及办公自动化应用软件,网络安全系统
		03	建筑设备监控系统	空调与通风系统,变配电系统,照明系统,给排水系统,热源和热交换系统,冷冻和冷却系统,电梯和自动扶梯系统,中央管理工作站与操作分站,子系统通信接口
		04	火灾报警及消防联动系统	火灾和可燃气体探测系统,火灾报警控制系统,消防联动系统
		05	安全防范系统	电视监控系统,入侵报警系统,巡更系统,出入口控制(门禁)系统,停车管理系统
		06	综合布线系统	缆线敷设和终接,机柜、机架、配线架的安装,信息插座和光缆芯线终端的安装
		07	智能化集成系统	集成系统网络,实时数据库,信息安全,功能接口
		08	电源与接地	智能建筑电源,防雷及接地
		09	环境	空间环境,室内空调环境,视觉照明环境,电磁环境
		10	住宅(小区)智能化系统	火灾自动报警及消防联动系统,安全防范系统(含电视监控系统、入侵报警系统、巡更系统、门禁系统、楼宇对讲系统、住户对讲呼救系统、停车管理系统),物业管理系统<多表现场计量及与远程传输系统、建筑设备监控系统、公共广播系统、小区网络及信息服务系统、物业办公自动化系统),智能家庭信息平台

分部工程代号	分部工程名称	子分部工程代号	子分部工程	分项工程
08	通风与空调	01	送排风系统	风管与配件制作；风管系统安装；空气处理设备安装；部件制作；消声设备制作与安装，风管与设备防腐；风机安装；系统调试
		02	防排烟系统	风管与配件制作；部件制作；风管系统安装；防、排烟风口常闭正压风口与设备安装；风管与设备防腐；风机安装；系统调试
		03	除尘系统	风管与配件制作；部件制作；风管系统安装；除尘器与排污设备安装；风管与设备防腐；风机安装；系统调试
		04	空调风系统	风管与配件制作；部件制作；风管系统安装，空气处理设备安装；声设备制作与安装；风管与设备防腐；风机安装；风管与设备绝热；系统调试
		05	净化空调系统	风管与配件制作；部件制作；风管系统安装；空气处理设备安装；消声设备制作与安装；风管与设备防腐；风机安装；风管与设备绝热；高效过滤器安装；系统调试
		06	制冷系统	制冷机组安装；制冷剂管道及配件安装；制冷附属设备安装；管道及设备的防腐与绝热；系统调试
		07	空调水系统	管道冷热（媒）水系统安装；冷却水系统安装；冷凝水系统安装；阀门及部件安装；冷却塔安装；水泵及附属设备安装；管道与设备的防腐与绝热；系统调试
09	电梯	01	电力驱动的曳引式或强制式电梯安装工程	设备进场验收，土建交接检验，驱动主机，导轨，门系统，轿厢，对重（平衡重），安全部件，悬挂装置，随行电缆，补偿装置，电气装置，整机安装验收
		02	液压电梯安装工程	设备进场验收，土建交接检验，液压系统，导轨，门系统，轿厢，平衡重，安全部件，悬挂装置，随行电缆，电气装置，整机安装验收
		03	自动扶梯、自动人行道安装工程	设备进场验收，土建交接检验，整机安装验收
10	燃气工程			由于没有国家验收规范仅提供验收表格供参考

二、室外单位(子单位)工程和分部工程划分

单位工程	子单位工程	分部(子分部)工程
室外建筑环境	附属建筑	车棚、围墙、大门、挡土墙、垃圾收集站
	室外环境	建筑小品、道路、亭台、连廊、花坛、场坪绿化
室外安装	给水排水及采暖	室外给水系统、室外排水系统、室外供热系统
	电气	室外供电系统、室外照明系统

Ⅱ．流水施工实例

一、砖混结构住宅流水施工实例

附图 2-1 为某五层二单元砖混结构住宅的平面示意图,建筑面积为 1336 平方米。毛石条形基础,上砌基础墙(内含防潮层)。主体工程为砖墙承重,预制空心楼板,现浇楼梯,为增加结构的整体性,每层设有现浇钢筋混凝土圈梁。铝合金窗,木门,门上设预制钢筋混凝土过梁。屋面工程为屋面板上做二毡三油防水层、架空隔热板。楼地面工程为空心楼板及地坪三合土上做细石混凝土地面。外墙抹灰用水泥混合砂浆,内墙抹灰用石灰砂浆。其工程量一览表见附表 2-1。

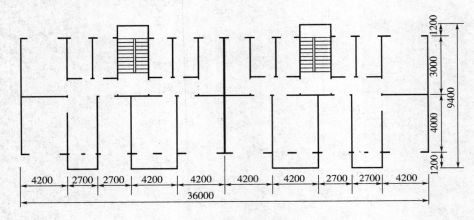

附图 2-1　砖混结构住宅底层平面图

1. 基础工程

包括基槽挖土,砌筑毛石基础,砖基础墙,基础圈梁支模板,基础圈梁绑扎钢筋,基础圈梁浇筑混凝土和回填土等七个施工过程。为了便于安排流水施工把砌筑毛石基础、砖基础墙合并为一个施工过程——砌基础,把基础圈梁支模板、绑扎钢筋、浇筑混凝土合并为一个施工过程——地圈梁,合并后基础工程分 4 个施工过程,即:基槽挖土、砌基础、地圈梁、回填土。砌基础、地圈梁为主导施工过程。在平面上划分 2 个施工段组织全等节拍流水施工。基槽挖土、回填土采用机械挖土,人工回填,在平面上不划分施工段安排依次施工。现计算如下:

挖土:劳动量 $P=2.37$ 台班,采用反铲挖土机 1 台,一班制施工,施工持续时间根据公式 $t_i=\dfrac{P_i}{mR_iN_i}$ 计算为:

$$t_{挖}=\frac{2.37}{1\times1\times1}\approx2\text{ 天}$$

序号	分项工程名称	劳动量（工日）	序号	分项工程名称	劳动量（工日）
一	基础工程		三	屋面工程	
1	挖基础土方	2.37（台班）	14	屋面找平层	19.68
			15	屋面防水层	10.03
2	毛石基础	564.3	16	架空隔热板	5
3	砖基础墙	146.1	四	装饰工程	
4	基础圈梁模板	106.8	17	门窗框安装	72
5	基础圈梁钢筋	53.6	18	楼地面及楼梯抹灰	129.4
6	基础圈梁混凝土	78.08	19	顶棚抹灰	209.5
7	回填土	8.8	20	内墙抹灰	410
二	主体工程		21	外墙抹灰	136
8	砌砖墙	1448.3	22	门窗扇安装	129.4
9	脚手架	60.5	23	室内涂料	58
10	圈梁、构造柱、楼板、楼梯模板	360	24	室外涂料	42
11	圈梁、构造柱、楼板、楼梯钢筋	49.3	25	油漆	42
12	圈梁、构造柱、楼板、楼梯混凝土	473	26	散水勒脚台阶及其他	
13	预应力空心板安装、灌缝	129.3	27	水、暖、电	36

砌基础：劳动量 $P=564.3+146.1=710.4$ 工日，施工班组人数 40 人，一班制施工，施工持续时间为：

$$t_{砌}=\frac{710.4}{2\times40\times1}\approx8 \text{ 天}$$

地圈梁：劳动量 $P=106.8+53.6+78.08=238.48$ 工日，施工班组人数 15 人，一班制施工，施工持续时间为：

$$t_{圈梁}=\frac{238.48}{2\times15\times1}\approx8 \text{ 天}$$

回填土：劳动量 $P=8.8$ 工日，施工班组人数 10 人，一班制施工，施工持续时间为：

$$t_{填}=\frac{8.8}{1\times10\times1}\approx1 \text{ 天}$$

基础工程工期计算：$T_{基础}=t_{挖}+T_{砌基础}+t_{填}$

$$T_{砌基础}=(mr+n-1)t+\sum Z_1-\sum C$$
$$=(2\times1+2-1)\times8+0-0=24 \text{ 天}$$
$$T_{基础}=2+24+1=27 \text{ 天}$$

绘基础工程施工进度表（附图 2-2）。

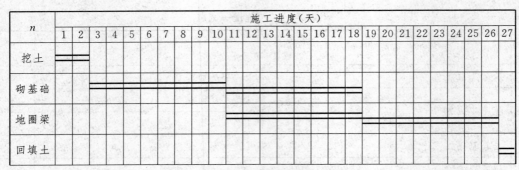

附图 2-2 基础工程施工进度表

2. 主体工程

包括砌砖墙；脚手架；支模板(圈梁、构造柱、楼板、楼梯)；扎钢筋(圈梁、构造柱、楼板、楼梯)；浇混凝土(圈梁、构造柱、楼板、楼梯)和预应力空心板安装、灌缝等六个施工过程。为了便于安排流水施工把砌砖墙、脚手架合并为一个施工过程——砌墙，把支模板，扎钢筋，浇混凝土，预应力空心板安装、灌缝合并为一个施工过程——吊楼板，合并后主体工程分 2 个施工过程，即：砌墙、吊楼板。在平面上划分 3 个施工段组织全等节拍流水施工。现计算如下：

砌墙：劳动量 $P = 1508.8$ 工日，施工班组人数 40 人，一班制施工，该住宅楼层高 2.8m，砌墙时沿高度划分 2 个砌筑层，每个砌筑层施工持续时间为：

$$t_{砌} = \frac{1508.8}{5 \times 3 \times 2 \times 40 \times 1} \approx 1 \text{ 天}$$

吊楼板：劳动量 $P = 1011.6$ 工日，施工班组人数 30 人，一班制施工，施工持续时间为：

$$t_{吊} = \frac{1011.6}{5 \times 3 \times 30 \times 1} \approx 2 \text{ 天}$$

主体工程工期计算：

$$T_{主体} = (mr + n - 1)t + \sum Z_1 - \sum C$$
$$= (3 \times 5 + 2 - 1) \times 2 = 32 \text{ 天}$$

绘主体工程施工进度表(附图 2-3)。

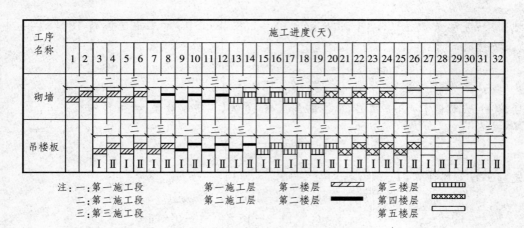

附图 2-3 主体工程施工进度表

3. 屋面工程

屋面工程包括屋面板找平层、卷材防水层(含保护层)、架空隔热板等,考虑防水要求较高,采用不分段施工。

(1)屋面板找平层劳动量19.68工日,施工班组人数10人,采用一班制,其工作延续时间为

$$t_{找平层}=\frac{19.68}{10}=2 \text{ 天}$$

综合考虑装修工程,找平层施工完毕养护、干燥6天再做防水层。

(2)卷材防水层劳动量为10.03工日,施工班组人数5人,采用一班制,其工作延续时间为:

$$t_{防水层}=\frac{10.03}{5}=2 \text{ 天}$$

(3)架空隔热板劳动量为10.15工日,施工班组人数5人,采用一班制,其工作延续时间为:

$$t_{隔热}=\frac{10.15}{5}=2 \text{ 天}$$

屋面工程工期计算:$T_{屋面}=2+6+2+2=12$ 天

绘屋面工程施工进度表(附图2-4)。

施工过程	施工进度(天)											
	1	2	3	4	5	6	7	8	9	10	11	12
找平层	▬	▬										
防水层									▬	▬		
架空隔热板											▬	▬

附图2-4 屋面工程施工进度表

4. 装修工程

装修工程分为门窗框安装,铝合金窗扇安装、夹板门安装,楼地面、楼梯地面、天棚、内墙抹灰、外墙抹灰,油漆,散水、勒脚、台阶等。

装修阶段施工过程多,劳动量不同,组织全等节拍流水很困难,故采用成倍节拍流水施工,每一楼层划分为一个施工段,共5段。

(1)门窗框安装劳动量72工日,施工班组人数5人,采用一班制,$m=5$,其流水节拍为:

$$t=\frac{72}{5\times5}=3 \text{ 天}$$

(2)楼地面及楼梯抹灰(含垫层)劳动量129.4工日,施工班组人数10人,采用一班制,$m=5$,其流水节拍为:

$$t=\frac{129.4}{5\times10}=3 \text{ 天}$$

（3）天棚抹灰劳动量 209.5 工日，施工班组人数 15 人，采用一班制，$m=5$，其流水节拍为：

$$t=\frac{209.5}{5\times15}=3\ \text{天}$$

天棚抹灰待楼地面抹灰完成 4d 后进行。

（4）内墙抹灰劳动量为 410 工日，施工班组人数 15 人，采用一班制，$m=5$，其流水节拍为：

$$t=\frac{410}{5\times15}=6\ \text{天}$$

（5）外墙抹灰劳动量 148 工日，施工班组 10 人，采用一班制，$m=5$，其流水节拍为：

$$t=\frac{148}{5\times10}=3\ \text{天}$$

外墙装修可与室内装饰平行进行，考虑施工人员状况，可在室内地面完成后开始外装修。

（6）铝合金窗扇、夹板门安装劳动量 129.4 工日，施工班组人数 8 人，采用一班制，$m=5$，其流水节拍为：

$$t=\frac{129.4}{5\times8}=3\ \text{天}$$

（7）室外涂料劳动量为 42 工日，施工班组人数 3 人，采用一班制，$m=5$，其流水节拍为：

$$t=\frac{42}{5\times3}=3\ \text{天}$$

（8）室内涂料劳动量为 58 工日，施工班组人数 4 人，采用一班制，$m=5$，其流水节拍为：

$$t=\frac{58}{5\times4}=3\ \text{天}$$

（9）油漆劳动量 42 工日，施工班组人数 3 人，采用一班制，$m=5$，其流水节拍为：

$$t=\frac{42}{5\times3}=3\ \text{天}$$

（10）台阶散水劳动量为 10 工日，施工班组人数 6 人，采用一班制，其工作延续时间为：

$$t=\frac{20}{6}=3\ \text{天}$$

台阶散水插入施工不定工期。

$$r=1 \qquad ib_i=10 \qquad k=3$$
$$T=(mr+ib_i-1)k+iz-ic=(5\times1+10-1)\times3+4=46\ \text{天}$$

绘装修工程施工进度表（附图 2-5）。

5. 五层二单元砖混结构住宅施工进度

五层二单元砖混结构住宅施工进度表如附图 2-6 所示。

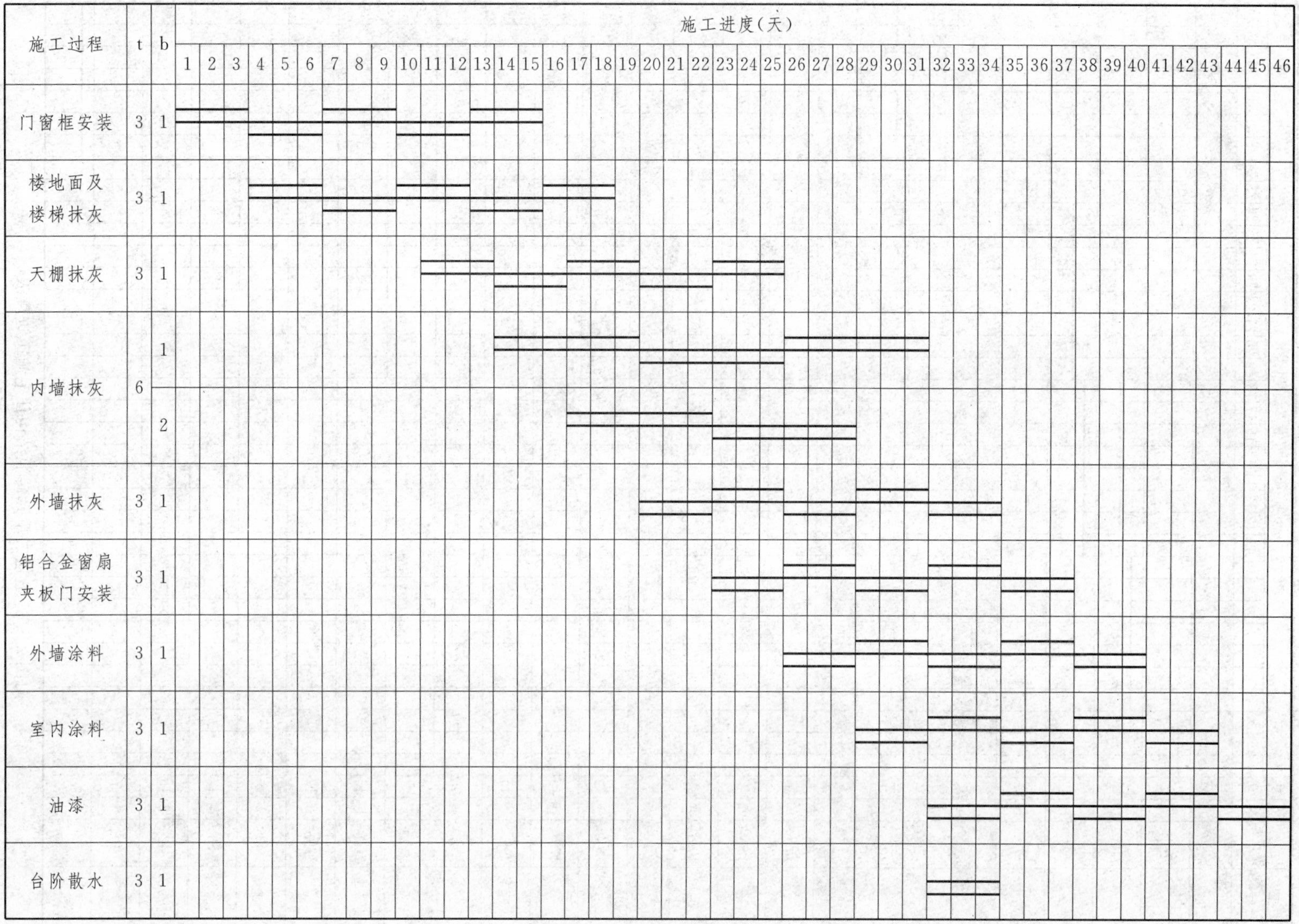

施工进度（天）

施工过程	t	b	1 2 3 4 5 6 7 8 9 10 11 12 13 14 15 16 17 18 19 20 21 22 23 24 25 26 27 28 29 30 31 32 33 34 35 36 37 38 39 40 41 42 43 44 45 46
门窗框安装	3	1	
楼地面及楼梯抹灰	3	1	
天棚抹灰	3	1	
内墙抹灰	6	2	
外墙抹灰	3	1	
铝合金窗扇夹板门安装	3	1	
外墙涂料	3	1	
室内涂料	3	1	
油漆	3	1	
台阶散水	3	1	

附图 2－5　装修工程施工进度表

施工过程	劳动量	人数	天数	施工进度(天)																																		
				1	2	3	4	5	6	7	8	9	10	11	12	13	14	15	16	17	18	19	20	21	22	23	24	25	26	27	28	29	30	31	32	33	34	35
1.基础工程																																						
挖基础土方	2.37		2																																			
砌基础	710.4	40	16																																			
基础圈梁	238.48	15	16																																			
回填土	8.8	10	2																																			
2.主体工程																																						
砌砖墙	1508.8	30	30																																			
空心板安装	1011.6	30	30																																			
3.屋面工程																																						
屋面找平层	19.68	10	2																																			
屋面防水层	10.03	5	2																																			
架空隔热板	10.15	5	2																																			
4.装饰工程																																						
门窗框安装	72	5	15																																			
楼地面及楼梯抹灰	129.4	10	15																																			
顶棚抹灰	209.5	15	15																																			
内墙抹灰	410	30	30																																			
外墙抹灰	148	10	15																																			
门窗扇安装	129.4	8	15																																			
室外涂料	42	3	3																																			
室内涂料	58	4	15																																			
油漆	42	3	15																																			
散水勒脚台阶及其他	10	6	3																																			
水、暖、电																																						

附图 2-6　五层二单元砖混结构住宅施工进度表(1)

施工过程	施工进度（天）																																		
	36	37	38	39	40	41	42	43	44	45	46	47	48	49	50	51	52	53	54	55	56	57	58	59	60	61	62	63	64	65	66	67	68	69	70
1.基础工程																																			
挖基础土方																																			
砌基础																																			
基础圈梁																																			
回填土																																			
2.主体工程																																			
砌砖墙																																			
空心板安装																																			
3.屋面工程																																			
屋面找平层																																			
屋面防水层																																			
架空隔热板																																			
4.装饰工程																																			
门窗框安装																																			
楼地面及楼梯抹灰																																			
顶棚抹灰																																			
内墙抹灰																																			
外墙抹灰																																			
门窗扇安装																																			
室外涂料																																			
室内涂料																																			
油漆																																			
散水勒脚台阶及其他																																			
水、暖、电																																			

附图 2-6 五层二单元砖混结构住宅施工进度表（2）

施工过程	施工进度(天)																																			
---	71	72	73	74	75	76	77	78	79	80	81	82	83	84	85	86	87	88	89	90	91	92	93	94	95	96	97	98	99	100	101	102	103	104	105	106
1. 基础工程																																				
挖基础土方																																				
砌基础																																				
基础圈梁																																				
回填土																																				
2. 主体工程																																				
砌砖墙																																				
空心板安装																																				
3. 屋面工程																																				
屋面找平层																																				
屋面防水层																																				
架空隔热板																																				
4. 装饰工程																																				
门窗框安装																																				
楼地面及楼梯抹灰																																				
顶棚抹灰																																				
内墙抹灰																																				
外墙抹灰																																				
门窗扇安装																																				
室外涂料																																				
室内涂料																																				
油漆																																				
散水勒脚台阶及其他	10	6	3																																	
水、暖、电																																				

附图 2-6 五层二单元砖混结构住宅施工进度表(3)

二、框架结构房屋流水施工实例

某四层办公楼,底层为商业用房,上部为办公室,建筑面积 3300m²。基础为钢筋混凝土独立基础,主体工程为全现浇框架结构。装修工程为铝合金窗、胶合板门;外墙贴面砖;内墙为中级抹灰,普通涂料刷白;底层顶棚吊顶,楼地面贴地板砖;屋面用 200mm 厚加气混凝土块做保温层,上做 SBS 改性沥青防水层,其劳动量一览表见附表 2-2。

附表 2-2 某幢四层框架结构办公楼劳动量一览表

序号	分项工程名称	劳动量	序号	分项工程名称	劳动量
一	基础工程		三	屋面工程	
1	机械开挖基础土方	6 台班	15	加气混凝土保温隔热层(含找坡)	236
2	混凝土垫层	30	16	屋面找平层	52
3	绑扎基础钢筋	59	17	屋面防水层	49
4	基础模板	73	四	装饰工程	
5	基础混凝土	87	18	顶棚、内墙面中级抹灰	1648
6	回填土	150	19	外墙面砖	957
二	主体工程		20	楼地面及楼梯地砖	929
	脚手架	313	21	顶棚龙骨吊顶	148
8	柱筋	135	22	铝合金窗扇安装	68
9	柱、梁、楼板、楼梯模板	2263	23	胶合板门	81
10	柱混凝土	204	24	顶棚、内墙面涂料	380
11	梁、板筋(含楼梯)	801	25	油漆	69
12	梁、楼板、楼梯混凝土	939	26	散水、勒脚、台阶及其他	
13	拆模	398	27	水、暖、电	
14	砌空心砖墙(含门窗框)	1095			

由于本工程各分部的劳动量差异较大,因此先分别组织各分部工程的流水施工,然后再考虑各分部之间的相互搭接施工。具体组织方法如下:

1. 基础工程

基础工程包括基槽挖土、混凝土垫层、绑扎基础钢筋、支设基础模板、浇筑基础混凝土、回填土等施工过程。其中基础挖土采用机械开挖,考虑到工作面及土方运输的需要,将机械挖土与其他手工操作的施工过程分开考虑,不纳入流水。混凝土垫层劳动量较小,为了不影响其他施工过程的流水施工,将其安排在挖土施工过程完成之后,也不纳入流水。

基础工程平面上划分两个施工段组织流水施工(m=2),在六个施工过程中,参与流水的施工过程有 4 个。即 n=4,组织全等节拍流水施工如下:

基础绑扎钢筋劳动量为 59 个工日,施工班组人数为 10 人,采用一班制施工,其流水节拍为:

$$t=\frac{59}{2\times10}=3\ \text{天}$$

其他施工过程的流水节拍均取 3 天,其中基础支模板 73 个工日,施工班组人数为:

$$R_\text{木}=\frac{73}{2\times3}=12\ \text{人}$$

浇筑混凝土劳动量为 87 个工日,施工班组人数为:

$$R_\text{混凝土}=\frac{87}{2\times3}=15\ \text{人}$$

回填土劳动量为 150 个工日,施工班组人数为:

$$R_\text{填}=\frac{150}{2\times3}=25\ \text{人}$$

流水工期计算如下:

$$T=(m+n-1)t=(2+4-1)\times3=15\ \text{天}$$

土方机械开挖 6 个台班,用一台机械二班制施工,则作业持续时间为:

$$t_\text{挖}=\frac{6}{1\times2}=3\ \text{天}$$

混凝土垫层 30 个工日,15 人一班制施工,其作业持续时间为:

$$t_\text{垫层}=\frac{30}{1\times15}=2\ \text{天}$$

则基础工程的工期为:

$$T_1=3+2+15=20\ \text{天}$$

绘基础工程施工进度表(附图 2-7)。

施工过程	班组人数	施工进度(天)																			
		1	2	3	4	5	6	7	8	9	10	11	12	13	14	15	16	17	18	19	20
机械挖土																					
垫　层																					
绑扎钢筋																					
支设模板																					
浇筑混凝土																					
回填土																					

附图 2-7　基础工程施工进度表

2. 主体工程

主体工程包括立柱子钢筋；安装柱、梁、板模板；浇捣柱子混凝土；梁、板、楼梯钢筋绑扎；浇捣梁、板、楼梯混凝土；搭脚手架；拆模板；砌空心砖墙等施工过程。其中后三个施工过程属平行穿插施工过程，只根据施工工艺要求，尽量搭接施工即可，不纳入流水施工。主体工程由于有层间关系，要保证施工过程流水施工，必须使 $m=n$，否则，施工班组会出现窝工现象。本工程中平面上划分为两个施工段，主导施工过程是柱、梁、板模板安装，要组织主体工程流水施工，就要保证主导施工过程连续作业，为此，将其他次要施工过程综合为一个施工过程来考虑其流水节拍，且其流水节拍值不得大于主导施工过程的流水节拍，以保证主导施工过程的连续性，因此，主体工程参与流水的施工过程数 $n=2$ 个，满足 $m=n$ 的要求。具体组织如下：

柱子钢筋劳动量为 135 个工日，施工班组人数为 17 人，一班制施工，则其流水节拍为：

$$t=\frac{135}{4\times2\times17}=1 \text{ 天}$$

主导施工过程的柱、梁、板模板劳动量为 2263 个工日，施工班组人数为 25 人，两班制施工，则流水节拍为：

$$t=\frac{2263}{4\times2\times25\times2}=6 \text{ 天}$$

柱子混凝土，梁、板钢筋，梁、板混凝土及柱子钢筋统一按一个施工过程来考虑其流水节拍，其流水节拍不得大于 6 天，其中，柱子混凝土劳动量为 204 个工日，施工班组人数为 14 人，两班制施工，其流水节拍为：

$$t=\frac{204}{4\times2\times14\times2}=1 \text{ 天}$$

梁、板钢筋劳动量为 801 个工日，施工班组人数为 25 人，两班制施工，其流水节拍为：

$$t=\frac{801}{4\times2\times20\times2}=2 \text{ 天}$$

梁、板混凝土劳动量为 939 个工日，施工班组人数为 20 人，三班制施工，其流水节拍为：

$$t=\frac{939}{4\times2\times20\times3}=2 \text{ 天}$$

因此，综合施工过程的流水节拍仍为 $(1+2+2+1)=6$ 天，可与主导施工过程一起组织全等节拍流水施工。其流水工期为：

$$T=(m \cdot r+n-1)t=(2\times4+2-1)\times6=54 \text{ 天}$$

拆模施工过程计划在梁、板混凝土浇捣 12 天后进行，其劳动量为 398 个工日，施工班组人数为 25 人，一班制施工，其流水节拍为：

$$t=\frac{398}{4\times2\times25}=2 \text{ 天}$$

砌空心砖墙（含门窗框）劳动量为 1095 个工日，施工班组人数为 45 人，一班制施工，其流水节拍为：

$$t=\frac{1095}{4\times2\times25}=3 \text{ 天}$$

则主体工程的工期为：

$$T_2=54+12+2+3=71 \text{ 天}$$

绘主体工程施工进度表（附图 2-8）。

施工过程	劳动量	人数	天数	施工进度（天）1~35
柱子钢筋	135	17	8	
柱、梁、板模板	2263	25	48	
柱子混凝土	204	14	8	
梁、板钢筋	801	25	16	
梁、板混凝土	939	20	16	
拆模	398	25	16	
砌空心砖墙	1095	45	24	

施工过程	施工进度（天）36~71
柱子钢筋	
柱、梁、板模板	
柱子混凝土	
梁、板钢筋	
梁、板混凝土	
拆模	
砌空心砖墙	

附图 2-8　主体工程施工进度表

3. 屋面工程

屋面工程包括屋面保温隔热层、找平层和防水层三个施工过程。考虑屋面防水要求高，所以不分段施工，即采用依次施工的方式。屋面保温隔热层劳动量为 236 个工日，施工班组人数为 40 人，一班制施工，其施工持续时间为：

$$t=\frac{236}{40}=6 \text{ 天}$$

屋面找平层劳动量为 52 个工日,18 人一班制施工,其施工持续时间为:

$$t = \frac{52}{18} = 3 \text{ 天}$$

屋面找平层完成后,安排 7 天的养护和干燥时间,方可进行屋面防水层的施工。SBS 改性沥青防水层劳动量为 47 个工日,安排 10 人一班制施工,其施工持续时间为:

$$t = \frac{47}{10} = 5 \text{ 天}$$

则屋面工程的工期为:

$$T_3 = 6 + 3 + 7 + 5 = 21 \text{ 天}$$

绘屋面工程施工进度表(附图 2-9)。

施工过程	班组人数	施工进度(天)																				
		1	2	3	4	5	6	7	8	9	10	11	12	13	14	15	16	17	18	19	20	21
保温隔热层																						
找平层																						
防水层																						

附图 2-9 屋面工程施工进度表

4. 装饰工程

装饰工程包括顶棚、内墙面中级抹灰、外墙面砖、楼地面及楼梯地砖、一层顶棚龙骨吊顶、铝合金窗扇安装、胶合板门安装、内墙涂料、油漆等施工过程。其中一层顶棚龙骨吊顶属穿插施工过程,不参与流水作业,因此参与流水的施工过程为 $n=7$。

装修工程采用自上而下的施工顺序。结合装修工程的特点,把每层房屋视为一个施工段,共 4 个施工段($m=4$),其中抹灰工程是主导施工过程,组织无节奏流水施工如下:

顶棚、内墙面抹灰劳动量为 1648 个工日,施工班组人数为 60 人,一班制施工,其流水节拍为:

$$t = \frac{1648}{4 \times 60} = 7 \text{ 天}$$

外墙面砖劳动量为 957 个工日,施工班组人数为 34 人,一班制施工,则其流水节拍为:

$$t = \frac{957}{4 \times 34} = 7 \text{ 天}$$

楼地面及楼梯地砖劳动量为 929 个工日,施工班组人数为 33 人,一班制施工,其流水节拍为:

$$t = \frac{929}{4 \times 33} = 7 \text{ 天}$$

铝合金窗扇安装 68 个工日,施工班组人数为 6 人,一班制施工,则流水节拍为:

$$t=\frac{68}{4\times 6}=3\ \text{天}$$

其余胶合板门、内墙涂料、油漆安排一班制施工,流水节拍均取 3 天,其中,胶合板门劳动量为 81 个工日,施工班组人数为 7 人;内墙涂料劳动量为 380 个工日,施工班组人数为 32 人;油漆劳动量为 69 个工日,施工班组人数为 6 人。

顶棚龙骨吊顶属穿插施工过程,不占总工期,其劳动量为 148 个工日,施工班组人数为 15 人,一班制施工,则施工持续时间为:

$$t=\frac{148}{15}=10\ \text{天}$$

装饰分部工程的施工过程、施工段数、流水节拍如下附表 2－3。

附表 2－3 装饰分部工程的流水节拍一览表

	一	二	三	四
顶棚墙面抹灰	7	7	7	7
外墙面砖	7	7	7	7
楼地面及楼梯地砖	7	7	7	7
一层顶棚龙骨吊顶	10			
铝合金窗扇安装	3	3	3	3
胶合板门	3	3	3	3
内墙涂料	3	3	3	3
油漆	3	3	3	3

计算装饰分部工程的流水步距:

装饰分部工程流水步距计算如下:

$$K_{\text{抹灰、外墙面砖}}=7\ \text{天}$$

$$K_{\text{外墙面砖、楼地面}}=7\ \text{天}$$

$$K_{\text{楼地面、窗扇安装}}=19\ \text{天}$$

$$K_{\text{窗扇安装、门}}=3\ \text{天}$$

$$K_{\text{门、涂料}}=3\ \text{天}$$

$$K_{\text{涂料、油漆}}=3\ \text{天}$$

装饰分部流水工期:

$$T_4=K_{(i,i+1)}+T_n$$
$$=(7+7+19+3+3+3)+4\times 3=54\ \text{天}$$

绘装饰工程施工进度表(附图 2－10)。

本工程流水施工进度计划安排如附图 2－11 所示。

施工进度（天）

施工过程	劳动量	人数	天数	1	2	3	4	5	6	7	8	9	10	11	12	13	14	15	16	17	18	19	20	21	22	23	24	25	26	27	28	29	30	31	32	33	34	35	36	37	38	39	40	41	42	43	44	45	46	47	48	49	50	51	52	53	54
顶棚墙面抹灰	1648	60	7																																																								
外墙面砖	957	34	7																																																								
楼地面及楼梯地砖	929	33	7																																																								
一层顶棚龙骨吊顶	148	15	10																																																								
铝合金窗扇安装	68	6	3																																																								
胶合板门	81	7	3																																																								
内墙涂料	380	32	3																																																								
油漆	69	6	3																																																								

附图 2 - 10　装修工程施工进度表

施工过程	劳动量	人数	天数	施工进度（天）
1.基础工程				
机械挖土	6台班			进度条（第2～3天）
混凝土垫层	30			进度条（第4～5天）
绑扎钢筋	59	10	3	进度条（第6～8天）
基础模板	73	12	3	进度条（第9～11天）
基础混凝土	87	15	3	进度条（第12～14天）
回填土	150	25	3	进度条（第15～17天）
2.主体工程				
柱子钢筋	135	17	8	进度条
柱、梁、板模板	2263	25	48	进度条
柱子混凝土	204	14	8	进度条
梁、板钢筋	801	25	16	进度条
梁、板混凝土	939	20	16	进度条
拆模	398	25	16	
砌空心砖墙	1095	45	24	
3.屋面工程				
保温层	236	40	6	
屋面找平层	52	18	3	
屋面防水层	49	10	5	
4.装饰工程				
顶棚墙面抹灰	1648	60	7	
外墙面砖	957	34	7	
楼地面及楼梯地砖	929	33	7	
一层顶棚龙骨吊顶	148	15	10	
铝合金窗扇安装	68	6	3	
胶合板门	81	7	3	
内墙涂料	380	32	3	
油漆	69	6	3	
散水勒脚台阶及其他				
水、暖、电				

施工进度（天）：1 2 3 4 5 6 7 8 9 10 11 12 13 14 15 16 17 18 19 20 21 22 23 24 25 26 27 28 29 30 31 32 33 34 35 36 37 38 39

附图 2-11　四层框架结构办公楼施工进度表（1）

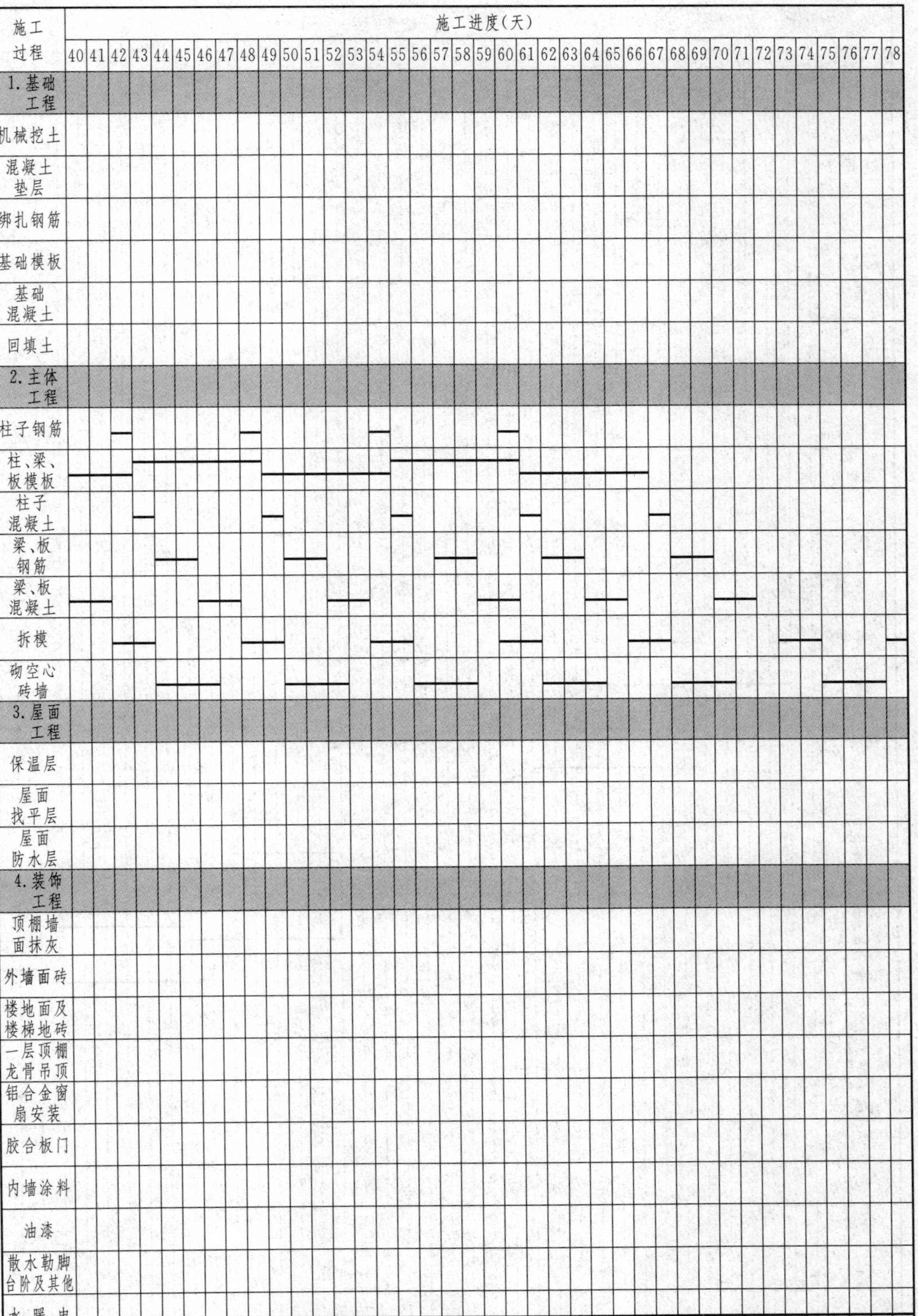

表头：施工过程 | 施工进度（天）

施工过程	施工进度（天） 40–78
1.基础工程	
机械挖土	
混凝土垫层	
绑扎钢筋	
基础模板	
基础混凝土	
回填土	
2.主体工程	
柱子钢筋	
柱、梁、板模板	
柱子混凝土	
梁、板钢筋	
梁、板混凝土	
拆模	
砌空心砖墙	
3.屋面工程	
保温层	
屋面找平层	
屋面防水层	
4.装饰工程	
顶棚墙面抹灰	
外墙面砖	
楼地面及楼梯地砖	
一层顶棚龙骨吊顶	
铝合金窗扇安装	
胶合板门	
内墙涂料	
油漆	
散水勒脚台阶及其他	
水、暖、电	

施工进度（天）刻度：40 41 42 43 44 45 46 47 48 49 50 51 52 53 54 55 56 57 58 59 60 61 62 63 64 65 66 67 68 69 70 71 72 73 74 75 76 77 78

附图 2-11　四层框架结构办公楼施工进度表（2）

施工进度（天）

施工过程	79	80	81	82	83	84	85	86	87	88	89	90	91	92	93	94	95	96	97	98	99	100	101	102	103	104	105	106	107	108	109	110	111	112	113	114	115	116
1.基础工程																																						
机械挖土																																						
混凝土垫层																																						
绑扎钢筋																																						
基础模板																																						
基础混凝土																																						
回填土																																						
2.主体工程																																						
柱子钢筋																																						
柱、梁、板模板																																						
柱子混凝土																																						
梁、板钢筋																																						
梁、板混凝土																																						
拆模	—	—			—	—																																
砌空心砖墙	—	—	—				—	—	—																													
3.屋面工程																																						
保温层						—	—	—	—	—																												
屋面找平层													—	—	—																							
屋面防水层																						—	—	—	—													
4.装饰工程																																						
顶棚墙面抹灰																						—	—	—	—	—	—	—		—	—	—					—	—
外墙面砖																														—	—	—	—	—	—		—	—
楼地面及楼梯地砖																																		—	—			
一层顶棚龙骨吊顶																																						
铝合金窗扇安装																																						
胶合板门																																						
内墙涂料																																						
油漆																																						
散水勒脚台阶及其他																																						
水、暖、电	—	—	—	—	—	—	—	—	—	—	—	—	—	—	—	—	—	—	—	—	—	—	—	—	—	—	—	—	—	—	—	—	—	—	—	—	—	—

附图 2-11　四层框架结构办公楼施工进度表（3）

施工过程	施工进度(天)																																				
	117	118	119	120	121	122	123	124	125	126	127	128	129	130	131	132	133	134	135	136	137	138	139	140	141	142	143	144	145	146	147	148	149	150	151	152	153	154
1. 基础工程																																						
机械挖土																																						
混凝土垫层																																						
绑扎钢筋																																						
基础模板																																						
基础混凝土																																						
回填土																																						
2. 主体工程																																						
柱子钢筋																																						
柱、梁、板模板																																						
柱子混凝土																																						
梁、板钢筋																																						
梁、板混凝土																																						
拆模																																						
砌空心砖墙																																						
3. 屋面工程																																						
保温层																																						
屋面找平层																																						
屋面防水层																																						
4. 装饰工程																																						
顶棚墙面抹灰																																						
外墙面砖																																						
楼地面及楼梯地砖																																						
一层顶棚龙骨吊顶																																						
铝合金窗扇安装	68	6	3																																			
胶合板门																																						
内墙涂料																																						
油漆																																						
散水勒脚台阶及其他																																						
水、暖、电																																						

附图 2-11 四层框架结构办公楼施工进度表(4)

参 考 文 献

1. 危道军．建筑施工组织．北京．中国建筑工业出版社,2004
2. 北京统筹法研究会．统筹法与施工计划管理．北京．中国建筑工业出版社
3. 姚玉玲．网络计划技术与工程进度管理．北京．人民交通出版社,2007
4. 曹吉鸣．工程施工组织与管理．上海．同济大学出版社,2002
5. 建筑施工手册(第四版)．北京．中国建筑工业出版社,2004
6. 钱昆润,张星．建筑施工组织设计．南京．东南大学出版社,2000
7. 项建国．建筑工程项目管理．北京．中国建筑工业出版社,2008
8. 余群舟,刘元珍．建筑工程施工组织与管理．北京．北京大学出版社,2006
9. 刘钦．工程招投标与合同管理．高等教育出版社,2003
10. 王胜明．土木工程进度控制．科学出版社,2005

编后语

按照出版社的统筹安排,由本编辑室策划、组编的一套高职高专土建类专业系列规划教材陆续面世了。

本套系列教材很荣幸地请安徽工程科技学院院长干洪教授作为顾问。干教授在担任安徽建筑工业学院副院长时曾是"安徽省高校土木工程系列规划教材"第一届编委会主任,与我社有过很好的合作。本套高职高专土建类专业系列教材从策划到编写,干教授全程关注,提出许多指导性意见。他认为编写者出版者都要为教材的使用者——学生着想,他希望我们把这一套教材做深、做透、做出特色、做出影响。

担任本套系列教材编委会主任的是合肥工业大学博士生导师柳炳康教授。他历任合肥工业大学建筑工程系主任、土木与建筑工程学院副院长,是国家一级注册结构工程师。从 1982 年起长期在教学第一线从事本科生及研究生的教学工作,主编多部土木工程专业教材,著述颇丰。柳教授为本套教材的编写和审定等做了大量而具体的工作,并在百忙中为本套教材作总序。

在这里,本编辑室还要感谢所有为这套教材的编写和出版付出智慧和汗水的人们:

安徽建工技师学院周元清副院长、江西现代职业技术学院建筑工程学院罗琳副院长和合肥共达职业技术学院齐明超等学校领导,以及诸位系主任、教研室负责人等非常重视这套教材的编写,亲自参加编委会会议并分别担任教材的主编。

江西赣江发展文化公司的纪伟鹏老师对本套教材的出版提出许多建设性的意见,也协助我们在江西省组建作者队伍,使本套教材的省际联合得以落实。

感谢社领导的大力支持和我社各个部门的密切配合,使得本套教材在组稿、编校、照排、出版和发行各个环节上得以顺利进行。

温家宝总理在视察常州信息职业技术学院时明确指出:职业学校的学生,要学习知识,还要学会本领,学会生存。我们编写出版这套教材时,也在一直思索着:如何能让学生真正学到一技之长,早日成为一个个有真本领的高级蓝领? 也在努力把握着:本套教材如何在"服务于教学、服务于学生"和"培养实用人才"上面多下一番工夫? 也在探索尝试着:本套教材在编排上、体例上、版式上做了一些创新处理,如何才能达到形式与内容的统一?

是不是能够达到以上这些目的,尚待时间和实践检验。我们恳请各位读者使用本套高职高专土建类专业系列规划教材时不吝指教,有意见和建议者请随时与我们联系(0551—2903467)。也欢迎其他相关院校的老师加入到本套教材的建设队伍中来。有意参编教材者,请将您的个人资料发至组稿编辑信箱(chenhm30@163.com)。

合肥工业大学出版社　第四编辑室

2009 年 1 月

基础课类

土木工程概论	曲恒绪	建筑力学	方从严
房屋建筑构造	朱永祥	工程力学	窦本洋
建设法规概论	董春南	建筑材料	吴自强
建筑工程测量	刘双银	土力学与地基基础	陶玲霞
建筑制图与识图（上下册）	徐友岳	建筑工程概预算	李 红
建筑制图与识图习题集	徐友岳	工程量清单计价	张雪武

建设工程监理专业

建设工程监理概论	陈月萍	建设工程进度控制	闫超君
建设工程质量控制	胡孝华	建设工程合同管理	董春南
建设工程投资控制	赵仁权		

建筑工程技术专业

建筑结构（上册）	肖玉德	建筑施工技术	张齐欣
建筑结构（下册）	周元清	建筑施工组织	黄文明
建筑钢结构	檀秋芬	建筑 CAD	齐明超
建筑设备	孙桂良	建筑施工设备	孙桂良

建筑装饰工程专业

建筑装饰构造	胡 敏	建筑装饰施工	周元清
建筑装饰材料	张齐欣	建筑装饰施工组织与管理	余 晖
住宅室内装饰设计	孙 杰	建筑装饰工程制图与识图	李文全

建筑设计技术专业

建筑·设计——平面构成	夏守军	建筑·设计——素描	余山枫
建筑·设计——色彩构成	王先华	建筑·设计——色彩	姜积会
建筑·设计——立体构成	陈晓耀	建筑·设计——手绘表现技法	杨兴胜

工程造价专业

工程造价计价与控制	范一鸣	装饰工程概预算	李 红
市政与园林工程概预算	崔怀祖		

工程管理专业

工程管理概论	俞 磊	建筑工程项目管理	李险峰